改訂版 空間情報工学概論

—実習ソフト・データ付き—

著者　津博文　昭典郎一吾　正達樹洋真

編　近

著者　田田谷井伴　正達樹洋真

著者　鹿佐熊國大

JN035265

公益社団法人
日本測量協会

「空間情報工学概論」を改訂するにあたって

　本書は 2005 年に学生が自分のパソコンで自主的に空間情報工学の概念を学べる新しいタイプの「空間情報工学・測量学」の教科書として、（社）日本測量協会と共同で 3D 測量シミュレータを開発したのを契機に発行されて以来多くの大学において利用されてきました。しかし、ここ 15 年間の技術進歩は著しく、まずパソコンの OS が変ったことにより 3D 測量シミュレータに不具合がみられるようになったほか、地上レーザスキャナの台頭や QGIS の普及、GPS 測量から GNSS 測量世代への移行、アナログ写真測量からデジタル写真測量への世代交代、SAR 画像による地形計測等多くの技術革新が空間情報工学の分野として当たり前になってきました。空間情報工学の原理原則は改訂前と何ら変わりはありませんが、情報化時代にふさわしい「空間情報工学・測量学」の教科書とすべく大幅な改訂を行うこととしました。

　まず、3D 測量シミュレータ実習ソフトについては Windows10 での使用にバージョンアップしました。3D 測量シミュレータとはパソコン上に再現された仮想空間において実際の測量で必要となる整準・求心・視準などの作業をゲーム感覚で行い、角・距離の測定を行うことができ、さらに使用する機器の特性と学生個人の整準・求心、視準などの操作状況に応じて測定値に誤差が付加され、最後に測量成果が表示されるものであり、この測量シミュレータにより学生は天候や環境に左右されることなく測量技術や測定値の処理を繰り返し学べることになる。教科書には、この測量シミュレータのほかにも共著者のご協力によりリモートセンシングにおける画像表示や画像間演算および地理情報システムにおける位置情報の記述や空間分析の概念を実際に試すことができるソフトウエアおよびデータが CD-ROM に組み込まれていますが、特に GIS に関しては QGIS を使っての実習も可能な環境に改善しています。

　さて、最近は大学のカリキュラム構成も半期授業（1 回が 100 分授業で 14 回）や 1/4 学期授業（7 回）と多様化しているが、本書では全体をできるだけコンパクトにまとめ、全 8 章で構成し、測量学の基礎および誤差理論や空間情報工学における先端技術の概要についてもカリキュラムに応じて学ぶことができるものとなっている。すなわち、以下のように半期授業、1/4 学期授業を前提に執筆部分をまとめ、カリキュラムに応じて利用しやすいものとした。改訂版でもこの構成は変えることなく、従来の教科書に加筆・修正を行い改訂を行うこととしました。したがって、以下の章立てに大きな変動はない。

1. 従来の測量学に対応するものとして「空間情報工学の定義と意義」（第1章）、「空間情報工学の基本事項」（第2章）、「測定値の処理」（第3章）、「地上測量」（第4章）を解説した。これは半期分の授業内容であり、特に測量学の基本である測定値の処理、誤差解析に重点をおいた内容としている。また、第4章では測量シミュレータにより、測定値の処理および測量技術が効率的に学べるように配慮した。
2. 空間情報工学における先端技術として、GNSS 測量（第5章）、リモートセンシング（第6章）、デジタル写真測量（第7章）、地理情報システム（第8章）をそれぞれ 1/4 学期分（7回分）の内容として解説した。特に、第6章では CD-ROM に組み込まれた衛星データにより、衛星データの特徴や画像解析さらにはリモートセンシングの応用が具体的に学べる内容とした。また第8章でも CD-ROM のソフトウエアおよび空間データを用いて、地理情報システムにおいて最も重要である空間データの記述方法さらには空間分析の概念が具体的に学べるように配慮した。

なお、測量シミュレータ、リモートセンシング用ソフト、地理情報システム用ソフトの使用方法はクイックマニュアルとして付録で解説することとした。

本書では、以上のように本文の解説と合わせて測量シミュレータ、ソフトウエア、衛星データおよび空間データにより空間情報工学に対する学習効果の向上を図り、さらにカリキュラムの多様性を考慮したことが大きな特徴である。しかしながら、空間情報工学に関連する技術および学問領域は極めて学際的かつ先端的であり、本書で空間情報工学のすべてが網羅されたわけではないが、読者にとって本書が空間情報工学を身近な面白いものとなっていくようなモチベーションになればと期待している。

2020 年 2 月

近津博文

目　　　次

第1章
空間情報工学の定義と意義

1.1 空間情報工学とは

人類が自然と対峙または協調しながら豊かな環境と快適な生活を維持するには、地球規模から生活環境にいたる様々な事象に対処しなければならない。つまり、グローバルには地球全体の実態把握から、ローカルには周囲の自然や開発状況、土地利用状況、社会基盤など様々な空間的な情報（空間データ）が必要となる。

空間データは地形、地物等の位置、形状などを示す幾何データと、人口、気象などを示す属性データからなり、地球規模では地球や大陸の形状、地域の気象、国の人口、あるいは地球温暖化に係わるとされる二酸化炭素排出量や国連が掌握する国際情勢なども含まれる。国家規模では、国全体の地勢である地形、地質、標高、土地利用に加えて国家基準点や行政界なども重要な空間データである。ローカルな都市規模では、都市計画、道路・施設管理、土地情報管理、上下水道・ガスなど、個々の市民生活に密接に関連した空間データが含まれる。

空間情報工学（Geoinformatics あるいは Geomatics）とは、衛星通信技術、電子光学技術、インターネットなどのハイテク技術の飛躍的な進展のもとに GPS（Global Positioning System：全地球測位システム）、GIS（Geographic Information System：地理情報システム）、リモートセンシング（Remote Sensing：遠隔探査）やデジタル写真測量（Digital Photogrammetry）のような先端技術を取り込んだ測量学の新しい概念であるといえ、その概念を卵型の構成で考えると**図1.1**のようになる。

図 1.1　空間情報工学の概念

　空間情報工学の応用範囲は地球規模から生活領域も含む極めて広領域であり、これを支える基礎技術は測量であり、空間情報工学は測量の基礎にデジタル写真測量、GPS、リモートセンシング、GIS などの先端デジタル技術が加わったものである。空間情報工学を構成する卵の中心はハードウエア、ソフトウエアとそれを支えるデータウエア、ヒューマンウエアによって構成された総合システムで稼動し、蓄積されたデータは技術者や一般ユーザーによって利活用され社会に役立つ情報としてフィードバックされる。

　空間情報工学に関連する技術および学問領域は極めて学際的かつ先端的であり、一つの学門体系で表現することはできない。したがって、空間情報工学は工学はもちろんのこと理学、人文社会など多岐の学問領域にわたっている。

　一方、平成 19 年 5 月 23 日の第 166 通常国会で「地理空間情報活用推進基本法」(以下「基本法」という。) が成立し、同年 5 月 30 日に公布された。この法律は地理空間情報の活用に関する施策を総合的かつ計画的に推進することを目的としており、地理空間情報の基本理念、国及び地方公共団体の責務、基本計画・施策の基本となる事項、衛星測位・地理情報システムに係る施策などが定められている。中でも、基盤地図情報は一定の品質のもとに全国がシームレスなデータで整備・提供されており、インターネットを使って誰でも入手できるようになった。今後は一定期間ごとに更新される予定であり、新鮮な地図を入手できることになる。

　基本法では衛星測位 (GNSS) に関わる条文もあり、高精度な測位データを基盤地図情報に重ね合わせて利用すればリアルタイムに地図の変化をモニタリングできることになり、カーナビゲーションはもとよりマンナビゲーションなどにも利活用されることが期待されている。

【演習 1.1】空間情報工学とはどのようなものであるか、また空間情報工学で扱うデータにはどのようなものがあるか説明せよ。

1.2　空間情報工学の歴史

　空間情報工学を構成する新しい技術の歴史はまだ浅く、1950 年代の宇宙時代の幕開けがその起源であり、コンピュータ技術が発達した 1970 年代からが本格的な始まりといえる。一方で、1.1 でも述べたように空間情報工学の基礎である測量の歴史は古く、原始時代にまでさかのぼることになる。

　ここでは、空間情報工学の歴史を測量の分野と先端技術である GIS、GPS、リモートセンシングおよびデジタル写真測量に分けて概説する。

1.2.1 測量の歴史

　測量の歴史は古く人類が共同生活を始めた原始時代までさかのぼる。当時は歩幅や縄などが測量の道具として使われていたものと推測される。古代時代になると、たとえば紀元前2000年ごろのピラミッドの築造からは高度な測量技術が想像されるが、紀元前195年頃エラトステネスは太陽高度と2地点間の距離を使って地球の大きさを測るなど、エジプト文明末期には測量は学問体系として発展していたことがうかがえる。その後、十字軍の遠征による世界観の変化、さらにはルネッサンスによる科学技術の発展、大航海時代における地理的探検とあいまって近代的な測量方法が出現したのは17世紀〜18世紀であるといわれている。この時代にはイギリスの時計職人ジョン・ハリソンによるハリソン時計の発明など多くの新しい技術の台頭が見られたが、特に1617年にオランダのスネリウスによって考案された三角測量および1660年にフランスのピカールにより使用された望遠鏡とバーニア付きトランジットは測量における技術革新であり、また1795年にドイツのガウスが最小二乗法を確立して測量誤差の合理的な処理を可能としたのもこの近世の時代である。近世における技術革新であった三角測量も技術の進歩により三辺測量、さらにはGPS測量へと変化したように、現代において測量は空間情報工学という新しい概念で捉えられることになる。

　日本では6世紀の仏教伝来に併せて中国大陸から測量方法が伝えられたといわれているが、測量という言葉も「天」を測る天文測量と「地」を量る土地測量とを組み合わせた「測天量地」という中国の熟語に由来している。日本における測量事業としては豊臣秀吉（1537—1598）が全国的に実施した検地（太閤検地）は有名であり、近代では間宮林蔵が樺太北部から中国東北部まで探検し測量を行っている。測量で特筆すべき人物である伊能忠敬（1745—1818）は日本全国の地図製作にあたり、道線法や交会法などの測量方法に加え、天体観測を導入することで、正確な地図を作り上げることに成功した。その成果は、江戸時代の地図学史上の最高峰とされ、わが国最初の実測日本地図となった。日本の空間情報工学を取り巻く環境はカナダ、イギリス等に遅れるものの多くの分野から新しい学問体系として期待されている。

1.2.2 リモートセンシングの歴史

　リモートセンシングという用語は1962年に確立され、1972年にアメリカ合衆国が地球資源探査衛星（ERTS：後のLandsat）を打ち上げたことによって世界の注目を浴びることになった。その後、1982年に打ち上げられたLandsat4号には分解能が30mのセマティックマッパが搭載された。1986年にフランスが打ち上げたSPOT-1には10mの分解能のパンクロセンサと20mの分解能のMSSセンサが搭載され、1987年には日本が海洋衛星MOS-1を打ち上げている。

　近年では、高分解能の衛星が打ち上げられ、分解能が1m未満の画像が一般にも入手可能となっている。

1.2.3　GISの歴史

　GISの始まりである地理的な情報を数値化し、コンピュータで解析するという考え方は、1950年代の後半にアメリカ合衆国の大学で始まったといわれている。1960年代に入ると、カナダで世界初の地理情報システムCGIS（カナダ地理情報システム）が設計された。

　1970年代に入り、CADやCGの技術が格段に進歩し、グラフィックディスプレイや図形入出力装置などの周辺機器の開発がGISの利用を促進した。1972年に打ち上げられた世界初の地球観測衛星の出現により、GISとリモートセンシングは融合されていくことになる。

　日本では1974年に国土数値情報の整備が始められた。これは当時の国土庁と国土地理院で整備された初の全国規模のデジタル情報であり、ほぼ1kmのメッシュで地形、地質などの自然条件や土地利用、行政区域などが格納された。このデータ整備が発端となり各種数値地図や空間データ基盤等が作られた。また、最近ではQGISなどのオープンソースソフトウェア製品が充実しデスクトップ型の汎用GISで、空間データの閲覧、編集、分析が可能となっている。

1.2.4　GPSの歴史

　GPSの開発はアメリカ合衆国により1973年に始まっている。衛星の打ち上げとシステムの試験・調整を経て、1993年に運用が宣言され、1996年にすべての衛星の配備が終わり正式な運用が開始されている。2000年にはGPS衛星の信号を劣化させていたスクランブル信号（Selective Availability, SA）が解除され、単独測位の精度が向上した。

　日本国内では、1995年の阪神淡路大震災を契機に、以前から設置が進められていた地震・火山等の調査研究のための地殻変動監視および各種測量の基準点として利用する電子基準点の整備が加速度的に進み、平成16年（2004年）の時点では全国に1,224点が設置されている。

　2002年からは一部電子基準点データのリアルタイム配信が始まり、2004年にはGPS連続観測システム（GEONET）の運用が開始された。この整備により、すべての電子基準点において、リアルタイムデータ（1秒値）の提供が可能になり、1cm程度の精度でのリアルタイム測位が実現した。また、近年では複数衛星測位システムを利用した、GNSS（Global Navigation Satellites System）が普及している。

1.2.5　デジタル写真測量の歴史

　写真測量の歴史は 1839 年の写真の発明と共に始まり、1900 年代前半は機械的なアナログ写真測量の全盛期であったが、1960 年代におけるコンピュータの発達により解析的に空中三角測量を行う解析写真測量が始まった。その後、1970 年代初めに開発された CCD（Charge Coupled Device：電荷結合素子）センサが普及し、コンピュータに取り込まれたデジタル画像を利用するデジタル写真測量の時代へと変わった。デジタル写真測量世代初期の 1980 年代は画像処理によるマッチングの自動化問題が活発に研究された時代であり、1990 年代における航測用デジタルカメラの開発および 1990 年代後半の GPS/IMU（位置・姿勢制御システム）によりデジタル写真測量の概念が実用化された。

　2000 年代に入ると従来のフィルム写真と同等以上の画質が得られることや近赤外画像も同時に取得される高解像度（たとえば、13,500×8,000 画素）の航測用デジタルカメラが開発され、さらには大容量のデジタル画像を保存、検索、処理することが可能なハードウエアおよびソフトウエアの出現とあいまってデジタル写真測量は実用段階に入った。

1.3　空間情報工学の分類

　それぞれの項目の詳細は各章で解説されるので、ここでは空間情報工学の分類を測量の発展として捉え、この教科書にある空間情報工学の基礎である従来の測量と先端技術に大別して記述する。

1.3.1　空間情報工学の基礎

　空間情報工学の基盤技術は測量であり、測量（Surveying）とは距離や角度、写真、時間差などを利用して空間上の点の位置を定める方法を学ぶ学問および技術である。

　日本では国土の開発、利用、保全を目的に測量法が定められており、測量法では測量は以下のように「基本測量」、「公共測量」、「基本測量および公共測量以外の測量」および「局所的測量または高度の精度を必要としない測量」とに分類される。

(1) 基本測量：国土交通省国土地理院が行う測量で、すべての測量の基礎となる測量。

(2) 公共測量：基本測量以外の測量で、主に社会基盤整備を目的に測量に要する費用の全部もしくは一部を国または公共団体が負担もしくは補助して実施する測量。

(3) 基本測量および公共測量以外の測量：基本測量または公共測量の測量成果を使用して実施する基本測量および公共測量以外の測量。

(4) 局所的測量または高度の精度を必要としない測量：上記の三つ以外の測量で、測量法の適用を受けない測量。

　また、測量の種類には基準点測量、水準測量、距離測量、トラバース測量、地形測量などがあるが、最近の技術革新を背景にボタンを押すだけの操作でデータ取得がで

きるようになったことは測量学の重要な課題である測定値の処理や解析理論・手法および誤差の修正・調整がブラックボックス化されたことになる。

　この教科書では、「空間情報工学の基本事項」（第2章）、「測定値の処理」（第3章）、「誤差伝播の法則」（第3章4節）、「最小二乗法の原理」（第3章5節）、さらに「距離測量」（第4章1節）、「水準測量」（第4章2節）、「基準点測量」（第4章3節）、「トラバース測量」（第4章4節）、「三次元測量」（第4章5節）などから、従来の測量学の基礎および誤差理論を学習した上で、空間情報工学における先端技術についても学ぶことができる。

1.3.2　空間情報工学の先端技術

　空間情報工学の先端技術は大きく次の五つに分けられる。

（1）リモートセンシング

（2）地理情報システム

（3）全地球測位システム

（4）デジタル写真測量

（5）電子光学測量

　（1）から（4）の技術は"1.2 空間情報工学の歴史"の節で述べたように、いずれも1970年代以降に発展してきたものであり、空間情報工学を歴史的に大別した場合の先端技術に相当する。しかし、これらの先端技術の中にも、たとえば全地球測位システムは既知の座標を有する複数の衛星を用いた後方交会法により地上の三次元座標を求めるものであり、デジタル写真測量における空間幾何学はアナログ写真測量と同じであるなど測量学における基本的な考え方が使われている。また、（5）の電子工学測量は測量分野において、1970年代以降から普及したトータルステーションに代表されるように非接触三次元測量を可能とした革新技術である。

参考文献

1）村井俊治：改訂版　空間情報工学、㈳日本測量協会、2002

2）武田通治：改訂版　測量学概論、山海堂、1984

3）佐藤善幸：多機能世界地図システム、アスキー出版局、1994

4）福本武明、鹿田正昭他：エース測量学、朝倉書店、2003

5）秋山　実：地理情報の処理、山海堂、1996

6）日本リモートセンシング研究会：リモートセンシング通論、JARS、2000

7）佐田達典：GPS測量技術、オーム社、2003

8）Toni Schenk：デジタル写真測量、㈳日本測量協会、2002

9）日本写真測量学会、動体計測研究会：デジタル写真測量の理論と実践、㈳日本測量協会、2004

10）㈳日本測量協会：国土交通省公共測量作業規程―解説と運用―、2003

第2章
空間情報工学の基本事項

2.1　地球の形状

　現在では地球は球体であるということは誰でも知っていることであるが、地球が平面でなく球体であるということを最初に唱えたのは、紀元前6世紀古代ギリシャ時代に活躍したピタゴラスであり、紀元前4世紀に活躍したアリストテレスは月食の時に月に丸い影が映ることなどの論証のもと地球球体説を示したとされている。しかし、地球球体説が一般的に認められるようになったのは大航海時代の1522年にマゼラン一行が地球一周を成し遂げてからで、日本には1549年にフランシス・ザビエルがキリスト教と一緒に地球球体説を伝えたとされている。

2.1.1　地球の大きさ

　古代エジプトのプトレマイオス王朝時代の首都であったアレキサンドリアの図書館長であったエラトステネスは紀元前195年ごろナイル川上流のシエネ（現在のアスワンから多少南方の辺りと思われる）では、夏至の日に井戸の底まで太陽が差し込むことを知り、同じ日のアレクサンドリアでの天頂角7.2度とシエネまでの距離5,000スタジアを使って地球の円周を約46,250kmと求めた。この値は現在の40,008kmと比較しても約16%大きいだけである。スタジアとはエジプト時代の距離の単位で、1スタジア＝0.185kmといわれているが、スタジア測量という名前で今でもエジプト時代の言葉を測量（たとえば、本書第4章間接水準測量）の中に見つけることができる。

2.1.2　地球楕円体

　球体と考えられていた地球も1687年ニュートンが万有引力の法則を発見すると、厳密には遠心力で赤道付近が膨らんでいる両極を短軸とする回転楕円体であると考えられるようになり、これを地球楕円体という。

　地球楕円体の大きさは多くの科学者によって種々の大きさのものが求められてきた。わが国では明治の初年にドイツから測量学が輸入されたため、当時ドイツで用いられていたベッセルの楕円体が長い間採用されていたが、現在の改訂測量法ではGRS80（Geodetic Reference System 1980）楕円体が使われている。

　いま、**図2.1**において楕円体の長軸半径をa、短軸半径をbとすると、$p = (a-b)/a$を扁平度といい、ベッセルの楕円体では$a = 6,377.397$km、$b = 6,356.079$kmであるので扁平度は1/299となる。なお、地球の重心を原点とするGRS80楕円体では$a = 6,378.137$km、$b = 6,356.752$km、扁平度は1/298となり、この時の地球の半径Rは、

$$R = \frac{a+a+b}{3} \fallingdotseq 6,371\text{km}$$

となる。

2.1.3　準拠楕円体

　回転楕円体として考えられている地球表面にはエベレスト（8,848m）のような高いところも、10km を越える日本海溝のような深いところもあり、このような凹凸を考えた地球表面上で位置・形状などの幾何データを扱うのは不都合である。そこで、平均海面をそのまま陸地内部にも延長してできる仮の面をジオイドと呼ぶ。

　しかし、地球内部の密度の影響によりジオイドは図 2.2 のような凹凸のある曲線となる。そこで、このジオイドに最も近似する回転楕円体を考えたとき、この回転楕円体を準拠楕円体という。

　日本では東京湾平均海面によりジオイドを定め、ジオイドに全地球的に最も近似するように定められた GRS80 楕円体を準拠楕円体と定めている。

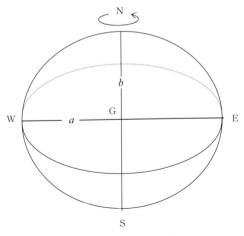

図 2.1　地球楕円体

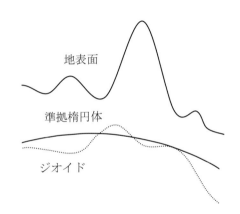

図 2.2　ジオイドと準拠楕円体

【演習 2.1】
　1 スタジアを 0.180km として、エラトステネスと同じ条件で、地球の円周を求めよ。
【演習 2.2】
　地球楕円体、ジオイド、準拠楕円体の区別を述べよ。

2.2　位置の表示

　基本測量および公共測量における位置の表示に関して、測量法第 11 条では地理学的経緯度および平均海面からの高さで表示する。ただし、直角座標と平均海面からの高さ、極座標と平均海面からの高さ、あるいは地心直交座標で表示することもできると定められている。

2.2.1　地理学的経緯度

　図2.3において地表面上の点P'を準拠楕円体面上に正投影した点をPとすると、点Pと両極を結ぶ準拠楕円体面上の弧NPSを点Pにおける子午線といい、両極を結ぶ線分（NS）と点Pの子午線に囲まれる面を点Pにおける子午面という。

　また、グリニッジ天文台における子午面を本初子午面、これに対応する子午線を本初子午線といい、点Pにおける子午面が本初子午面となす角λを地理学的経度（あ

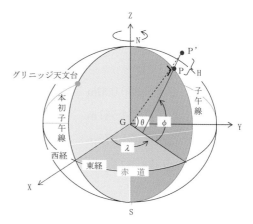

図 2.3　地理学的経緯度

るいは、単に経度）という。経度は本初子午面から東回りに測る場合には東経となり、西回りに測る場合には西経となる。

　地理学的緯度（あるいは、単に緯度）とは、点Pにおける準拠楕円体への法線が赤道と地球重心Gを含む赤道面となす角ϕをいい、緯度は赤道から北側に測った場合には北緯、南側に測った場合には南緯という。したがって、点Pの位置は（λ、ϕ）によって一義的に定まり、さらに点P'の位置も平均海面からの高さHを知ることにより（λ、ϕ、H）となる。なお、点Pにおける法線は一般的には重心Gを通らない。重心Gの位置を考慮して定められる緯度θは地心緯度と呼ばれ、地理学的緯度と区別される。

　一方、地心直交座標系とは重心Gに原点をおき、X軸をグリニッジ天文台を通る子午線と赤道との交点方向にとった直交座標系である。

2.2.2　位置の原点

（1）日本経緯度原点

　地理学的経緯度と平均海面からの高さで位置を表示する場合、日本国内における測量の原点を日本経緯度原点および日本水準原点といい、以下の通りに定められている。

　日本の経緯度原点は東京都港区麻布台2丁目18番地1にあり、その値は、

経　　　　度：東経 139° 44′ 28″ 88

緯　　　　度：北緯 35° 39′ 29″ 16

原点方位角：32° 20′ 44″ 76

である。

　原点方位角とは、日本経緯度原点に測量器械を据え、つくば市北郷一番地にあるつくば超長基線電波干渉計観測点から左回りに 32° 20′ 44″ 76 回った方向を日本経緯度原点における真北の方向と定めるものであるが、現在は高層ビルなどの影響によりこ

の目的は達成されていない。

　なお、日本経緯度原点に対する地心座標系の値は、

　　X 軸：− 3,959,340.090m

　　Y 軸：　3,352,854.541m

　　Z 軸：　3,697,471.475m

となっている。

(2) 日本水準原点

　日本の水準原点は東京都千代田区永田町 1 丁目 1 番地にあり、その高さは東京湾平均海面から 24.3900m の位置になる。

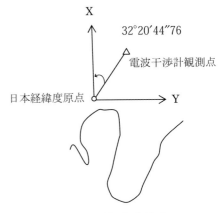

図 2.4　原点方位角

【演習 2.3】

　経度 1 秒分に相当する距離を求めよ。ただし、地球の半径は 6,371km とする。

2.3　測量学における主な測定量

　測量において主に測る量は高さ、距離、角などであり、これらに対する定義を以下に述べる。

2.3.1　高さ（標高）

　任意の点 P に対する標高とは点 P をジオイド上に正投影した点を P′ とすると、その長さが標高となる。このように厳密には標高はジオイド面への法線に沿った長さとして定義されるが、日本での標高は東京湾平均海面にもとづいて定義されているから、日本各地の標高は東京湾平均海面との差として定義される。

　したがって、**図 2.5** において日本水準原点との標高差 ΔH_0 を知ることにより P 点の標高は次式より求められる。このように標高差を測ることにより P 点の標高を求めることを水準測量という。

$$H_P = H_0 + \Delta H_0 \tag{2.1}$$

　しかし、P 点が遠く離れた場所では、測量の度に水準原点から水準測量を行わなければならない。これを解決するために国内随所に水準点を設け、この標高を予め精密に測量しておくことにより水準測量が実施される。すなわち、点 P の最寄の水準点の標高を H、標高差を ΔH とすると、点 P の標高は次式より算出される。

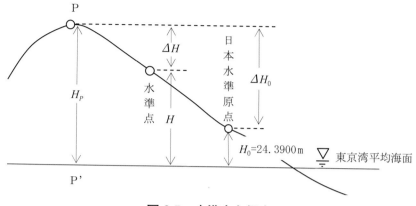

図2.5　水準点と標高

$$H_P = H + \Delta H \tag{2.2}$$

2.3.2　距離

　地上の2点A、Bから法線に沿って準拠楕円体上に正投影した点をA'、B'とすると、点A'、B'を通る弧は2点A、Bに対する球面距離と定義される。

　一方、球面距離が長くない場合には投影面A'B'を水平面A"B"と見なすことができ、これを水平距離と定義する。なお、単に距離という場合は水平距離または球面距離のことであり、2点A、Bを直接結んだ場合は斜距離、さらに2点A、Bを通る水準面間の隔たりを鉛直距離という。

　ところで、図2.7において2点A、B間の球面距離をS、水平距離をs、球面距離と水平距離との接点をTとし、A'T（= B'T）に対する中心角をθラジアンとすると、$s/2 = R\tan\theta$　および　$S/2 = R\theta$より、

$$s = 2R\tan\frac{S}{2R} \tag{2.3}$$

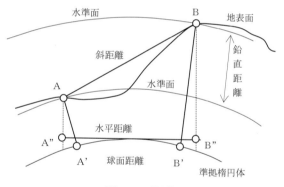

図2.6　距離

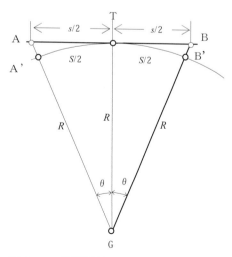

図2.7　球面距離と水平距離との関係

であり、$\tan x$ のマクローリン展開は、

$$\tan x = x + \frac{x^3}{3} + \frac{2x^5}{15} + \cdots\cdots$$

であるから、

$$s = 2R\tan\frac{S}{2R} \fallingdotseq 2R\left\{\frac{S}{2R} + \frac{1}{3}\left(\frac{S}{2R}\right)^3 + \cdots\cdots\right\} = 2R\left\{\frac{S}{2R} + \frac{S^3}{24R^3} + \cdots\cdots\right\} \tag{2.4}$$
$$= S + \frac{S^3}{12R^2}$$

ここで、$s-S$ の S に対する比率が、精度 $1/P$ 以内になる範囲を求めると、

$$\frac{s-S}{S} = \frac{S^2}{12R^2} \leq \frac{1}{P} \tag{2.5}$$

これより

$$\frac{S}{2} \leq \sqrt{\frac{3}{P}}\,R \tag{2.6}$$

を得る。

　いま、平面距離の精度を $1/10^6$（1km 測って 1mm の誤差）、$R = 6{,}371$km とすると、$S/2 \fallingdotseq 11.0$km が得られる。すなわち、半径 11km の円内の測量を行っている場合には、その範囲を平面とみなすことができ、この場合の測量を局地測量あるいは小地測量といい、地球の曲率を考慮して行う測量を測地測量あるいは大地測量という。

2.3.3　角

　測量における角には水平角と鉛直角とがある。いま、図 2.8 の測点 O において、2 点 A、B に対する水平角とは 2 点 A、B を水平面に投影した点 A'、B' が点 O において挟む角 α をいう。

　鉛直角あるいは高度角とは水平面から線分 OA、OB までの角 V_A、V_B であり、水準面より上向きの角 V_A は仰角、下向きの角 V_B は俯角といい、それぞれ ＋、－ の符号をつけて表す。また、Z_A は天頂角と呼ばれる。

　角を測る最も一般的な器械をセオドライト（またはトランシット）という。今日では角と距離とが同時に測れるトータルステーションの使用が一般的であるが、これらの器械を用いる測量を基準点測量という。

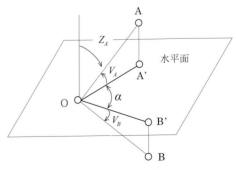

図 2.8　角の種類

2.3.4 方位角・方向角

方位角と方向角の違いは基準となる方向の違いで、た
とえば図2.9においてPを通る子午線の北を基準にし
て右回りにPQまで測った水平角 T がPにおけるQへ
の方位角となる。また、Pを通る平面直角座標系のX
軸の正の方向を基準にして右回りにPQまで測った水平
角 α が方向角となる。しかし、子午線とX軸が一致し
ない限り方向角と方位角が一致することはなく、この隔
たりの角を真北方向角あるいは子午線収差といい、図
2.9の場合には

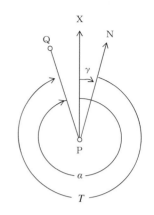

図 2.9 方位角と方向角

$$\gamma = \alpha - T \tag{2.7}$$

となるが、真北方向角とはX軸方向に対する真北方向であるから、Pを通る子午線
がX軸正方向に対して東側に偏っている場合には＋、西側に偏っている場合には−
となる。また、逆に子午線収差とは真北方向を基準とした場合にX軸の方向である
から、真北方向角とは逆の符号となる。

2.3.5 北

測量学における北には真北、磁北、座北、仮北の4種類がある。

(a) 真北：図2.9において点Pを通る子午線の北の方向をいう。

(b) 磁北：磁針の指す北の方向である。一般に磁北と真北とは一致しない。この偏
りを磁北偏差という。

(c) 座北：平面直角座標系のX軸に平行にP点を通って引いた直線の正の方向をいう。

(d) 仮北：測量作業の便宜上、適当な方向に定めた仮の北をいう。

2.3.6 縮尺

図面上の長さ s と実際の長さ S との比を縮尺といい、分子を1にした分数 $1/M$ また
は $1 : M$ で表す。すなわち、

$$\frac{1}{M} = \frac{s}{S} \tag{2.8}$$

となる。

縮尺のうち、その地形が大きく描かれるものを大縮尺の地図といい、逆に小さく描
かれるものを小縮尺の地図という。一般に 1/10,000 以下を小縮尺、1/10,000〜1/5,000
を中縮尺、1/1,000 以上の地形図を大縮尺いう。

【演習 2.4 】 標高 500m の平らな地表面上で 2 点間の距離を測ったところ 1,000m であった。この 2 点間の準拠楕円体上の距離を求めよ。ただし、地球の半径は 6,371km とする。

2.4　地図投影

　地図とは地球上の地物（道路、鉄道などの人工的なもの）や地形（川、湖、山など自然なもの）を記号・文字などを用いて一定の縮尺で平面上に表したものである。したがって、地球を球体として捉え、球体を平面上に表現する場合には投影法が必要となる。地球上の位置関係を平面上に表すことを最初に検討したのは、エラトステネスと同じくアレキサンドリアで活躍したプトレマイオスであった。

　さて、投影法には多くのものがあるが、測量学で用いられている平面直角座標系には横メルカトール図法が利用されている。横メルカトール図法とは図 2.10 のように球面上に定められている座標原点 O を通る主子午線において、球面が円柱に接するように球体に円柱を横からかぶせ、球体上の点を円柱に投影する心射横円柱図法を等角条件を満足するように修正した図法である。

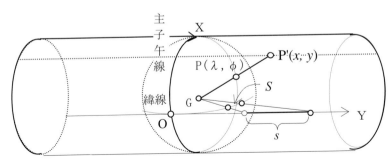

図 2.10　心射横円柱図法

2.4.1　平面直角座標系

　いま、地心 G と球面上の点 P とを結ぶ線分が円柱と交わる点を P′ とすると、この点は P の円柱への投影点となる。このようにして球面上のすべての点を円柱状に投影する方法が横メルカトール図法であり、主子午線は X 軸となり、緯線上の点を投影した線は Y 軸となる。ところで、緯線上の各点付近において微小な弧長を S、S の円柱への投影長を s とするとき、S が大きくなるにつれて s の S に対する比率（s/S）も大きくなり地図としての正確性を欠くことになる。ここに、s の S に対する比率を縮尺係数 m_0 といい、縮尺係数 m_0 は中等曲率半径を R とすると、直角座標から緯度・経度を算出する際に次式として誘導される。

$$m_0 = 1 + \frac{1}{2}\left(\frac{S}{R}\right)^2 \tag{2.9}$$

ここで、$R = 6{,}371$km として式（2.9）を用いて縮尺係数を計算してみると、原点付近では $m_0 = 1.0000$ であるが、原点から 130km はなれた点では $m_0 = 1.0002$ となる。そこで、日本では原点から東西に 130km の区間を一つの座標系として全国を 19 の座標系に分け、縮尺係数に一律に 0.9999 を掛けたものを改めて各点の縮尺係数として、原点から東西に 130km 以内における相対誤差が 1/10,000 を超えないようにしている。すなわち、原点での縮尺係数は $1.0000 \times 0.9999 = 0.9999$ となり、130km 離れた点では $1.0002 \times 0.9999 = 1.0001$ となる。したがって、原点では -0.0001、端点では $+0.0001$ となり、原点から 130km 以内における地図上での相対誤差は 1/10,000 が満たされることになる。この縮尺係数を用いて緯度経度で表された球面上の点を (X, Y) で表した座標系を平面直角座標系という。

ところで、原点から 130km 離れた地点における平面距離は $0.0001 \times S$ だけ長く、原点では逆に $0.0001 \times S$ だけ短い。そこで、球面距離に対して ± 0.0001 以内の誤差を許すならば半径 130km の準拠楕円体面上の円内は平面とみなすことができる。ただし、精度としては当然 1/10,000 であり、球体として誘導された式（2.5）において精度を 1/10,000 とした場合の半径は 110km となる。

2.4.2 UTM 座標系

平面直角座標系は主に中縮尺以上の地形図に用いられるのに対して、1/25,000 あるいは 1/50,000 などの小縮尺地形図に採用される座標系は、地球全体を対象としていることから国際横メルカトール図法あるいは Universal Transverse Mercator より UTM 座標系と呼ばれる。

UTM 座標系は赤道に沿って $6°$ ずつの経度帯で区切り、原点から東西に 330km の範囲を一つの座標系とするもので、原点から 330km はなれた点での縮尺係数 m は 1.001 となる。そこで、UTM 座標系の場合には各点の縮尺係数に一律に 0.9996 を掛けたものを改めて縮尺係数として、原点から 330km 以内における地図上での相対誤差が 6/10,000 に収まるようにしたものである。

なお、UTM 座標系の適用範囲は南北方向に $80°$ の範囲であり、n を経度帯番号とすると、その経度帯の主子午線に対する経度は次式で算出される。

$$6° \times (n - 31) + 3° \tag{2.10}$$

たとえば $n = 51$ とすると、その経度帯の主子午線に対する経度は $123°$ であり、その経度帯の範囲は $120° \sim 126°$ となる。

【演習 2.5】

　平面直角座標系において、平面距離と球面距離との比率が等しくなる地点を求めよ。

参考文献

1）佐藤善幸：多機能世界地図システム、アスキー出版局、1994
2）日本測地学会：地球が丸いってほんとうですか？、朝日新聞社、2004
3）（公社）日本測量協会：公共測量作業規程の準則、2016
4）（公社）日本測量協会：公共測量作業規程の準則―解説と運用―、2016
5）春日屋伸昌：わかる―測量概説(1)、東京法経学院、1974
6）春日屋伸昌：測量学Ⅰ、朝倉書店、1978
7）飛田幹男：世界測地系と座標系、（公社）日本測量協会、2002

第3章
測定値の処理

3.1 測定と誤差の分類

　測量では高さ、距離、角などの測定を行い、その測定値を用いて点の位置を示す座標あるいは面積が求められるが、一般に測定値には誤差が含まれるため、測量の成果である座標あるいは面積にもこの誤差が伝播する。ここでは、まず測定と誤差の分類について述べる。

3.1.1 測定の分類

　測定は方法と性格により直接測定と間接測定および条件測定と独立測定に分類される。

（1）直接測定と間接測定

　直接測定とは高さ、距離、角などを器械を用いて直接測定することで、間接測定とは高さなどを計算式を経て求めることである。

　たとえば、**図3.1**において2点AB間の

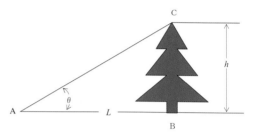

図3.1　直接測定と間接測定

水平距離（L）と鉛直角（θ）を求めて樹木の高さを $h = L \tan \theta$ より求める場合、水平距離 L, 鉛直角 θ を求めることを直接測定といい、h を求めることを間接測定という。

（2）条件測定と独立測定

　直接・間接にかかわらず測定値の間に理論上厳密な条件が成り立つ場合、この測定を条件測定といい、条件が存在しない場合を独立測定という。たとえば、三角形の内角を測るような場合には、三角形の内角の和は180°であるという条件が成り立つので条件測定であり、**図3.1**において L と θ を測るような場合にはこれらの測定値間に何の条件も成り立たないので独立測定となる。特に、測定値の処理において条件測定は重要で、直接測定で測定される測定値になんらかの条件が成り立つ場合には直接条件測定、間接測定で測定される測定値に条件が成り立つ場合には間接条件測定として区別される。

3.1.2 誤差の分類

　角や距離などの物理量の真値はどんなに注意して測定しても、その真値を知ることはできない。測定値と真値との差が誤差であり、誤差はその性質により、過誤、定誤差、不定誤差とに分類される。

　過誤とは測定者の目盛りの読み間違えや記帳・計算ミスなどにより生じる誤差であり、過誤は測定者の注意により防ぐことができる。定誤差とは器械固有の系統誤差な

どのように誤差の起こる原因が判明している誤差である。このため、定誤差は系統誤差とも呼ばれるが、その原因が分かっているので測定値から定誤差を消去することができる。

　不定誤差とは偶然性に支配される誤差で偶然誤差とも呼ばれ、測定値には必ず不定誤差が含まれる。不定誤差の影響をなるべく小さくするためには精密な器械を用いて注意深く測定することと、測定回数を多く取り、その平均値を採用することであり、不定誤差を扱う学問が誤差論である。なお、通常誤差とは不定誤差を意味する。

　いま、ある未知量を n 回繰り返し測定して測定値 M_1, M_2, M_3, $\cdots$, M_n が得られたとする。そこで、未知量に対する真値を X とすると各測定値に対する誤差 $x_1, x_2, x_3, \cdots, x_n$ は、

$$x_1 = M_1 - X, \qquad x_2 = M_2 - X, \cdots\cdots, \quad x_n = M_n - X \tag{3.1}$$

となる。

　しかし、一般に未知量に対する真値は知り得ないものであるから、誤差も知ることはできない。われわれが知り得るのは真値に対する推定値である。そこで、未知量に対する最も合理的な推定値を測量学では最確値と呼び、測定値 M_i と最確値 X_0 との差を残差と定め、各残差を v_i で表すと、残差 $v_1, v_2, v_3, \cdots, v_n$ は次式のように書ける。

$$v_1 = M_1 - X_0, \qquad v_2 = M_2 - X_0, \cdots\cdots, v_n = M_n - X_0 \tag{3.2}$$

3.1.3　誤差の法則

　n 個の測定値を M_1, M_2, M_3, $\cdots$, M_n とすると、n 個の測定値に対する最確値 X_0 は相加平均、

$$X_0 = \frac{M_1 + M_2 + M_3 + \cdots + M_n}{n} = \frac{\sum_{i=1}^{n} M_i}{n} = \frac{[M]}{n} \tag{3.3}$$

ここに、［　］は総和記号である。
として与えられ、式（3.3）より、

$$nX_0 = M_1 + M_2 + \cdots\cdots + M_n = [M] \tag{a}$$

であるから、この式の右辺に式（3.2）を $M_i = v_i + X_0$ の形に整理して代入すると、

$$nX_0 = (v_1 + X_0) + (v_2 + X_0) + \cdots\cdots + (v_n + X_0) = nX_0 + [v] \tag{b}$$

したがって、

$$[v] = 0 \tag{3.4}$$

となる。

　すなわち、残差の総和は0であることが誘導される。同様に、誤差の総和は式（3.1）より

$$[x] = [M] - nX \tag{c}$$

であるから、上式の $[M]$ に式（a）を代入すると、

$$[x] = nX_0 - nX = n(X_0 - X) \tag{d}$$

が誘導される。

　ところで、すでに述べたように誤差と残差は等しいものではないが、測定の回数と精度を上げれば上げるほど最確値 X_0 は真値 X に近づく。したがって、測定数を無限大にまで上げたとき、残差は誤差に限りなく近づくことになる。よって、測定回数が非常に多いときには式（3.4）に代わり、

$$[x] = 0 \tag{3.5}$$

が成り立つと考えられる。

　これより測定回数が非常に多いときには同じ大きさの正負の誤差は同じ回数だけ起きることがわかる。

　表3.1はアーチェリーの的を100回実射して的の中心からのずれを、的の中心を通る水平線の上を正、下側を負として、ずれの区間（ここでは10cm）ごとに整理した度数分布表である。

　ずれの区間を階級と呼び、各区間の中央の値を階級値という。また、度数 f とは実射した矢が各階級に含まれる数であり、相対度数とは各階級の度数を全体の測定回数（全度数）n で割った値である。したがって、相対度数の和は当然1となる。

　図3.2は縦軸に相対度数、横軸に階級をとって描いたヒストグラムである。さて、図3.2の横軸は的からのずれ、すなわち誤差を示しており、0から左右に遠のくほど的からのずれ

表3.1　測定値の度数分布表

階級 (cm)	階級値 (cm)	度数 (f)	相対度数 (f/n)
35〜25	30	2	0.02
25〜15	20	8	0.08
15〜5	10	15	0.15
5〜−5	0	28	0.28
−5〜−15	−10	25	0.25
−15〜−25	−20	17	0.17
−25〜−35	−30	5	0.05
計		100	1

（誤差）は大きくなり、誤差の絶対値の小さいものは絶対値の大きいものより起こりやすいことを意味している。また、過誤がない限り、絶対値が非常に大きな誤差はほとんど起こらないことも示している。

これらのことを整理した以下の三つは誤差の 3 公理と呼ばれる。

(1) 同じ大きさの正負の誤差は同じ回数だけ起きる。

(2) 誤差の絶対値の小さいものは絶対値の大きいものより起こりやすい。

(3) 絶対値が非常に大きな誤差はほとんど起こらない。

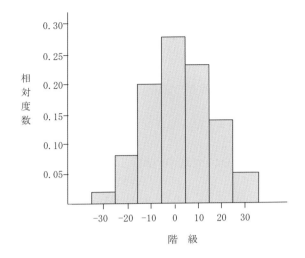

図 3.2　ヒストグラム

ところで、測量学においては重みという概念が必要になるが、度数分布表より測定値の平均値 $\bar{x}$ を算出する場合、x_i を階級値、f_i を各階級に対する度数とすると、平均値 $\bar{x}$ は次式より算出される。

$$\bar{x} = \frac{x_1 f_1 + x_2 f_2 + x_3 f_3 + \cdots + x_n f_n}{f_1 + f_2 + f_3 + \cdots + f_n} = \frac{\sum_{i=1}^{n} x_i f_i}{[f]} = \frac{[xf]}{[f]} \tag{3.6}$$

このようにして算出される平均値を加重平均、または度数を重みと考えて重み付き平均という。度数とはある階級値 x_i に対する信頼指標であるから、重みとはある階級値（測定値）の信頼度を表すための一つの指標であるといえる。また、各測定値に対する信頼度（重み）がすべて等しいとすると、式（3.6）において $f_i = 1$, $n = [f]$ であるから式（3.6）は式（3.3）と一致する。このような測定を等精度測定といい、式（3.6）のように各測定値に対する信頼度（重み）が異なる測定を異精度測定という。したがって、式（3.3）から算出される値は等精度測定における最確値であり、式（3.6）から算出される値は異精度測定における最確値として区別される。

3.1.4　誤差関数

アーチェリーの実射において射る矢の数を無限大にまで増やした場合、体力の消耗は考えないことにすると、その時のヒストグラムは左右対称になり、さらに階級幅を小さくしていった場合のヒストグラムは**図 3.3** のような滑らかな左右対称な曲線となる。この曲線を正規曲線あるいは誤差曲線という。また、誤差が正規分布に従って分

布することはガウスにより明らかにされたため、ガウス曲線とも呼ばれる。ガウスは数学・天文学・測地学の分野においても著名であるが、1991年4月に発行された旧西ドイツの新10マルク紙幣の表・裏にはガウスの測量への貢献が示されている。

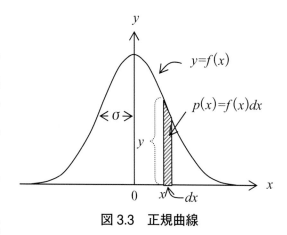

図3.3　正規曲線

さて、**図3.3**においてxと$x+dx$の点において引かれた縦線と正規曲線とが挟む微小面積ydxは極めて多くの実射をした場合、矢がxと$x+dx$の区間に落ちる数、すなわち誤差がxと$x+dx$の区間で起こる数を相対度数で表したものであり、この数を$p(x)$で表すと、

$$p(x) = ydx = f(x)\,dx = f/n \tag{3.7}$$

となる。

　一般に、多くの実験回数n回のうち、ある事象がf回起きた場合にはその事象が起きる確率はf/nであるから、式（3.7）における$p(x)$は誤差がxと$x+dx$の区間で起こる確率となり、$p(x)$は確率エレメント、yは確率密度と呼ばれる。また、$y=f(x)$とすれば、関数$f(x)$は確率密度関数または誤差関数あるいは正規関数、さらにはガウス関数とも呼ばれ、一般に誤差xが区間$[a, b]$の間で生じる確率$P(a \leqq x \leqq b)$は、

$$P(a \leqq x \leqq b) = \int_a^b f(x)\,dx \tag{3.8}$$

であり、

$$P(-\infty \leqq x \leqq \infty) = \int_{-\infty}^{\infty} f(x)\,dx = 1 \tag{3.9}$$

となる。

　さて、正規関数の標準形は、

$$f(x) = \frac{1}{\sqrt{2\pi}\,\sigma} e^{-\left(\frac{x}{\sigma}\right)^2} \tag{3.10}$$

ここに、σは正規曲線の幅に対するパラメータであり、式（3.10）は**図3.3**のよう

図3.4　旧西ドイツの10マルク紙幣

に $x=0$ を中心とした場合の関数形であるが、分布の平均値を X とした場合には、すなわち正規曲線を横軸に沿って X だけ移動した場合には、

$$f(x) = \frac{1}{\sqrt{2\pi}\,\sigma}\,e^{-\left(\frac{x-X}{\sigma}\right)^2} \tag{3.11}$$

と書ける。

【演習 3.1】表 3.1 より、アーチェリーの実射における、平均値を求めよ。

3.2　測定値の評価

　ある未知量に対して無限回の実験を行った場合、そのヒストグラムは図 3.3 のような滑らかな左右対称な形となり、未知量に対する真値は正規分布の中央の値として求められる。すなわち、真値は無限個の測定値の平均値となり、無限個の測定値の集団を母集団といい、その平均値を母平均という。式（3.11）は母平均を X とした場合の正規分布の関数形であり、式（3.10）は母平均を 0 とした場合である。

　ところで、母集団における測定が精度良く行われたかどうかを評価するためには誤差の分布を知ることが大切であり、そのためには母分散を知る必要がある。母分散とは図 3.3 のような正規曲線において母平均からの誤差の散らばり具合を示すもので、母平均と母分散を一括して母数という。

3.2.1　母分散と精度

　いま、2 人の選手 A、B により極めて多くのアーチェリーの実射を行った結果、次のような分布曲線を得た。図 3.5 から明らかのように A、B に対する母平均はともに 0 であるが、A は B よりも尖りが大きい。この実験において、的の中央に矢が命中した場合の誤差は 0 であるから、矢が的の中央付近に密集することは絶対値の小さい誤差が発生する確率が大きいこと、すなわち命中率が高いことを意味するので、A の方が精度が良いことになる。

　次に、具体的な数値により A と B との精度の違いを表すことを考えることとする。この場合、上記の説

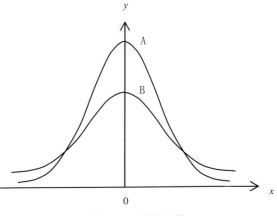

図 3.5　正規曲線

明より誤差が一つの指標になると考えられるが、式（3.5）より誤差の総和は0であるため誤差の総和を利用することはできない。そこで、誤差の2乗を考えることにする。すなわち、精度が良いということは、絶対値の小さい誤差が多く発生することであるから、Aに対する誤差の2乗和は当然Bのそれよりも小さくなる。また、精度が高いほど誤差の2乗和は小さくなる。この性質は誤差の2乗和を実験回数nで割っても維持されるので、誤差の2乗の相加平均は精度が高いほど小さくなるといえる。言い換えれば、誤差の2乗の平均値が小さいものは、大きいものよりも精度が高いことを意味する。そこで、精度を比較する量として誤差の2乗の平均値を持ち込み、これを母分散と呼び、次式で表す。

$$\sigma^2 = \frac{[x^2]}{n} \tag{3.12}$$

また、母分散の平方根（正）を母標準偏差という。

$$\sigma = \sqrt{\frac{[x^2]}{n}} \tag{3.13}$$

したがって、精度が良い測定ほどσが小さく、尖りの急峻な曲線となる。

ところで、重みとは測定値に対する一つの指標であり、度数は重みに代わりうることをすでに述べたが、ここで改めて精度が良い測定ほど母分散が小さくなり、ヒストグラムにおいては絶対値の小さい誤差に対する度数が大きくなることに着目すると、重みは母分散に反比例するといえる。

3.2.2 測定値と最確値の母分散

さて、母分散と母平均は無限回の測定のもとに定義されているものであり、わずかにn個の測定値から母平均と母分散とを知ることはできない。しかし、得られたn個の測定値は母集団の中に当然含まれているべきもので、母集団の中から全くの偶然性によりとり出されたものである。このような性格を持つ測定値の集団は標本と呼ばれ、標本から母集団の精度を求める問題は母集団の一部である標本を通して、母集団の母数をいかに推定するということになる。

そこで、いま母集団からn個の測定値からなる標本を何組か無作為にとり出し、それらの各標本に対する最確値を求め、各最確値を用いてヒストグラムを描いてみると、**図 3.2**のように真値の回りに分布するグラフとなる。さらに組の数を無限大とした場合、その分布曲線は真値を中央値としてある散らばりを持った正規曲線となる。また、無限個の測定値と最確値の各母集団に対する2つの分布曲線を描くと、**図 3.5**のよう

な正規曲線 A、B が得られるが、最確値は相加平均であることを考えると、当然尖り
の鋭い分布曲線 A は最確値の母集団に対するものであり、測定値の分布曲線は B と
なる。

　ここで、最確値の母集団に対する母分散を $\sigma_0{}^2$、測定値の母集団に対する母分散を
σ^2 とすると、測定値の精度が良ければ最確値の精度も良く、測定値の精度が悪けれ
ば最確値の精度も悪くなる。また、測定値の個数 n が大きくなれば当然最確値の精度
は上がるから、最確値の母集団に対する母分散を単に最確値の分散（測定値の場合も
同様）としてこれを整理すると、

1. 最確値の分散 $\sigma_0{}^2$ は、σ^2 が小さくなれば小さくなる。
　　（最確値の分散 $\sigma_0{}^2$ は測定値の分散に比例する）
2. 最確値の分散 $\sigma_0{}^2$ は n が大きくなれば小さくなる。
　　（最確値の分散 $\sigma_0{}^2$ は測定値の個数に反比例する）
　したがって、これらの関係を満足する式として、

$$\sigma_0{}^2 = \frac{\sigma^2}{n} \tag{3.14}$$

が導かれ、最確値の分散（精度）は測定値の分散（精度）に比例し、測定値の個数に
反比例するといえる。なお、この関係は誤差伝播の法則からも理論的に誘導される。

3.2.3　期待値

　期待値とは確率変数 x に対する平均値と定義される。確率変数とはその現れ方が偶
然性に支配されるもので、たとえばアーチェリーの実験を無限に繰り返した場合、正
規曲線における中央からのずれは誤差を表すが、誤差は一つの確率変数となる。ここ
に、確率変数 x の平均値を x の期待値といい $E(x)$ で表す。たとえば、**図 3.5** におけ
る期待値を考えた場合、誤差の平均値は 0 であったので $E(x)=0$ と表す。

　違う表現をすると、誤差が区間 $[x_i,\ x_i+dx]$ の間に落ちる確率を $p(x_i)$、f_i を誤差
が区間 $[x_i,\ x_i+dx]$ の間に落ちた数、n を実験の総数とすると、誤差の平均値 $\bar{x}$ は式
（3.6）と（3.7）より、

$$\bar{x} = \frac{x_1 f_1}{n} + \frac{x_2 f_2}{n} + \cdots\cdots + \frac{x_n f_n}{n} = x_1 P(x_1) + x_2 P(x_2) + \cdots\cdots + x_n P(x_n) \tag{a}$$

さらに、誤差の平均値は 0 であるから、式（a）は、

$$\overline{x} = x_1 P(x_1) + x_2 P(x_2) + \cdots\cdots + x_n P(x_n)$$
$$= \sum_{i=1}^{n} x_i P(x_i)$$
$$= f_{-\infty}^{\infty} x f(x)\,dx \qquad\qquad (b)$$
$$= 0$$

となる。

ここで、誤差 x を確率変数 x と考えると、確率変数 x の期待値は 0 となるので、これを $E(\mathrm{x}) = 0$ と表すのである。同様に、誤差の 2 乗の平均値は式（3.12）より、$\sigma^2 (= [x^2]/n)$ であるから、重み付き誤差の 2 乗の平均値 $\overline{x^2}$ は、

$$\overline{x^2} = \frac{x_1^2 f_1}{n} + \frac{x_2^2 f_2}{n} + \frac{x_3^2 f_3}{n} + \cdots\cdots + \frac{x_n^2 f_n}{n}$$
$$= x_1^2 P(x_1) + x_2^2 P(x_2) + x_3^2 P(x_3) + \cdots\cdots + x_n^2 P(x_n)$$
$$= f_{-\infty}^{\infty} x^2 f(x)\,dx \qquad\qquad (c)$$
$$= \sigma^2$$

となる。

この場合、誤差は確率変数であるから誤差の 2 乗も確率変数となり、確率変数 x^2 の平均値を x^2 の期待値といい、$E(x^2) = \sigma^2$ と表すのである。したがって、これらの関係を期待値の記号を使って表すと次式となる。

$$E(x) = \int_{-\infty}^{\infty} x f(x)\,dx = 0 \qquad\qquad (3.15)$$

$$E(x^2) = \int_{-\infty}^{\infty} x^2 f(x)\,dx = \sigma^2 \qquad\qquad (3.16)$$

また、期待値の定義から、さらに次の三つの公式が成り立つ。

1. 確率変数を x とするとき、$(a, b$ は定数$)$

$$E(ax + b) = aE(x) + b \qquad\qquad (3.17)$$

2. 必ずしも互いに独立でない確率変数を $x,\ y,\ \cdots\cdots,\ t$ とするとき

$$E(x + y + \cdots\cdots + t) = E(x) + E(y) + \cdots\cdots + E(t) \qquad\qquad (3.18)$$

3. 互いに独立な確率変数を $x,\ y,\ \cdots\cdots,\ t$ とするとき

$$E(x \cdot y \cdots\cdots t) = E(x) \cdot E(y) \cdots\cdots E(t) \qquad\qquad (3.19)$$

たとえば、式（3.17）を証明すると、

$$E(ax + b) = \int_{-\infty}^{\infty} (ax + b) f(x) \, dx$$
$$= a \int_{-\infty}^{\infty} x f(x) \, dx + b \int_{-\infty}^{\infty} f(x) \, dx = aE(x) + b \qquad \text{〔式 (3.9) (3.15) より〕}$$

ところで、**図 3.5** の A ような実験において母集団から抽出した n 個の測定値（確率変数）を $x_1, x_2, x_3, \cdots\cdots, x_n$、その最確値を X_0 とすると、

$$X_0 = \frac{x_1 + x_2 + x_3 + \cdots + x_n}{n}$$

であり、確率変数 x の期待値（平均値）は 0 であるから、統計量 X_0 の期待値も当然 0 となるはずである。すなわち、

$$E(X_0) = E\left(\frac{x_1 + x_2 + x_3 + \cdots\cdots + x_n}{n}\right) = E\left(\frac{x_1}{n}\right) + E\left(\frac{x_2}{n}\right) + \cdots\cdots + E\left(\frac{x_n}{n}\right)$$

$$\text{〔式 (3.18) より〕}$$

さらに、式 (3.15) より $E(x) = 0$ であるので、

$$E(X_0) = 0 \tag{3.20}$$

となる。

また、統計量 X_0^2 の期待値を考えみると、$E(X_0^2)$ は、

$$E(X_0^2) = E\left\{\left(\frac{x_1 + x_2 + x_3 + \cdots\cdots + x_n}{n}\right)^2\right\} \tag{a}$$
$$= \frac{1}{n^2}\left[\{E(x_1^2) + E(x_2^2) + \cdots\cdots + E(x_n^2)\} + 2\{E(x_1 x_2) + E(x_2 x_3) + \cdots\cdots\}\right]$$

一方、式 (3.19) より $E(x_1 x_2) = E(x_1) E(x_2)$ であり、$E(x) = 0$ であるから $E(x_1 x_2) = 0$ となる。

したがって、

$$E(X_0^2) = \frac{1}{n^2}\{E(x_1^2) + E(x_2^2) + \cdots\cdots + E(x_n^2)\}$$
$$= \frac{1}{n^2}(n\sigma^2) \qquad \text{〔式 (3.18) より〕} \tag{b}$$
$$= \frac{\sigma^2}{n}$$

すなわち、

$$E(X_0^2) = \frac{\sigma^2}{n} \tag{3.21}$$

が誘導される。これは X_0^2 の平均値であるから、X_0 の母集団に対する母分散であり、これを σ_0^2 とすると、式（3.21）は式（3.14）とも書ける。

ところで、$E(X_0)$ は母平均を 0 とした場合であるが、誤差ではなくある大きさを持つ測定値（$M_1, M_2, \cdots, M_n$）を考えた場合、その最確値（母平均）はある真値 X に集中するので、この場合の期待値は X となる。すなわち座標原点を X に移動した場合には、その平均値は X であるから $E(X_0)=X$ と書ける。また、そのときの正規曲線の形状に変化はないから、その母分散も同じ値であり、

$$E\{(X_0-X)^2\} = \frac{\sigma^2}{n} \tag{3.22}$$

となる。

ここに、一般に母数（母平均または母分散）が θ である母集団より抽出した任意標本から、ある統計量 $\hat{\theta}$ を作るとき、$\hat{\theta}$ の期待値が θ に等しければ、すなわち

$$E(\hat{\theta}) = \theta \tag{3.23}$$

であるならば、$\hat{\theta}$ を θ の不偏推定値という。

たとえば、式（3.20）より最確値 X_0 の期待値は $E(X_0)=0$ であった。また、この母集団に対する母平均は 0 であるから、X_0 は母平均の不偏推定値といえる。

【演習 3.2】ある母集団の n 個の任意標本に対する $M_1, M_2, \cdots, M_n$ を等精度で n 回測定した結果、その最確値は X_0 であった。測定量 M に対する真値を X として、式（3.22）を誘導せよ。

【演習 3.3】ある量 $M_1, M_2, \cdots, M_n$ を母平均が X である母集団からの任意標本とすると、任意標本に対する最確値 X_0 は X の不偏推定値となることを証明せよ。

3.3　最確値の精度

測定値の分散と最確値を算出する際の測定値の個数 n がわかれば、式（3.14）より最確値の分散は求められることになる。しかし、実際にはわずかな数の測定値から真値に対する最確値を求め、さらにはその最確値の精度も求めたいのであるが、わずかな測定値から得られるものは残差であり、測定値の分散は測定値の誤差の 2 乗の平均値として定義されているため、測定値の分散は知りえない。ここでは現実的な問題と

して、わずかな測定値から最確値の精度を推定する方法について述べる。

3.3.1　等精度の場合の最確値の精度

いま、ある量を等精度で n 回繰り返し測定して、測定値 $M_1, M_2, M_3, \cdots, M_n$ が得られた場合、ある量に対する真値を X、最確値を X_0 とすると最確値 X_0 は、

$$X_0 = \frac{M_1 + M_2 + M_3 + \cdots + M_n}{n} = \frac{\sum_{i=1}^{n} M_i}{n} = \frac{[M]}{n} \tag{a}$$

さらに、各測定値に対する誤差 $x_1, x_2, \cdots, x_n$ と残差 $v_1, v_2, \cdots, v_n$ は次式であり、

$$\left.\begin{array}{l} x_1 = M_1 - X, \quad x_2 = M_2 - X, \quad \cdots\cdots, \quad x_n = M_n - X \\ v_1 = M_1 - X_0, \quad v_2 = M_2 - X_0, \quad \cdots\cdots, \quad v_n = M_n - X_0 \end{array}\right\} \tag{b}$$

上式より、

$$M_1 = x_1 + X, \quad M_2 = x_2 + X, \cdots\cdots, M_n = x_n + X \tag{c}$$

として、この関係を残差に代入すると、

$$v_1 = (x_1 + X) - X_0, \quad v_2 = (x_2 + X) - X_0, \cdots\cdots, \quad v_n = (x_n + X) - X_0 \tag{d}$$

ここで、式 (d) を次のように整理して、

$$v_1 = x_1 + (X - X_0), \quad v_2 = x_2 + (X - X_0), \cdots\cdots, \quad v_n = x_n + (X - X_0) \tag{e}$$

式 (e) の両辺を 2 乗して、辺々を加える。

$$\begin{array}{l} v_1^2 = x_1^2 + 2x_1(X - X_0) + (X - X_0)^2 \\ v_2^2 = x_2^2 + 2x_2(X - X_0) + (X - X_0)^2 \\ \qquad\qquad\vdots \\ +)\ v_n^2 = x_n^2 + 2x_n(X - X_0) + (X - X_0)^2 \\ \hline [v^2] = [x^2] + 2(X - X_0)[x] + n(X - X_0)^2 \end{array} \tag{f}$$

ところで、式 (b) より、

$$[x] = [M] - nX \tag{g}$$

また、式 (a) より

$$X_0 = \frac{[M]}{n} \tag{h}$$

であるから、式（h）を式（g）に代入すると、

$$[x] = nX_0 - nX = n(X_0 - X) \tag{i}$$

が得られる。よって、式（f）は、

$$[v^2] = [x^2] + 2(X - X_0)[x] + n(X - X_0)^2 = [x^2] - 2n(X - X_0)^2 + n(X - X_0)^2$$
$$= [x^2] - n(X - X_0)^2 \tag{j}$$

となるが、ここで統計量 $[v^2]$ の期待値を考えることにすると、$[v^2]$ の期待値 $E([v^2])$ は、

$$E([v^2]) = E\{[x^2] - n(X - X_0)^2\} \tag{k}$$

であるから、期待値の定義より式（k）は、

$$E([v^2]) = E[x^2] - nE\{(X - X_0)^2\}$$
$$= E(x_1{}^2) + E(x_2{}^2) + \cdots\cdots + E(x_n{}^2) - nE\{(X - X_0)^2\} \tag{l}$$

ところで、式（3.16）、（3.22）より $E(x^2) = \sigma^2$、$E\{(X - X_0)^2\} = \dfrac{\sigma^2}{n}$ であるから、この関係を式（l）に適用すると、

$$E([v^2]) = n\sigma^2 - \sigma^2 = (n - 1)\sigma^2 \tag{m}$$

となり、式（m）の両辺を（$n-1$）で割ると次の関係が得られる。

$$E\left(\frac{[v^2]}{n - 1}\right) = \sigma^2 \tag{3.24}$$

これは統計量 $\dfrac{[v^2]}{n - 1}$ の期待値は測定値の分散（σ^2）に等しいことを表している。すなわち、$\dfrac{[v^2]}{n - 1}$ は σ^2 の不偏推定値となる。そこで、不偏推定値を不偏分散といい $\hat{\sigma}^2$ で表すと、

$$\hat{\sigma}^2 = \frac{[v^2]}{n - 1} \tag{3.25}$$

となる。

　さらに、測定値の分散 σ^2 と最確値との分散 σ_0^2 との間の関係は測定値と最確値との不偏分散の間においても成り立つとすると、σ^2 の推定値として式（3.25）の $\hat{\sigma}^2$ を用いると式（3.14）は、

$$\hat{\sigma}_0^2 = \frac{\hat{\sigma}^2}{n} \tag{3.26}$$

と書けるから、式（3.25）、（3.26）より n 個の任意標本からの最確値 X_0 の分散 σ_0^2 の不偏分散を $\hat{\sigma}_0^2$ として、次式が誘導される。

$$\hat{\sigma}_0^2 = \frac{[v^2]}{n(n-1)} \tag{3.27}$$

　また、その平方根

$$\hat{\sigma}_0 = \sqrt{\frac{[v^2]}{n(n-1)}} \tag{3.28}$$

により等精度の場合の最確値 X_0 の標準偏差を表すものとする。

　ところで、式（3.25）の平方根

$$\hat{\sigma} = \sqrt{\frac{[v^2]}{n-1}} \tag{3.29}$$

は測定値に対する標準偏差であり、一般的に（母）分散として使用される

$$\sigma^2 = \frac{[x^2]}{n} \tag{3.30}$$

の平方根

$$\sigma = \sqrt{\frac{[x^2]}{n}} \tag{3.31}$$

も測定値に対する標準偏差を表すものであるが、式（3.29）と（3.31）との違いを見てみると、式（3.31）は誤差の 2 乗に対して誘導された母集団に対する母標準偏差であるのに対して、式（3.29）は残差の 2 乗を考慮して誘導された母集団からの n 個の任意標本に対する標準偏差である。すなわち、式（3.31）は無限個の測定値に対して適用されるものであり、式（3.29）は有限個の測定値に対して適用されるものである。

よって、われわれが一般に扱う有限個の測定値よりなる実験結果あるいは統計資料の場合には式 (3.29) が用いられるべきであることに注意する必要がある。また、式 (3.29) における $n-1$ を自由度といい、自由度は測定回数、条件式の数、未知量の数により定められる（自由度＝測定回数＋条件式の数－未知量の数）。

3.3.2　異精度の場合の最確値の精度

いま、ある確立変数 x_i に対する母平均および母分散をそれぞれ X、σ_i^2、また確立変数 x_i に対する重みを p_i とし、単位重みに対する母分散を σ^2 とすると、重みは分散に反比例するので、

$$P_i : \frac{1}{\sigma_i^2} = 1 : \frac{1}{\sigma^2}$$

が成り立つから

$$p_i \sigma_i^2 = \sigma^2 \tag{3.32}$$

また、単位重みにおける確立変数を x_i' とすると、

$$\sigma^2 = \frac{[x'^2]}{n} \qquad \sigma_i^2 = \frac{[x^2]}{n}$$

であるから、式（3.32）より、

$$P_i \frac{[x^2]}{n} = \frac{[x'^2]}{n}$$

したがって、$p_i[x^2] = [x'^2]$ \qquad (3.33)

または、

$$x_i' = \sqrt{P_i}\, x_i \tag{3.34}$$

と書ける。

すなわち、重み付き確率変数 x_i は、$\sqrt{P_i}$ 掛けることにより重み 1 の確立変数 x_i' に変換されることになる。

そこで、いまある量を n 回測定したときの測定値を $M_1, M_2, M_3, \cdots\cdots, M_n$、重みを $p_1, p_2, p_3, \cdots\cdots, p_n$ とすれば、式（3.34）より $\sqrt{P_i}\, M_i$ は単位重みの場合の測定値と考えられる。また、真値を X、最確値を X_0、M_i の誤差を x_i、残差を v_i とすれば、$x_i = M_i - X$、

$v_i = M_i - X_0$ であるから、これらの誤差および残差を単位重みの場合に変換すると、

$$\left.\begin{array}{l} \sqrt{P_i}\,x_i = \sqrt{P_i}\,M_i - \sqrt{P_i}\,X_i \\ \sqrt{P_i}\,v_i = \sqrt{P_i}\,M_i - \sqrt{P_i}\,X_0 \end{array}\right\} \tag{a}$$

上式において $\sqrt{P_i}\,M$ を消去すると

$$\sqrt{P_i}\,v_i = \sqrt{P_i}\,x_i + \sqrt{P_i}\,(X - X_0) \tag{b}$$

さらに、式 (b) の両辺を 2 乗し、

$$p_i v_i^2 = p_i x_i^2 + 2 p_i x_i (X - X_0) + p_i (X - X_0)^2 \tag{c}$$

総和を取ると

$$[pv^2] = [px^2] + 2[px](X - X_0) + [p](X - X_0)^2 \tag{d}$$

となる。

ところで、式 (a) の上式の両辺に $\sqrt{p_i}$ を掛けると

$$p_i x_i = p_i M_i - p_i X \tag{e}$$

であるから、この総和は、

$$[px] = [pM] - [p]X \tag{f}$$

一方、重み付きの場合の最確値 X_0 は、式 (3.6) の度数 f_i に代わり重み p_i を用いると、

$$X_0 = \frac{p_1 M_1 + p_2 M_2 + \cdots\cdots + p_n M_n}{p_1 + p_2 \cdots\cdots + p_n} = \frac{[pM]}{[p]} \tag{g}$$

より $[p]X_0 = [pM]$ $\tag{h}$

式 (f)、(h) を式 (d) に代入すると、

$$\begin{aligned} [pv^2] &= [px^2] + 2[px](X - X_0) + [p](X - X_0)^2 \\ &= [px^2] + 2([pM] - [p]X)(X - X_0) + [p](X - X_0)^2 \quad \text{〔式 (f) より〕} \\ &= [px^2] + (X - X_0)(2[pM] - 2[p]X + [p]X - [p]X_0) \\ &= [px^2] + (X - X_0)([p]X_0 - [p]X) \quad\quad\quad\quad\quad \text{〔式 (h) より〕} \\ &= [px^2] - [p](X_0 - X)^2 \end{aligned}$$

よって、

$$[pv^2] = [px^2] - [p](X_0 - X)^2 \tag{i}$$

を得る。

さて、ここで統計量 $[pv^2]$ の期待値 $E\{[pv^2]\}$ を考えると、式 (i) より

$$E\{[pv^2]\} = E\{[px^2] - [p](X_0 - X)^2\}$$
$$= E\{[px^2]\} - [p]]E\{(X_0 - X)^2\} \tag{j}$$

ここで、$E\{[px^2]\} = p_1 E(x_1^2) + p_2 E(x_2^2) + \cdots\cdots + p_n E(x_n^2)$

$$= p_1 \sigma_1^2 + p_2 \sigma_2^2 + \cdots\cdots + p_n \sigma_n^2$$
$$= n\sigma^2 \qquad [p_i \sigma_i^2 = \sigma^2 \text{ より}] \tag{k}$$

また、統計量 X_0^2 に対する期待値は確率変数を M_i とすると、式 (g) より、

$$E(X_0^2) = E\left[\frac{1}{[p]^2}\{(p_1 M_1)^2 + (p_2 M_2)^2 + \cdots\cdots + (p_n M_n)^2\}\right]$$

$$= \frac{1}{[p]^2}\{E(p_1^2 M_1^2) + E(p_1^2 M_1^2) + \cdots\cdots + E(p_n^2 M_n^2)\}$$

$$= \frac{1}{[p]^2}\{p_1^2 E(M_1^2) + p_2^2 E(M_2^2) + \cdots\cdots + p_n^2 E(M_n^2)\}$$

$$= \frac{1}{[p]^2}\{p_1^2 \sigma_1^2 + p_2^2 \sigma_2^2 + \cdots\cdots + p_n^2 \sigma_n^2\}$$

$$= \frac{1}{[p]^2}\{p_1 \sigma^2 + p_2 \sigma^2 + \cdots\cdots + p_n \sigma^2\} \qquad [p_i \sigma_i^2 = \sigma^2 \text{より}]$$

$$= \frac{[p]\sigma^2}{[p]^2}$$

よって、

$$E(X_0^2) = \frac{\sigma^2}{[p]} \tag{3.35}$$

となる。

さらに、$E(X_0^2) = E\{(X_0 - X)^2\}$ であるから、

$$E\{(X_0 - X)^2\} = \frac{\sigma^2}{[p]} \tag{3.36}$$

を得る。

　したがって、式 (j) は

$$E\{[pv^2]\} = n\sigma^2 - [P]\frac{\sigma^2}{[p]} = (n-1)\sigma^2$$

であるから、

$$E\left\{\frac{[pv^2]}{n-1}\right\} = \sigma^2 \tag{3.37}$$

　すなわち、統計量 $\dfrac{[pv^2]}{n-1}$ の期待値は単位重みの場合の測定値の分散 σ^2 に等しいといえる。したがって、単位重みの測定値の不偏分散 $\hat{\sigma}^2$ は

$$\hat{\sigma}^2 = \frac{[pv^2]}{n-1} \tag{3.38}$$

　また、重み付き測定値の場合の不偏分散 $\hat{\sigma}_i^2$ は $\sigma^2 = p_i\sigma_i^2$ より、

$$\hat{\sigma}_i^2 = \frac{\hat{\sigma}^2}{p_i} \tag{3.39}$$

といえるから、重み p_i の測定値の分散 $\hat{\sigma}_i^2$ は式 (3.38) と式 (3.39) より次式となる。

$$\hat{\sigma}_i^2 = \frac{[pv^2]}{p_i(n-1)} \tag{3.40}$$

　さらに、重み p_i の測定値の標準偏差の推定値 $\hat{\sigma}_i$ は上式の平方根をとって、

$$\hat{\sigma}_i = \sqrt{\frac{[pv^2]}{p_i(n-1)}} \tag{3.41}$$

である。

　一方、異精度の場合にも測定値の分散 σ^2 と最確値との分散 σ_0^2 との間の関係は、測定値と最確値との不偏分散の間においても成り立つとすると、重み付き平均として与えられる最確値 X_0 に対する不偏分散 $\hat{\sigma}_0^2$ は、

　まず式 (3.35) より、

$$E(X_0^2) = \frac{\sigma^2}{[p]} = (\sigma_0^2)$$

（∵ 統計量 X_0^2 の期待値は、X_0 の母集団に対する母分数 σ_0^2 である）

さらに、$\hat{\sigma}_0^2 = \dfrac{\hat{\sigma}^2}{[p]}$ といえるから、これに式（3.38）を用いて、

$$\hat{\sigma}_0^2 = \frac{[pv^2]}{[p](n-1)} \tag{3.42}$$

となり、最確値 X_0 の標準偏差に対する推定値は、

$$\hat{\sigma}_0 = \sqrt{\frac{[pv^2]}{[p](n-1)}} \tag{3.43}$$

となる。

なお、ある未知量の最確値およびその精度を報告する場合には、一般に最確値±標準偏差の形をとる。

3.4 誤差伝播の法則

ある未知量だけを繰り返し直接測定したような場合の最確値の精度（分散）は、式（3.27）あるいは（3.42）により推定される。しかし、一般的には直接測定よりも間接測定により測量の成果を求めることが多い。たとえば、長方形の 2 辺 A、B を測定し、A と B の積としてその面積 S を算出する場合、面積 S には 2 辺の測定値に含まれる誤差が伝播していることになる。

そこで、互いに独立な測定値を $X_1, X_2, \cdots, X_n$、これと関数関係にある他の測定値を Z で表し、$X_1, X_2, \cdots, X_n$ と Z との一般的な関数関係を、

$$Z = f(X_1, X_2, X_3, \cdots, X_n)$$

とするとき、各測定値に対する精度（分散）を $\sigma_1^2, \sigma_2^2, \cdots, \sigma_n^2$、$Z$ に対する分散を σ_0^2 とした場合、Z の精度がどのようになるかを考える。

(1) $Z = aX$（a：定数）

最も簡単な例として、ある量 Z が測定値 X の a 倍であるという場合を考える。いま、X に対する誤差を x、Z に対する誤差を z とすると、n 個の測定値に対して、

$$z_1 = ax_1$$
$$z_2 = ax_2$$
$$\vdots$$
$$z_n = ax_n$$

(a)

さらに、これらの両辺を 2 乗し、その総和を n で割ると、

$$z_1^2 = a^2 x_1^2$$
$$z_2^2 = a^2 x_2^2$$
$$\vdots$$
$$+)\; z_n^2 = a^2 x_n^2$$
$$\overline{\frac{[z^2]}{n} = a^2 \frac{[x^2]}{n}}$$

(b)

ここで、$\dfrac{[z^2]}{n} = \sigma_0^2$、$\dfrac{[x^2]}{n} = \sigma^2$ であることを考えると、式 (b) は

$$\sigma_0{}^2 = a^2 \sigma^2 \tag{3.44}$$

さらに、これを偏微分の形で表すと、

$$\sigma_0{}^2 = \left(\frac{\partial Z}{\partial X}\right)^2 \sigma^2 \tag{3.45}$$

となる。

(2) $Z = X \pm Y$

　Z が二つの測定値の和または差で表せる場合であり、Z、X、Y に対する誤差を z、x、y、それぞれの分散を σ_0^2、σ_1^2、σ_2^2 とすると、(1) と同様に、

$$z_1 = x_1 \pm y_1$$
$$z_2 = x_2 \pm y_2$$
$$\vdots$$
$$z_n = x_n \pm y_n$$

(a)

式 (a) の両辺を 2 乗し、総和を n で割ると、

$$z_1^2 = x_1^2 \pm 2x_1 y_1 + y_1^2$$
$$z_2^2 = x_2^2 \pm 2x_2 y_2 + y_2^2$$
$$\vdots$$

$$\underline{+)z_n^2 = x_n^2 \pm 2x_n y_n + y_n^2}$$
$$\frac{[z^2]}{n} = \frac{[x^2]}{n} \pm 2\frac{[xy]}{n} + \frac{[y^2]}{n} \tag{b}$$

ここで、$\dfrac{[z^2]}{n} = \sigma_0^2$ 、$\dfrac{[x^2]}{n} = \sigma_1^2$ 、$[xy] = 0$、$\dfrac{[y^2]}{n} = \sigma_2^2$ であるため、式 (b) は

$$\sigma_0^2 = \sigma_1^2 + \sigma_2^2 \tag{3.46}$$

これを偏微分の形で表すと、

$$\sigma_0^2 = \left(\frac{\partial Z}{\partial X}\right)^2 \sigma_1^2 + \left(\frac{\partial Z}{\partial Y}\right)^2 \sigma_2^2 \tag{3.47}$$

となる。

なお、$[xy]$ は共分散と呼ばれるが、期待値の定義より 0 である。

(3) $Z = aX \pm bY$

Z が測定値 X の a 倍したものと b 倍した測定値の和または差である場合で、上記 (1) と (2) を組み合わせたものである。したがって、いままでどおりに、

$$\left.\begin{array}{l} z_1 = ax_1 \pm by_1 \\ z_2 = ax_2 \pm by_2 \\ \vdots \\ z_n = ax_n \pm by_n \end{array}\right\} \tag{a}$$

さらに、式 (a) の両辺を 2 乗し、総和を n で割ると、

$$z_1^2 = a^2 x_1^2 \pm 2ab x_1 y_1 + b^2 y_1^2$$
$$z_2^2 = a^2 x_2^2 \pm 2ab x_2 y_2 + b^2 y_2^2$$
$$\vdots$$

$$\underline{+)z_n^2 = a^2 x_n^2 \pm 2ab x_n y_n + b^2 y_n^2}$$
$$\frac{[z^2]}{n} = a^2\frac{[x^2]}{n} \pm 2ab\frac{[xy]}{n} + b^2\frac{[y^2]}{n} \tag{b}$$

$\dfrac{[z^2]}{n} = \sigma_0^2$ 、 $\dfrac{[x^2]}{n} = \sigma_1^2$ 、 $[xy] = 0$、 $\dfrac{[y^2]}{n} = \sigma_2^2$ であるから、

$$\sigma_0^{\,2} = a^2 \sigma_1^{\,2} + b^2 \sigma_2^{\,2} \tag{3.48}$$

$$\sigma_0^{\,2} = \left(\dfrac{\partial Z}{\partial X}\right)^2 \sigma_1^{\,2} + \left(\dfrac{\partial Z}{\partial Y}\right)^2 \sigma_2^{\,2} \tag{3.49}$$

(4) $Z = a_1 X_1 + a_2 X_2 + a_3 X_3 + \cdots$

同様に、Z、X_1、X_2、X_3 に対する分散を $\sigma_0^{\,2}$、$\sigma_1^{\,2}$、$\sigma_2^{\,2}$、$\sigma_3^{\,2}$、誤差を z_i、x_{1i}、x_{2i}、x_{3i} とすると、

$$\left.\begin{aligned}
z_1 &= a_1 x_{11} + a_2 x_{21} + a_3 x_{31} + \cdots \\
z_2 &= a_1 x_{12} + a_2 x_{22} + a_3 x_{32} + \cdots \\
&\;\;\vdots \\
z_n &= a_1 x_{1n} + a_2 x_{2n} + a_3 x_{3n} + \cdots
\end{aligned}\right\} \tag{a}$$

両辺を 2 乗し、総和を n で割ると、

$$\begin{aligned}
z_1^2 &= a_1^2 x_{11}^2 + a_2^2 x_{21}^2 + a_3^2 x_{31}^2 + \cdots + 2a_1 a_2 x_{11} x_{21} + 2a_1 a_3 x_{11} x_{31} + 2a_1 a_2 x_{21} x_{31} + \cdots \\
z_2^2 &= a_1^2 x_{12}^2 + a_2^2 x_{22}^2 + a_3^2 x_{32}^2 + \cdots + 2a_1 a_2 x_{12} x_{22} + 2a_1 a_3 x_{12} x_{32} + 2a_2 a_3 x_{22} x_{32} + \cdots \\
&\;\;\vdots
\end{aligned}$$

$$+)\,z_n^2 = a_1^2 x_{1n}^2 + a_2^2 x_{2n}^2 + a_3^2 x_{3n}^2 + \cdots + 2a_1 a_2 x_{1n} x_{2n} + 2a_1 a_3 x_{1n} x_{3n} + 2a_2 a_3 x_{2n} x_{3n} + \cdots \tag{b}$$

$$\overline{\dfrac{[z^2]}{n} = a_1^2 \dfrac{[x_1^2]}{n} + a_2^2 \dfrac{[x_2^2]}{n} + a_3^2 \dfrac{[x_3^2]}{n} + \cdots + 2a_1 a_2 \dfrac{[x_1 x_2]}{n} + 2a_1 a_3 \dfrac{[x_1 x_3]}{n} + 2a_2 a_3 \dfrac{[x_2 x_3]}{n} + \cdots}$$

ここに $\dfrac{[z^2]}{n} = \sigma_0^2$ 、 $\dfrac{[x_1^2]}{n} = \sigma_1^2$、 $\dfrac{[x_2^2]}{n} = \sigma_2^2$、 $\dfrac{[x_3^2]}{n} = \sigma_3^2$、$[x_i y_j] = 0$、であるから、

$$\sigma_0^{\,2} = a_1^{\,2} \sigma_1^{\,2} + a_2^{\,2} \sigma_2^{\,2} + a_3^{\,2} \sigma_3^{\,2} + \cdots \tag{3.50}$$

$$\sigma_0^{\,2} = \left(\dfrac{\partial Z}{\partial X_1}\right)^2 \sigma_1^{\,2} + \left(\dfrac{\partial Z}{\partial X_2}\right)^2 \sigma_2^{\,2} + \left(\dfrac{\partial Z}{\partial X_3}\right)^2 \sigma_3^{\,2} + \cdots \tag{3.51}$$

以上のように、関数 Z と確率変数 $X_1, X_2, \cdots, X_n$ との関係が $Z = f(X_1, X_2, X_3, \cdots, X_n)$ で表せるとき、$X_1, X_2, \cdots, X_n$ の分散を $\sigma_1^2, \sigma_2^2, \cdots, \sigma_n^2$、$Z$ に対する分散を σ_0^2 とするとき、

$$\sigma_0^2 = \left(\frac{\partial Z}{\partial X_1}\right)^2 \sigma_1^2 + \left(\frac{\partial Z}{\partial X_2}\right)^2 \sigma_2^2 + \left(\frac{\partial Z}{\partial X_3}\right)^2 \sigma_3^2 + \cdots \tag{3.52}$$

が得られる。式（3.52）を誤差伝播の法則という。

　例題：全長を二つの区間に分けて、距離測定を行って下記の結果を得た。全長の距離の平均値とその標準偏差を求めよ。

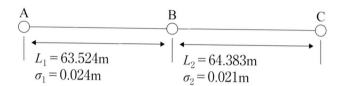

A B C

$L_1 = 63.524$m
$\sigma_1 = 0.024$m

$L_2 = 64.383$m
$\sigma_2 = 0.021$m

なお、L_1、L_2 は各区間の測定値（平均値）であり、σ_1、σ_2 は測定値に対する標準偏差である。

　さて、期待値の公式（式（3.18））より、二つの確率変数の和の平均値は、それぞれの平均値の和に等しいから、全長の平均値 L は、

$$L = L_1 + L_2 = 63.524 + 64.383 = 127.907\text{m}$$

　また、全長に対する標準偏差を σ_L とすると、誤差伝播の法則より、

$$\sigma_L^2 = \left(\frac{\partial L}{\partial L_1}\right)^2 \sigma_1^2 + \left(\frac{\partial L}{\partial L_2}\right)^2 \sigma_2^2$$

であるから、

$$\sigma_L^2 = \sigma_1^2 + \sigma_2^2 = 0.024^2 + 0.021^2 = 0.001$$

　よって、　$\sigma_L = 0.032$m
となる。

【演習3.4】等精度測定のときの最確値 X_0 の分散を σ_0^2、n 個の測定値 M_i の分散を σ^2 とするとき、最確値 X_0 の精度を求めよ。

【演習3.5】異精度測定のときの最確値 X_0 の分散を σ_0^2、n 個の測定値 M_i に対する重みと分散をそれぞれ、$p_1, p_2, \cdots\cdots, p_n$、$\sigma_1^2, \sigma_2^2, \cdots\cdots, \sigma_n^2$ とするとき、最確値 X_0 の精度を求めよ。

3.5　最小二乗法の原理

　最確値とは真値に対する推定値であり、それらの値は式（3.3）（等精度の場合）あるいは式（3.6）（異精度の場合）から算出された。ここでは最小二乗法にもとづきこれらの式を理論的に誘導しよう。

3.5.1　等精度直接測定

　さて、いままでどおりに n 組の直接測定値 M_1, M_2, ……, M_n に対する誤差 x_1, x_2, ……, x_n を考えた場合、誤差は、

$$x_1 = M_1 - X, \ x_2 = M_2 - X, \ \cdots\cdots, \ x_n = M_n - X \tag{a}$$

と表され、誤差の分布は正規分布となる。また、誤差 x_i の生じる確率 $P(x_i)$ は $P(x_i) = f(x_i) dx_i$ であり、$P(x_i)$ の関数形は未知量の真値を 0 とすると式（3.10）より、

$$P(x_i) = \frac{1}{\sqrt{2\pi}\,\sigma} e^{-\left(\frac{x_i}{\sigma}\right)^2} dx_i \tag{b}$$

である。

　ところで、これらの確率は互いに独立であり、いまこれらの誤差が一団となって生じる確立を P とすると、確率の乗法定理より、

$$P = P(x_1) P(x_2) P(x_3) \cdots\cdots P(x_n) \tag{c}$$

であるから、

$$P = \frac{1}{\sqrt{2\pi}\,\sigma} e^{-\left(\frac{x_1}{\sigma}\right)^2} \frac{1}{\sqrt{2\pi}\,\sigma} e^{-\left(\frac{x_2}{\sigma}\right)^2} \cdots\cdots \frac{1}{\sqrt{2\pi}\,\sigma} e^{-\left(\frac{x_n}{\sigma}\right)^2} dx_1 dx_2 \cdots\cdots dx_n$$

$$= \frac{1}{\sqrt{2\pi}\,\sigma} e^{-\frac{1}{\sigma^2}\left(x_1^2 + x_2^2 \cdots\cdots + x_n^2\right)} dx_1 dx_2 \cdots\cdots dx_n \tag{d}$$

　また、誤差 $x_1, x_2, \cdots\cdots, x_n$ は式（a）より X（真値）の関数であるから、P は X のみの関数となり、これら一団の誤差が最も起こり易い条件を与えるものが真値であると考えられるので、結局真値 X は P を最大とする値として求められる。

　したがって、式（d）において P を最大とする条件は、

$$x_1^2 + x_2^2 + \cdots\cdots x_n^2 = \left[x^2\right] \Rightarrow 最小 \tag{e}$$

　しかし、現実にはわずかな測定値から真値 X に対する推定値、すなわち最確値 X_0 を求めるわけであるから、いままでどおりに誤差 x_i の代わり残差 $v_i (= M_i - X_0)$ を用

いると、最確値を求める条件式（e）は次式となる。

$$v_1{}^2 + v_2{}^2 + \cdots\cdots v_n{}^2 = [v^2] \Rightarrow 最小 \tag{3.53}$$

　すなわち、等精度直接測定における最確値は、残差の2乗和を最小とする値として求められる。これが最小二乗法と呼ばれる理由である。

　一般的に、上記のことは、ある関数 f の最小値を求めることと同じであり、求める最確値を X_0 とすると、$df/dX_0 = 0$ を求めることに等しい。

　たとえば、$S = v_1{}^2 + v_2{}^2 + \cdots\cdots + v_n{}^2$ とすると

$$S = (M_1 - X_0)^2 + (M_2 - X_0)^2 + \cdots\cdots + (M_n - X_0)^2 \tag{a}$$

となるから、関数 S が最小となる条件は、以下のように関数 S を X_0 で微分して0とおいて得られる値である。

$$
\begin{aligned}
\frac{dS}{dX_0} &= \frac{d}{dX_0} \{(M_1 - X_0)^2 + (M_2 - X_0)^2 + \cdots\cdots + (M_n - X_0)^2\} \\
&= -2\{(M_1 - X_0) + (M_2 - X_0) + \cdots\cdots + (M_n - X_0)\} \\
&= -2\{(M_1 + M_2 + \cdots\cdots + M_n) - nX_0\} \\
&= 0
\end{aligned}
$$

　これより、

$$X_0 = \frac{M_1 + M_2 + M_3 + \cdots + M_n}{n} = \frac{[M]}{n} \tag{b}$$

が誘導される。

　これは、すでに式（3.3）において説明したように、等精度測定における最確値は n 個の測定値に対する相加平均 X_0 であることと一致することに注意されたい。

　また、

$$(M_1 + M_2 + \cdots\cdots + M_n) - nX_0 = 0$$

より、前に述べた $[v] = 0$ が成り立つことも証明される。

3.5.2　異精度直接測定

　ここでは、異精度直接測定の最確値を最小二乗法により誘導する。そこで、各測定値に対する精度を $\sigma_1{}^2, \sigma_2{}^2, \cdots\cdots, \sigma_n{}^2$ とした場合、誤差 x_i の生じる確率 $P(x_i)$ は

$$p(x_i) = \frac{1}{\sqrt{2\pi}\,\sigma}\, e^{-\left(\frac{x_i}{\sigma_i}\right)^2}\, dx_i \tag{a}$$

であるから、等精度測定の場合と同様に誤差が一団となって生じる確立を P とすると、確率の乗法定理より、

$$p = \frac{1}{\sqrt{2\pi}\,\sigma}\, e^{-\left(\frac{x_1}{\sigma_1}\right)^2} \frac{1}{\sqrt{2\pi}\,\sigma}\, e^{-\left(\frac{x_2}{\sigma_2}\right)^2} \cdots\cdots \frac{1}{\sqrt{2\pi}\,\sigma}\, e^{-\left(\frac{x_n}{\sigma_n}\right)^2}\, dx_1 dx_2 \cdots\cdots dx_n \tag{b}$$

ここで、$h_i = \dfrac{1}{\sigma_i}$ とすると、式 (b) は、

$$= \frac{h_1 h_2 \cdots h_n}{\sqrt{2\pi}}\, e^{-\left(\frac{x_1^2}{\sigma_1^2} + \frac{x_2^2}{\sigma_2^2} + \cdots\cdots + \frac{x_n^2}{\sigma_n^2}\right)}\, dx_1 dx_2 \cdots\cdots dx_n \tag{c}$$

式 (c) において、P が最大となるためには

$$\frac{x_1^2}{\sigma_1^2} + \frac{x_2^2}{\sigma_2^2} + \cdots\cdots + \frac{x_n^2}{\sigma_n^2} = \left[\frac{x^2}{\sigma^2}\right] \Rightarrow 最小 \tag{d}$$

でなければならない。

そこで、誤差を残差に代えると、式 (d) は

$$\frac{v_1^2}{\sigma_1^2} + \frac{v_2^2}{\sigma_2^2} + \cdots\cdots \frac{v_n^2}{\sigma_n^2} = \left[\frac{v^2}{\sigma^2}\right] \Rightarrow 最小 \tag{e}$$

さらに、重みは分散に反比例（$p_i = 1/\sigma_i^2$）するので、各測定値に対する重みを $p_1, p_2, \cdots\cdots$ とすると、式 (e) より、

$$p_1 v_1^2 + p_2 v_2^2 + \cdots\cdots + p_n v_n^2 = [pv^2] \Rightarrow 最小 \tag{3.54}$$

となる。

ところで、重み付き残差の2乗和は、

$$S = p_1(M_1 - X_0)^2 + p_2(M_2 - X_0)^2 + \cdots\cdots + p_n(M_n - X_0)^2 \tag{a}$$

また、関数 S が最小となる条件は、関数 S を X_0 で微分して0とおいて得られる値であるから、

$$\frac{dS}{dX_0} = \frac{dS}{dX_0}\{p_1(M_1 - X_0)^2 + p_2(M_2 - X_0)^2 + \cdots\cdots + p_n(M_n - X_0)^2\}$$

$$= -2\{p_1(M_1 - X_0) + p_2(M_2 - X_0) + \cdots\cdots + p_n(M_n - X_0)\}$$

$$= -2\{(p_1 M_1 + p_2 M_2 + \cdots\cdots + p_n M_n) - (p_1 + p_2 + \cdots\cdots + p_n)X_0\}$$

$$= 0$$

これより、

$$X_0 = \frac{p_1 M_1 + p_2 M_2 + \cdots\cdots + p_n M_n}{p_1 + p_2 + \cdots\cdots p_n} = \frac{[pM]}{[p]} \tag{b}$$

が誘導される。

　ここでも、式（b）はすでに式（3.6）において説明したように、重み付きの場合の最確値 X_0 は加重平均として算出されるものと一致することに注意されたい。

3.6　最小二乗法の応用

　間接測定において測定値と測量の成果との間にある関数関係が成り立つとき、測定値の精度が与えられれば成果の精度は推定されることを誤差伝播の法則で示した。ここでは、測定値と測量の成果との間にある関数形を仮定し、最小二乗法により関数形を求める方法について述べる。

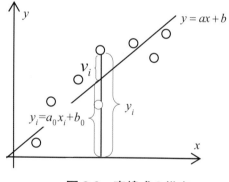

図 3.6　直線式の推定

3.6.1　回帰直線

　x と y との間に直線関係が成り立つような実験において、n 個の (x, y) のデータの組みあわせを得た場合、実験で得られたデータの組み合わせから最適な直線式を推定することとする。

　いま、直線をつぎの式で表すとすると、

$$y = ax + b \tag{3.55}$$

この式は観測方程式と呼ばれ、この場合求めたい未知量は a および b となる。ここで、a、b の最確値をそれぞれ a_0、b_0 とすると、各データに対する残差は、

$$v_1 = y_1 - (a_0 x_1 + b_0)$$
$$v_2 = y_2 - (a_0 x_2 + b_0)$$
$$\vdots$$
$$v_n = y_i - (a_0 x_n + b_0)$$

(3.56)

となり、これを残差方程式と呼ぶ。

そこで、最小二乗法を適用するため残差の 2 乗和を考えると、

$$[v^2] = [\{y - (a_0 x + b_0)\}^2]$$
$$= [y^2 - 2y(a_0 x + b_0) + a_0^2 x^2 + 2a_0 b_0 x + b_0^2]$$

(a)

であるから、この場合残差の 2 乗和が最小となる条件は、$\dfrac{\partial[v^2]}{\partial a_0} = 0$、$\dfrac{\partial[v^2]}{\partial b_0} = 0$ が満たされれば良いことになるから、

$$\frac{\partial[v^2]}{\partial a_0} = [-2yx + 2a_0 x^2 + 2b_0 x]$$

(b)

$$= [-2x\{y - a_0 x - b_0\}]$$
$$= [-2xv] = 0 \quad 〔式 (3.56) より〕$$

(c)

したがって

$$[xv] = 0$$

(3.57)

となる。b_0 についても同様に、

$$\frac{\partial[v^2]}{\partial b_0} = [-2y + 2b_0 + 2a_0 x] = -2[y - (a_0 x + b_0)]$$
$$= -2[v] = 0 \quad 〔式 (3.56) より〕$$

(d)

したがって

$$[v] = 0$$

(3.58)

となる。つまり式 (3.57)、(3.58) を満足すれば良いことになる。

ところで、式 (3.57) は式 (3.56) の両辺に x_i を掛けたものであるから、

$$x_1 v_1 = x_1 y_1 - a_0 x_1^2 - b_0 x_1$$
$$x_2 v_2 = x_2 y_2 - a_0 x_2^2 - b_0 x_2$$
$$\vdots$$
$$\underline{+)x_i v_i = x_i y_i - a_0 x_i^2 - b_0 x_i}$$
$$[xv] = [xy] - a_0[x^2] - b_0[x] = 0 \qquad\qquad (e)$$

式（e）より、次式が得られる。

$$a_0[x^2] + b_0[x] = [xy] \qquad\qquad (3.59)$$

また、式（3.58）は式（3.56）より、

$$[v] = [y] - a_0[x] - nb_0 = 0 \qquad\qquad (f)$$

であるから、次式が得られる。

$$a_0[x] + nb_0 = [y] \qquad\qquad (3.60)$$

式（3.59）、（3.60）を正規方程式と呼び、この正規方程式を連立方程式により解くことで a_0、b_0 が求められる。

【演習 3.6】 10 回の実験により x, y の組み合わせを 10 個得た。最小二乗法により回帰直線 $y = ax + b$ を求めよ。

$(11, 6)$，$(10, 4)$，$(14, 6)$，$(18, 9)$，$(10, 3)$，$(5, 2)$，$(12, 8)$，$(7, 3)$，$(15, 9)$，$(16, 7)$

3.6.2 全角法

右の図のようにある角を求めるのに x、y、$x+y$ の全てを測定し最小二乗法により x、y の角度の最確値を求めることを全角法と呼ぶ。この場合の未知量は x と y であり、これらの和に条件があるため、直接条件観測となる。

いま、**図 3.7** において $\angle AOB$、$\angle BOC$、$\angle AOC$ を直接測定した結果、α、γ、β であった。$\angle AOB$ を x、$\angle BOC$ を y、$\angle AOC$ を $x+y$ とすると、

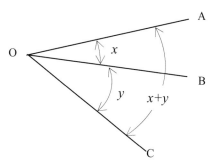

図 3.7　直接条件測定

$$\begin{rcases} x = \alpha \\ x + y = \beta \\ y = \gamma \end{rcases} \tag{a}$$

であるから、この一般形を $ax + by = m$ とすると式（a）に対する観測方程式は、

$$\begin{rcases} a_1 x + b_1 y = m_1 \\ a_2 x + b_2 y = m_2 \\ a_3 x + b_3 y = m_3 \end{rcases} \tag{b}$$

そこで、未知量 x、y の最確値を x_0、y_0 とすると、残差方程式は、

$$\begin{rcases} v_1 = m_1 - (a_1 x_0 + b_1 y_0) \\ v_2 = m_2 - (a_2 x_0 + b_2 y_0) \\ v_3 = m_3 - (a_3 x_0 + b_3 y_0) \end{rcases} \tag{c}$$

さらに、残差の 2 乗を考えると、

$$v_i^2 = \{m_i - (a_i x_0 + b_i y_0)\}^2$$
$$= m_i^2 + a_i^2 x_0^2 + b_i^2 y_0^2 + 2a_i b_i x_0 y_0 - 2m_i (a_i x_0 + b_i y_0)$$

であるから、

$$[v^2] = [m^2 + a^2 x_0^2 + b^2 y_0^2 + 2ab x_0 y_0 - 2m(ax_0 + by_0)] \tag{d}$$

また、残差の 2 乗和が最小となる条件は $\dfrac{\partial [v^2]}{\partial x_0} = 0$、$\dfrac{\partial [v^2]}{\partial y_0} = 0$ が満たされれば良いことになるから、

$$\frac{\partial [v^2]}{\partial x_0} = [2a^2 x_0 + 2ab x_0 y_0 - 2ma] = [-2a\{m - (ax_0 + by_0)\}] = [-2av] = 0 \tag{e}$$

より、

$$[av] = 0 \tag{f}$$

次に、

$$\frac{\partial [v^2]}{\partial y_0} = [2b^2 y_0 + 2ab x_0 - 2mb] = [-2b\{m - (ax_0 + by_0)\}] = [-2bv] = 0 \tag{g}$$

より、

$$[bv] = 0 \qquad\qquad (\text{h})$$

式（f）は式（c）の残差方程式の両辺に a_i を掛けて、

$$[av] = [am] - [a^2]x_0 - [ab]y_0 = 0$$

であるから、これを整理して

$$[a^2]x_0 + [ab]y_0 = [am] \qquad\qquad (3.61)$$

同様に、式（h）は、

$$[bv] = [bm] - [ab]x_0 - [b^2]y_0 = 0$$

であるから、これを整理して

$$[ab]x_0 + [b^2]y_0 = [bm] \qquad\qquad (3.62)$$

したがって、この場合には式（3.61）、（3.62）が正規方程式となり、この正規方程式を連立で解くことにより x_0、y_0 が算出される。

【演習3.7】図の O において∠AOB、∠AOC、∠BOC を同じ精度で測定して、次の結果を得た。∠AOB と∠BOC の最確値を求めよ。

∠AOB = 25° 24′ 35″、∠AOC = 45° 28′ 05″、
∠BOC = 20° 05′ 47″

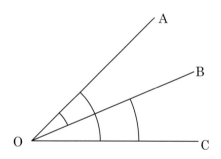

参考文献

1）本間　仁、春日屋伸昌：次元解析・最小二乗法、コロナ社、1969
2）中村英夫、清水英範：測量学、技報堂出版、2000

第4章
地上測量

4.1　距離測量

　距離測量はスタジア測量、光波測距儀、レーザ測距儀などによる間接距離測量および布巻尺、ビニール巻尺、鋼巻尺などを用いる直接距離測量とに大別されるが、距離測量は光波測距儀あるいはレーザ測距儀により行われているのが現状である。ここでは鋼巻尺を用いた古典的距離測量を通して尺定数、温度や張力の変化により起こる定誤差の補正方法について学んだ後、光波測距儀による距離測定を解説する。

4.1.1　尺の公差、尺定数

　尺の公差とは、市販時における尺の誤差に対する許容範囲であり、尺の種類と長さごとに定められている。たとえば、鋼巻尺の場合の公差は**表 4.1** のように与えられている。

　しかし、購入時に公差以内の尺でも、時間の経過とともに尺の持つ誤差が大きくなる。したがって、尺を用いて距離測量を厳密に行う場合には、予め比較基線場において所定の温度と張力の下での尺の誤差を知る必要がある。一般的には温度 15 ℃、張力 10 kg を採用し、これらを標準温度・標準張力といい、これらの条件が満たされた標準状態の下での尺固有の誤差を尺定数と呼んでいる。

表 4.1　長さと公差（単位 mm）

長さ	JIS	
	2 級	1 級
0〜5 m	± 1.0	± 0.7
0〜10m	1.8	1.2
0〜30m	4.8	3.2
0〜50m	7.8	5.2

4.1.2　尺定数の補正

　尺定数は標準状態の下での誤差であるから、尺定数の補正を行うには温度および張力補正を行わなくてはいけない。ここでは、温度補正と張力補正を簡単に述べた後、尺定数の求め方およびその補正方法について述べる。

（1）温度補正

　測定時の温度を t ℃、標準温度を t_0 ℃、尺の膨張係数を α、測定された長さを L m とすると、標準温度の下での長さに換算するための温度補正量 C_t は、

$$C_t = \alpha L (t - t_0) \tag{4.1}$$

となる。

（2）張力補正

測定時の張力を P kg、標準張力を P_0 kg、尺の弾性係数を E kg/cm^2、尺の断面積を A cm^2、測定された長さを L m とすると、標準張力の下での長さに換算するための張力補正量 C_P は、

$$C_P = \frac{L}{AE}(P - P_0) \tag{4.2}$$

となる。

（3）尺定数の求め方

比較基線場では比較基線の正しい長さが 30m ± 8mm のように与えられ、＋8mm の場合には比較基線の正しい長さは 30.008m であることを、また－8mm の場合の正しい長さは 29.992m であることを示している。ここでは、以下の例題を解くことにより尺定数の求め方を解説する。

例題：30 m の鋼巻尺を温度 20℃、張力 10 kg で比較基線に合わせて測定したとき、鋼巻尺の前端、後端の読みの平均値が、それぞれ 29.9862m、0.0024m であった。比較基線が 30m － 5.6mm であるとき、この鋼巻尺の尺定数を求めてみよう。なお、膨張係数 α は 0.000012/℃ とする。

さて、図 **4.1** において正しい 30m の位置を A、20℃ の下で鋼巻尺の 30m の位置を B、温度補正後の 15℃ の下での 30m の位置を C とする。比較基線は 30m － 5.6mm であるから、比較基線の右端は A 点（30m）より 5.6mm（＝ΔS）だけ短いところにある。すなわち、比較基線の正しい長さは 29.9944m（30m － 5.6mm）であり、この正しい長さに対して検定しようとする鋼巻尺の長さは尺の前端、後端の読みの差より、

　　　29.9862m － 0.0024m ＝ 29.9838m

であるから、鋼巻尺の 30m の位置 B は比較基線の右端より 16.2mm（Δl ＝ 30.0000m － 29.9838m ＝ 16.2mm）右、正しい 30m の位置より 10.6mm（16.2mm － 5.6mm）右にあることになり、この時点での尺定数は ＋10.6mm となる。しかし、これは 20℃ の下での状態であり、尺定数は正しくは標準状態での尺の誤差であるから温度補正を行う必要がある。そこで、温度補正量 C_t を式（4.1）より算出すると、

　　　C_t ＝ 29.9838m × 0.000012 ×（20° － 15°）＝ 1.8mm

ところで、測定時の温度は標準温度よりも高かったため、温度補正をすることにより、すなわち 5℃ 温度を下げることにより鋼巻尺は 1.8mm 縮むことになる。したがって、正しい尺定数 δ は、

　　　δ ＝ 8.8mm（＝ 10.6mm － 1.8mm）

となる。

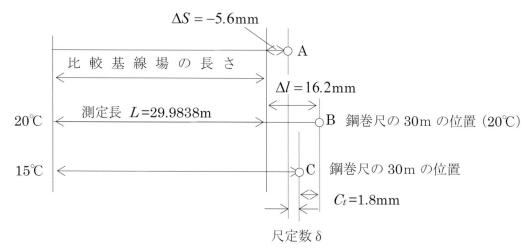

図4.1 尺定数の算出

（4）尺定数の補正

さて、$\delta = +8.8\text{mm}$ とはこの尺の 30m の位置は正しい位置よりも 8.8mm だけ長いところにあることを意味している。言い換えれば、この尺を 1 回使用すると 8.8mm だけ短く測ることになる。したがって、精密な測定結果を得るためには尺定数の補正が必要であり、尺定数が δ で全長が Sm の鋼巻尺により標準状態での測定値が Lm ならば尺定数補正量 C_c は、

$$C_c = \frac{L}{S}\delta \tag{4.3}$$

となるが、この尺は短く測っているわけであるから、調整後の長さ $\overline{L}$ は求められた補正量を測定値に加算して

$$\overline{L} = L + C_c \tag{4.4}$$

となる。

以上のように、尺定数、温度・張力による変化は定誤差であり、測定値はこれらの補正量を加減することにより補正される。

4.1.3 長い尺と短い尺

ところで、定誤差は正負の符号を持つことになるが、尺定数を例に取りその意味について考えてみよう。いま、図4.2は尺の正しい長さ S に対して尺定数 δ が正（$\delta > 0$）および負（$\delta < 0$）の場合を示したものである。図4.2において $\delta > 0$ の場合、Sm 鋼巻尺の右端の位置は正しい長さの位置よりも δmm だけ長い位置（右側）にある。すなわち、正しい長さ Sm に対応する鋼巻尺の読みは $(S - \delta)$ となり、δmm だけ短く測っ

ていることになる。このような尺を長い尺と呼び、正しい長さに補正するためには測定値にδを加算する必要がある。例えばゴムでできた30cmの物指しを考えてみよう。この物指しを正しい長さに沿わせて右端を引っ張った場合、物指しの右端は右にずれて、正しい30cmのところの読みは28.35cmのように短く測る結果になることは容易に想像できるであろう。

　逆に、$\delta < 0$の場合を短い尺と呼び、正しい長さSmに対応する鋼巻尺の読みは（$S+\delta$）となり、δmmだけ長く測っていることになる。したがって、正しい長さに補正するためには測定値にδを減算する必要がある。

　なお、測定時の温度が標準温度よりも高い場合には$\delta > 0$となり、長い尺となっている。また、標準張力以上の張力で鋼巻尺を引っ張った場合も長い尺となるので、それぞれの補正量を加算する必要がある。このほか、尺を用いた距離測定における定誤差には傾斜補正、標高補正などがある。

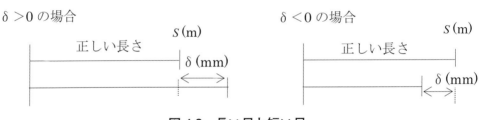

図4.2　長い尺と短い尺

4.1.4　距離測定における不定誤差

　全長LmをSmの鋼巻尺を同じ精度でL/S回使用して測定を行うとき、

$$L = S_1 + S_2 + \cdots + S_n \quad (n = L/S) \tag{4.5}$$

であるから、1回の測定における精度をσ^2で表わすと、全長に対する精度σ_0^2は誤差伝播の法則より、

$$\sigma_0^2 = (L/S)\sigma^2 \tag{4.6}$$

となる。
一方、重みは分散に反比例するから、全長Lに対する重みをP_0とし、σ^2を一定と考えると、

$$P_0 \propto \frac{1}{\sigma_0^2} \propto \frac{1}{L} \tag{4.7}$$

と書け、重みは距離に反比例することになる。

また、距離 L を n 回測定して、測定値 L_1, L_2,......L_n が得られたとすれば、距離 L に対する最確値は測定値の相加平均であり、その精度は式（3.28）より、

$$\hat{\sigma}_0 = \sqrt{\frac{[v^2]}{n(n-1)}}$$

であるから、上式より明らかなように測定回数 n を大きくとれば精度は向上する。言い換えれば、距離測量において不定誤差の影響を小さくするためには測定回数を多く取ることである。

【演習 4.1】

正しい 30m の長さと比較して、これより 1.5cm 長い巻尺で距離測定を行った結果 280.00m を得た。この正しい長さを求めよ。

4.1.5　光波測距儀

光波測距儀（EDM：Electronic Distance Meter）は光を往復させて、その間の斜距離を求める器械である。光波測距儀による距離測定には位相差方式（Phase Shift 方式）と飛行時間差方式（Time of Flight 方式）があるが、ここでは高精度測定が可能な位相差方式について解説する。

4.1.6　位相差方式の原理

光波測距儀の原理は測距儀と測点に据えられた反射鏡（反射プリズム）との間を往復する際の光の波数 N と位相差 φ より 2 点間の斜距離 D を求めるものである。

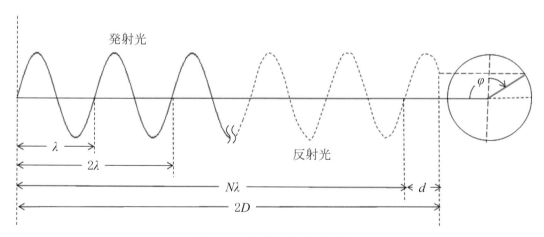

図 4.3　位相差方式の原理

図 4.3 において光の波長を λ、1 波長未満の波数を d とすれば、2 点間の往復距離 $2D$ は、

$$2D = N\lambda + d \tag{a}$$

　一方、光が1波長 λ だけ進むときの位相は 2π であるから、波数 d に対する位相差を φ とすれば、

$$\lambda : 2\pi = d : \varphi \tag{b}$$

より、

$$d = \left(\frac{\lambda}{2\pi}\right)\varphi \tag{c}$$

これを式（a）に代入して、器械定数を K とすれば、

$$D = \left(\frac{\lambda}{2}\right)N + \left(\frac{\lambda}{2}\right)\left(\frac{\varphi}{2\pi}\right) + K \tag{d}$$

さらに周波数を f および光の速度を c とすると、λ とこれらの関係は、

$$\lambda = \frac{c}{f} \tag{e}$$

であるから、式（e）を式（d）に代入すると、位相差方式による一般式は次式となる。

$$D = \left(\frac{c}{2f}\right)N + \left(\frac{c}{2f}\right)\left(\frac{\varphi}{2\pi}\right) + K \tag{4.8}$$

4.1.7　光波測距儀による距離測定

　式（4.8）により距離測定を行う場合には波数 N を知る必要があるが、周波数を変えた変調周波数を使うことで $N = 0$ とすることが可能となる。たとえば、一定波長の光を 0.15MHz に変調した周波数を使い、光の速度を 3×10^8m/s とすれば式（4.8）の第2項は、

$$\left(\frac{c}{2f}\right)\left(\frac{\varphi}{2\pi}\right) = \left(\frac{3 \times 10^8 \mathrm{m}}{2 \times 0.15\mathrm{MHz}}\right)\left(\frac{\varphi}{2\pi}\right) = 1{,}000\mathrm{m}\left(\frac{\varphi}{2\pi}\right)$$

となる。

　したがって、計測範囲が 1km 以内の場合には $N = 0$ でなければならないことになり、器械定数 K を考えなければ斜距離 D は第2項のみで決まることになる。

　また、2π ラジアンを 5,000 分割して位相差を求めると、

$$\left(\frac{c}{2f}\right)\left(\frac{\varphi}{2\pi}\right) = 1{,}000\mathrm{m}\left(\frac{1}{5{,}000}\right) = 0.2\mathrm{m}$$

となる。2π ラジアンを分割する数を分割数といい、この場合 1,000m までの長さを 20cm の精度で測れることになる。

さらに、30MHz に変調した周波数を併用すると、

$$\left(\frac{c}{2f}\right)\left(\frac{\varphi}{2\pi}\right)=\left(\frac{3\times10^8\mathrm{m}}{2\times30\mathrm{MHz}}\right)\left(\frac{\varphi}{2\pi}\right)=5\mathrm{m}\left(\frac{1}{5,000}\right)=1\mathrm{mm}$$

この場合は 5m までの長さを 1mm の精度で測定できることになり、これらの測定値を合成することで 1km の範囲を 1mm の精度で測定できることになる。光波測距儀における分解能とは、この最小単位のことである。

実際には 2～3 変調周波数を用いて、それぞれの周波数の信頼できる測定値を合成することで距離が測定される。

たとえば、0.15MH および 30MHz に対する位相差の読みとして、それぞれ $\varphi_1=$ 3,521、 $\varphi_2=1,235$ が得られた場合、

0.15MHz の変調周波数からは、$1,000\mathrm{m}\left(\dfrac{3,521}{5,000}\right)=704.2\mathrm{m}$

30MHz の変調周波数からは、$5\mathrm{m}\left(\dfrac{1,235}{5,000}\right)=1.235\mathrm{m}$

この 2 つの値を合成して 704.235m が得られることになる。

4.1.8 光波測距儀における誤差

光波測距儀により測定される測距の誤差は距離に比例する誤差と距離に無関係な誤差とからなる。距離に比例する誤差には気象（気温・気圧・湿度）に関する誤差と変調周波数による誤差とがある。光の速度は真空中では一定であるが、大気中を進むのでその屈折率が変化するため精密な距離測定においては気象補正が必要になる。

（a）気象補正

大気中の光の速度 c は、真空中の光の速度を c_0、大気中での光の屈折率を n とすると次式で定義される。

$$c=\frac{c_0}{n} \tag{a}$$

また、速さ c の光が 2 点間を往復する時間を t とすると、その間の斜距離 D は

$$D=\left(\frac{c}{2}\right)t \tag{b}$$

であるから、式（b）に式（a）を代入すれば斜距離 D は次式となる。

$$D=\left(\frac{c_0}{2n}\right)t \tag{c}$$

ここで、屈折率の誤差 $\varDelta n$ が距離に及ぼす誤差を $\varDelta D$ とすると、これらの関係は式（c）の微分より、

$$\Delta D = -\left(\frac{c_0 t}{2n}\right)\left(\frac{1}{n}\right)\Delta n = -D\left(\frac{1}{n}\right)\Delta n \tag{d}$$

式（d）において $n \fallingdotseq 1$ とすると、

$$\Delta D \fallingdotseq -D\Delta n \tag{4.9}$$

となる。

　一方、屈折率 n は使用する波長のほか、気温 t（℃）、気圧 P（hPa）、水蒸気圧 e（hPa）に影響され、次の式で表されることが知られている。

$$n = 1 + \frac{kP - 0.066e \times 10^{-6}}{1 + \alpha t} \tag{4.10}$$

ここに、k：波長により決まる係数（波長を 850nm とすると $k = 0.2913 \times 10^{-6}$）、$\alpha$：空気の膨張係数（$= 0.00366$）

　したがって、標準状態（気温 15℃、気圧 1,013hPa）に対して気温、気圧、水蒸気圧の差をそれぞれ Δt、ΔP、Δe とし、これらと Δn の関係を式（4.10）から求め、これを式（4.9）に代入すると、測定距離 D に対する補正量 ΔD は近似的に次式となる。

$$\Delta D \fallingdotseq (1.0\Delta t - 0.3\Delta P + 0.04\Delta e) \times D \times 10^{-6} \tag{4.11}$$

　式（4.11）より、気温が標準気温より高い場合には長い尺で計ることになり、気温が低い場合には短い尺で計ることになり気象補正が必要になるが、実際の光波測距儀では気温、気圧を入力することにより自動的に気象補正が行われる。また、変調周波数による誤差は一定周波数を変調する際の誤差で、これにより光の波長に誤差が生じるため測定距離が長くなれば誤差は大きくなることになる。

　一方、距離に無関係な誤差としては器械定数、プリズム定数、位相差分割による誤差があり、これらは機械内部の誤差であるため、変調周波数による誤差と合わせて予め機器の検定をしておく必要がある。

4.2　水準測量

　第2章においてすでに述べたように、水準点にもとづき新点の標高を求めることを水準測量といい、使用する水準点の種類、観測距離、測定精度、標尺の最小読み取り値により1級水準測量から4級水準測量および簡易水準測量に区分される。

　表4.2は水準測量に使用される主な機器の性能と摘要を示したものである。

　また、水準測量により設置される新点を水準点といい、水準点は各測量に応じて1級水準点から4級水準点および簡易水準点に区分される。

　図4.4は水準測量の概念を示したものであり、中継点（T_i）により全行程をいくつ

かの区間にわける場合、このような中継点を盛り替え点（T.P.：Turning Point）という。また、盛り替え点で連結される行程を水準路線といい、水準路線が網状に組み合わされた場合を水準網と呼ぶ。

表4.2　レベルの性能と摘要

機器	主な性能	摘要
1級レベル	水準器感度 10″/2mm 相当	1級水準測量
2級レベル	水準器感度 20″/2mm 相当	2級水準測量
3級レベル	水準器感度 40″/2mm 相当	3〜4級水準測量、簡易水準測量
1級標尺	標尺改正数 100 μm/m(20℃)	1〜2級水準測量
2級標尺	標尺改正数 200 μm/m(20℃)	3〜4級水準測量
1級セオドライト	最小読定値 1 秒読み	1〜2級水準測量
1級トータルステーション	最小読定値 1 秒読み 測定精度（5mm+5×10^{-6}D）	1〜2級水準測量
光波測距儀	測定精度（5mm+5×10^{-6}D）	1〜2級水準測量
箱尺		簡易水準測量

（注）標尺改正数は標尺上の目盛りに対する温度補正係数、D は測定距離

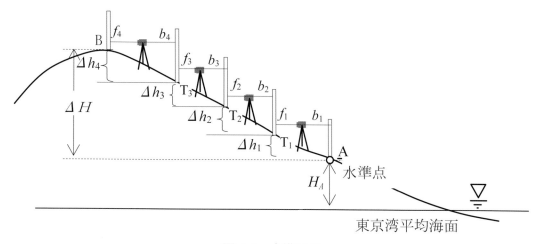

図4.4　水準測量

4.2.1　直接水準測量の原理

　直接水準測量とはレベル（水準儀）と標尺により行われる一般的な水準測量であり、公共測量作業規定において定められている方法である。いま、図4.6 のように AB 間

のほぼ中央にレベルを水平に設置し、A点に鉛直に立てられている標尺1を後視（Back Sight）したときの読みをb_1、同様にB点の標尺2を前視（Fore Sight）したときの読みをf_1とすると、AB間の標高差Δh_1は、

$$\Delta h_1 = b_1 - f_1 \qquad (4.12)$$

であるから、この時のB点の標高H_Bは、

$$H_B = H_A + \Delta h_1 \qquad (4.13)$$

となる。

図4.5　レベル

　また、**図4.4**のような水準路線の場合、始点と終点間の標高差ΔHは各区間の標高差を加算したものとなるから、

$$\Delta H = [\Delta h] = [b] - [f] \qquad (4.14)$$

したがって、終点Bの標高H_Bは、

$$H_B = H_A + \Delta H = H_A + [b] - [f] \qquad (4.15)$$

となる。

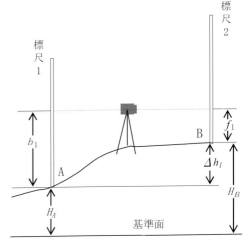

図4.6　直接水準測量の原理

4.2.2　直接水準測量における定誤差

　水準測量における定誤差はレベルの視準軸誤差および標尺の目盛り誤差、零線誤差などであり、これらの定誤差のうち目盛り誤差は距離測量における長い尺と短い尺の関係であり、そのほかの定誤差はレベルの据付位置、標尺の使い方により消去される。

　たとえば視準軸誤差εは**図4.7**のように後視・前視において同じ大きさを持つので、この影響はレベルを標尺間のほぼ中央に据える事により消去される。

　また、目盛りの磨耗度がe_1の標尺1とe_2の標尺2を使う場合、**図4.8**におい

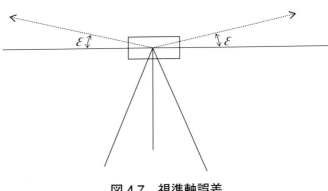

図4.7　視準軸誤差

て零線誤差が各区間の標高差に及ぼす影響は、e_1-e_2（区間1、3）、e_2-e_1（区間2、4）であるから、この影響は路線を複数区間に分割し、図のように2本の標尺を交互に使い、かつ始点と終点に同じ標尺を使うことにより消去される。なお、標尺を1本しか使わない場合には零線誤差は前視・後視で相殺される。

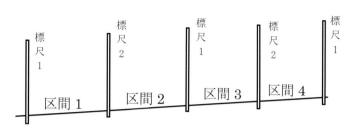

図 4.8　標尺の零線誤差

4.2.3　直接水準測量における不定誤差

標尺の読み取り誤差、陽炎による屈折誤差などが直接水準測量における不定誤差であり、直接水準測量では**図4.9**のような水準路線網を組むことにより不定誤差の点検を行う。

(1) 往復法

定誤差も不定誤差も無いものとすれば往復観測では標高差の合計は0になるはずである。すなわち、往復観測における標高差の合計を閉合（誤）差、または出合差あるいは較差と呼びEで表し、標高差の合計を$[\Delta h]$とすると、

$$E = [\Delta h] = 0 \qquad (4.16)$$

しかし、現実には不定誤差の影響により閉合差は0とならないため、公共測量作

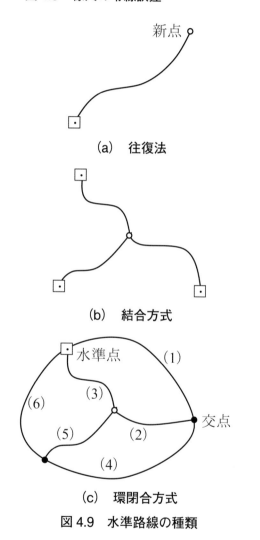

(a)　往復法

(b)　結合方式

(c)　環閉合方式

図 4.9　水準路線の種類

表 4.3　閉合差の許容範囲

項目 ＼ 区分	1級水準測量	2級水準測量	3級水準測量	4級水準測量
閉合差	2.5mm $\sqrt{S}$	5mm $\sqrt{S}$	10mm $\sqrt{S}$	20mm $\sqrt{S}$

（注）Sは片道の観測距離（km）

業規定では**表 4.3** のように閉合差に対して許容範囲を定め、閉合差が許容範囲を超えた場合には再測しなければならない。

(2) 結合方式

　この場合には任意の 2 路線から求められる標高の差を閉合差として、**表 4.3** の閉合差の許容範囲により再測の有無を点検する。

(3) 環閉合方式

　この場合は、単位水準環に対する環閉合差と水準点と水準点を結ぶ点検路線に対する閉合差により点検が行われる。**図 4.9(c)** において単位水準環とは最小閉路線であり、路線 I （1 → 2 → 3）、路線 II （2 → 4 → 5）、路線 III （3 → 5 → 6）の 3 路線である。また、点検路線は(1) → (4) → (6) であり、これらに対して**表 4.4** のような許容範囲が定められている。

表 4.4　環閉合方式に対する閉合差の許容範囲

項目 ＼ 区分	1 級 水準測量	2 級 水準測量	3 級 水準測量	4 級 水準測量	簡易 水準測量
環閉合差	$2\text{mm}\sqrt{S}$	$5\text{mm}\sqrt{S}$	$10\text{mm}\sqrt{S}$	$20\text{mm}\sqrt{S}$	$40\text{mm}\sqrt{S}$
点検路線に対する閉合差	$15\text{mm}\sqrt{S}$	$15\text{mm}\sqrt{S}$	$15\text{mm}\sqrt{S}$	$25\text{mm}\sqrt{S}$	$50\text{mm}\sqrt{S}$

（注）S は片道の観測距離（km）

4.2.4　直接水準測量の調整

　閉合差が許容範囲以内ならば、閉合差を調整して新点の標高を求めることになるが、**図 4.9** の水準路線の種類ごとに調整法を述べる。

(1) 往復法

　全長 S を n 個の区間に分割した場合、第 r 区間の長さを s_r、標高差を Δh_r、閉合差を E とすると、その区間の標高差の補正量 dh_r は以下のように区間長に比例配分するものとして算出される。

$$dh_r = -E\frac{s_r}{S} \tag{4.17}$$

したがって、調整後の標高差を $\overline{\Delta h_r}$ で表すと、各区間の標高差は次式により調整される。

$$\overline{\Delta h_r} = \Delta h_r - E\frac{s_r}{S} \tag{4.18}$$

また、盛り替え点 T_r における調整標高 H_r は水準点の標高を H_A、水準点から盛り

替え点 T_r までの標高差の合計を $[\Delta h]$、区間長の合計を $[s]$ とすると、

$$H_r = H_A + [\Delta h] - E\frac{[s]}{S} \tag{4.19}$$

により算出されることになる。

(2) 結合方式、環閉合方式

　この場合は2個以上の路線から新点の標高の測定値が得られるわけであるから、新点の標高は各路線長を重みとした最確値として算出される。そこで、(c)の環閉合方式において路線 (2)、(3)、(5) の路線長を S_1、S_2、S_3、各路線から測定された標高を H_1、H_2、H_3、重みを p_1、p_2、p_3 とすると、最確値 H_0 は重み付き平均として、

$$H_0 = \frac{p_1 H_1 + p_2 H_2 + p_3 H_3}{p_1 + p_2 + p_3} = \frac{[pH]}{[p]} \tag{4.20}$$

また、重みは距離に反比例するから、

$$H_0 = \left[\frac{H}{S}\right] \Big/ \left[\frac{1}{S}\right] \tag{4.21}$$

となる。

なお、図4.9(c)の場合には、一つの水準点の標高が既知であるから、これを H_A とし、各路線に対する標高差を ΔH_r とすると、新点の標高 H_B は次式で与えられる。

$$H_B = H_A + \left[\frac{\Delta H}{S}\right] \Big/ \left[\frac{1}{S}\right] \tag{4.22}$$

4.2.5　間接水準測量

(1) スタジア測量

　スタジア測量とは測点に鉛直に立てた標尺をトランシットにより視準し、そのときの鉛直角と標尺上の夾長（きょうちょう）より2点間の標高差と水平距離を求める方法である。

　図4.10において、スタジア線の間隔を i、器械中心から対物鏡中心までの長さを c、対物鏡の焦点距離を f、外焦点から標尺までの長さを f' とすると、器械中心から対物レンズの中心までの長さ S は、

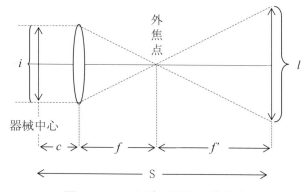

図4.10　スタジア測量の基本式

$$S = f' + f + c \tag{4.23}$$

また、$i : l = f : f'$ より、$f' = (f/i)l$ であるから、

$$S = \frac{f}{i}l + f + c \qquad (4.24)$$

さらに、$K = (f/i)$、$f + c = C$（一定）とおけば、

$$S = Kl + C \qquad (4.25)$$

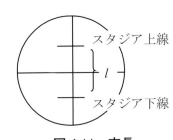

図 4.11　夾長

これがスタジア測量における基本式であり、K をスタジア乗数、C をスタジア加数という。

　なお、夾長とは**図 4.11** のように望遠鏡で標尺を視準したとき、標尺上でスタジア上線と下線がはさむ長さである。

　さて、**図 4.12** において、A 点に据えたトランシットの機械高を h_1、B 点の標尺を視準したときの鉛直角を θ、夾長を l とする。また、このとき視準軸に直交する夾長の長さを l' とすると、近似的に、

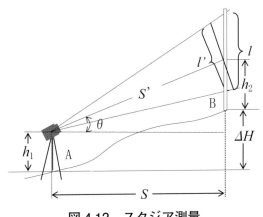

図 4.12　スタジア測量

$$l' \fallingdotseq l\cos\theta \qquad (a)$$

が成り立つから、S' は式（4.25）より、

$$S' = Kl\cos\theta + C \qquad (b)$$

また、$S = S'\cos\theta \qquad (c)$

であるから、式（c）に式（b）を代入すると水平距離 S に関して式（4.26）が得られる。一方、望遠鏡が視準している標尺上の点に関して、次の関係が成り立つので、

$$h_1 + S'\sin\theta = \Delta H + h_2 \qquad (d)$$

式（b）を式（d）に代入して整理すると、標高差に関して式（4.26）が得られる。式（4.26）をスタジア測量の一般公式という。

$$\left.\begin{array}{l} S = Kl\cos^2\theta + C\cos\theta \\ \Delta H = Kl\cos\theta\sin\theta + C\sin\theta + (h_1 - h_2) \end{array}\right\} \qquad 式（4.26）$$

なお、定数 K、C は使用する機種により与えられているが、最も一般的なレベルの場合には $K=100$、$C=0$ である。また、スタジア測量を行う際に望遠鏡の十字線が予め測定された器械高 h_1 のところに来るように視準すれば、式（4.26）において $h_1=h_2$ であるから、スタジア測量の一般公式は次式となる。

$$\left. \begin{array}{l} S = Kl\cos^2\theta \\ \Delta H = Kl\cos\theta\sin\theta \end{array} \right\} \quad ただし\ K=100 \tag{4.27}$$

（2）三角水準測量

図4.13においてA点に据えたトランシットでB点に鉛直に立てられた標尺上のP点を視準したときの鉛直角を α、標尺の読みを f、同様にQ点を視準したときの鉛直角を β とすると、標尺上のPQ間の長さ l は、

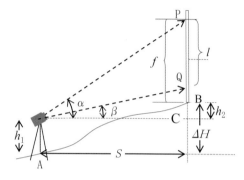

図4.13　三角水準測量　（1）

$$\overline{PC} = S\tan\alpha \tag{a}$$

$$\overline{QC} = S\tan\beta \tag{b}$$

より、

$$l = \overline{PC} - \overline{QC} = S(\tan\alpha - \tan\beta) \tag{c}$$

となるから、2点間の水平距離 S は次式により算出される。

$$S = \frac{l}{\tan\alpha - \tan\beta} \tag{d}$$

また、図より、

$$\overline{PC} = f + h_2 \tag{e}$$

であるから、

式（a）に式（d）を代入したものを、式（e）に代入すると、

$$h_2 = \frac{l\tan\alpha}{\tan\alpha - \tan\beta} - f \tag{f}$$

したがって、2点間の標高差 ΔH は h_2 に器械高 h_1 を加えて、

$$\Delta H = h_2 + h_1 = \frac{l\tan\alpha}{\tan\alpha - \tan\beta} - f + h_1 \tag{4.28}$$

すなわち、標尺上の点P、Qを視準したときの各鉛直角、および点Pに対する標尺の読み

f と、点 P、Q 間の長さ l を知ることにより 2
点間 AB の標高差 ΔH を知ることが出来る。

　一方、距離と角とを同時に測ることが
できるトータルステーションを使う場合
には、**図 4.14** に示すように A 点にトー
タルステーション、B 点に反射鏡を据え
付け、各器械高をそれぞれ h_1、h_2 とし、
トータルステーションから反射鏡までの
斜距離を d、鉛直角を α とすると、この
場合の標高差および水平距離は次式より算出される。

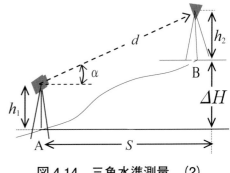

図 4.14　三角水準測量　(2)

$$\left.\begin{array}{l} \Delta H = d\sin\alpha + h_1 - h_2 \\ S = d\cos\alpha \end{array}\right\} \tag{4.29}$$

4.2.6　間接水準測量における不定誤差

　標尺や角度の読み取り誤差などが間接水準測量における不定誤差であるが、ここで
は次の例題に対して誤差伝播の法則を用いて、間接水準測量の一つであるスタジア測
量における精度を誘導してみよう。

　例題：セオドライトによりスタジア測量を行ったところ、スタジア上線・下線の読
みはそれぞれ 1.50m、0.50m であり、標尺上セオドライトの器械高に対応する鉛直角
は 30° であった。標尺の読みの標準偏差を 1mm、角度の標準偏差を 5″ とするとき、
距離および標高差の精度を求めよ。ただし $K=100$、望遠鏡十字線に対する読みは器
械高と同じとする。

　さて、夾長はスタジア上線と下線との差であるから、夾長 l とスタジア上線の読み
l_1、下線の読み l_2 との間には次の関数関係が成り立つ、

$$l = l_1 - l_2 \tag{a}$$

　ここで、確立変数 l、l_1、l_2 に対する分散をそれぞれ σ_l^2、σ_1^2、σ_2^2 とすると、誤差伝
播の法則より、

$$\sigma_l^2 = \sigma_1^2 + \sigma_2^2 \tag{b}$$

　題意より $\sigma_1 = \sigma_2 = 1\text{mm}$ であるから、夾長に対する分散 σ_l^2 は、

$$\sigma_l^2 = 2\text{mm} \tag{c}$$

となる。

　次に、角度の分散を σ_θ^2 として以下のスタジア測量の一般公式に誤差伝播の法則を適用すると、

$$S = Kl\cos^2\theta$$
$$\Delta H = Kl\cos\theta\sin\theta \qquad\qquad\qquad\qquad\qquad\text{(d)}$$

$$\sigma_S^2 = (K\cos^2\theta)^2\sigma_l^2 + (2Kl\sin\theta\cos\theta)^2\sigma_\theta^2$$
$$\sigma_{\Delta H}^2 = \left(\frac{1}{2}K\sin 2\theta\right)^2\sigma_l^2 + (Kl\cos 2\theta)^2\sigma_\theta^2 \quad〔\sin 2\theta = 2\sin\theta\cos\theta \text{ より}〕 \qquad\text{(e)}$$

よって、式（e）より、

$$\sigma_S = 10.6\text{cm}$$
$$\sigma_{\Delta H} = 6.1\text{cm}$$

となる。

　この結果より、例えば S＝30m とすると、$(\sigma_S/S) = 1/300$ となりスタジア測量からは高い精度が期待されないことがわかる。この原因は式（e）右辺第1項目の夾長の精度によるものである。したがって、標尺をまっすぐに立てる、あるいは標尺の読みの精度を 1mm 以下に収まるようにするなど、かなり非現実的な測定が行われない限り高い精度は期待できない。しかし、大縮尺の地形図の作成において高低差の大きい複雑な地形などでは作業の迅速性から便利な方法となっている。

【演習4.2】図4.15 に示すように、水準点 P を新設するため、最寄の水準点にもとづき 3D 測量シミュレータを用いて往復法による4級水準測量を行い水準点 P（交差点中央）の標高を求めよ。

　なお、3D 測量シミュレータの使用に当たっては、作業メニューにおいて水準測量を選択し、以下、作業場所（都市部）、水準路線（単一往復路線）の順に選択せよ。

【演習4.3】図4.15 に示すように、水準点 P を新設するため、最寄の3

図4.15

点の水準点にもとづき3D測量シミュレータを用いて結合方式による4級水準測量を行い水準点P(交差点中央)の標高を求めよ。

なお、3D測量シミュレータの使用に当たっては、水準測量を選択し、以下、作業場所(都市部)、水準路線(単一往復路線)の順に選択し、3路線はそれぞれ片道観測とする。

4.3　基準点測量

基準点測量とはその位置が与えられている既知点にもとづき新点の位置を定める作業であり、狭義の基準点測量と水準測量に区分される。新点の基準点測量には同級以上の既知点が使用され、使用する機器、既知点の種類、観測距離に応じて1級基準点測量から4級基準点測量に区分される。また、基準点測量により設置される新点を基準点といい、基準点は各級の測量に応じて1級基準点から4級基準点に区分される。ここでは測角法および測角誤差について述べた後、トラバース測量について述べる。なお、**表4.5**は主な角測定機器の性能と摘要を示したものであり、トータルステーションとはセオドライトと光波測距儀を一体化させて測角機能と測距機能を有する測量機器である。

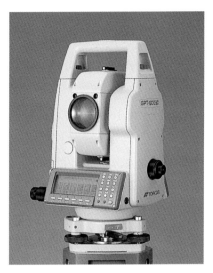

図4.16　トータルステーション

表4.5　角測定機器の主な性能と摘要

機器	主な性能	摘要
1級トータルステーション	最小読定値1秒読み 測定精度($5mm + 5 \times 10^{-6}D$)	1〜2級基準点測量
2級トータルステーション	最小読定値10秒読み 測定精度($5mm + 5 \times 10^{-6}D$)	2〜3級基準点測量
3級トータルステーション	最小読定値20秒読み 測定精度($5mm + 5 \times 10^{-6}D$)	4級基準点測量
1級セオドライト	最小読定値1秒読み	1〜2級基準点測量
2級セオドライト	最小読定値10秒読み	2〜3級基準点測量
3級セオドライト	最小読定値20秒読み	4級基準点測量

4.3.1 測角法

　角の測定はセオドライト（トランシットとも呼ばれる）あるいはトータルステーションにより単測法、倍角法（反復法）、方向法、全角法のいずれかの測角法により実施される。ここでは順次これらを解説する。

（1）単測法

　図 4.17 のように O 点にセオドライトを据えて整準した後、A 点を視準し、そのときの初読値 θ_0 を読み取る。さらにセオドライトを回転させて B 点を視準し、そのときの終読値 θ_1 を読み取り、終読値から初読値を引けば求める角が得られる。これを単測法という。

　なお、精度を上げるためには、セオドライトの望遠鏡を反位にして、今度は B 点から A 点に対して

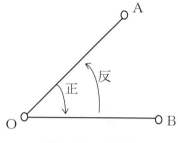

図 4.17　単測法

単測法を行い、正位および反位の平均値として角を求める。このように、正位および反位を 1 組にすることを 1 対回観測という。

（2）倍角法

　倍角法は反復法とも呼ばれ、O 点にセオドライトを据えて整準した後、A 点を視準し、そのときの初読値 θ_0 を読み取る。さらにセオドライトを回転させて B 点を視準し、そのときの目盛り盤の値 θ_1 を目盛り盤に残したまま、再度 A 点を視準したのち、B 点を視準し、このときの終読値を θ_2 とし、終読値から初読値の差を繰り返した数で割ることにより

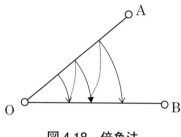

図 4.18　倍角法

求める角が得られる。これを倍角法といい、繰り返し数 n に応じて n 倍角と呼ぶ。したがって、ここでの場合には 2 倍角となる。なお、精度の向上のためには単測法と同様に対回観測を行う。

（3）方向法

　方向法は 1 点の周りに多くの測点がある場合に用いられる方法であり、まず基準となる測点 A の方向を定める。これを零方向といい、A 点を視準して初読値 θ_0 を読み取った後、B 点を視準し θ_1 を読み取り、さらに C、D 点に対して θ_2、θ_3 を読み取った後、各測点に対する読みより初読値を引いて零方向から

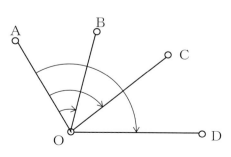

図 4.19　方向法

各測点への角を求める。次に、望遠鏡を反位にし、同様な操作をD点から行い、零方向から各測点への角を求める。

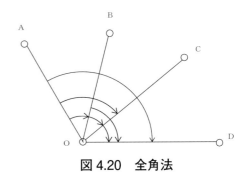

図4.20　全角法

　一般的には、以上のような操作を初読値 0°から（180°/n）までn対回行い、各角に対する合計を$2n$で割って平均値として角度を求める。なお、零方向からのnは輪郭と呼ばれる。輪郭とは初読値を代えることにより目盛り盤全体を使用して目盛り誤差を消去するためである。たとえば、$n = 4$の場合の輪郭は 0°、45°、90°、135° となる。

　公共測量作業規定では水平角観測は方向法により行うことを定めており、水平角観測における対回数は 2（2級基準点測量における2級セオドライトあるいは2級トータルステーションの場合には3）、鉛直角観測における対回数は1と定めている。また、水平角観測の良否の判定には倍角差、観測差が用いられ、鉛直角観測には較差が用いられる。表4.6 はこれらに対する許容範囲であり、許容範囲を超えた輪郭については再測を行わなければならない。

　ところで、1対回における同じ視準点に対する測定値の秒数を加えた値を倍角、同じく正位の測定値から反位の測定値を引いたものを較差とすると、倍角差とは同一視準点に対するn対回中の倍角の最大値から最小値を引いた値である。また、観測差とは同一視準点に対するn対回中の較差の最大値から最小値を引いた値であり、倍角差および観測差は統計学における範囲の理論から統計学的に誘導される。

　表4.7 は方向法に対する野帳を示したものである。ここで、1級基準点測量を想定した場合、倍角差、観測差の許容範囲は表4.6 より、それぞれ 15″ および 8″ であるのに対して、表4.7 より測点№3に対する観測差が許容範囲を超えている。また、測点№3に対する輪郭 0° と 90° との較差を比較してみると、輪郭 0° の較差 −12″ が大きすぎる。したがって、輪郭 0° について再測を実施することになる。

表4.6　方向法における許容範囲

項目 / 区分		1級基準点測量	2級基準点測量		3級基準点測量	4級基準点測量
			1級TS	2級TS		
水平角	倍角差	15″	20″	30″	30″	60″
	観測差	8″	10″	20″	20″	40″
鉛直角	較差	10″	15″	30″	30″	60″

（注）TS とはトータルステーションの略であり、この欄には各級のセオドライトも含まれる。

表4.7　方向法の野帳記入例

輪郭	望遠鏡	測点 No.	測点名	測定値	結果	倍角	較差	倍角差	観測差
0°	正	1	鳩　山	0° 1′ 03″	0° 0′ 00″				
		2	石　坂	65° 12′ 58″	65° 11′ 55″	103″	7″	9″	3″
		3	物見山	112° 47′ 57″	112° 46′ 54″	120″	−12″	11″	17″
	反	3		292° 48′ 03″	112° 47′ 06″				
		2		245° 12′ 45″	65° 11′ 48″				
		1		180° 00′ 57″	0° 0′ 00				
90°	正	1	鳩　山	90° 1′ 10″	0° 0′ 00″				
		2	石　坂	155° 13′ 08″	65° 11′ 58″	112″	4″		
		3	物見山	202° 48′ 07″	112° 46′ 57″	109″	5″		
	反	3		22° 48′ 05″	112° 46′ 52″				
		2		335° 13′ 07″	65° 11′ 54″				
		1		270° 1′ 13″	0° 0′ 00				

（4）全角法

　方向法と同様に、1点の周りに多くの測点がある場合、これらの組み合わせで生じる全ての角を測って、最小二乗法により各角の最確値を求める方法である（第3章、全角法を参照）。

4.3.2　角測定における定誤差

　角の測定値には定誤差である器械誤差が含まれる。セオドライトの器械誤差には目盛盤の目盛誤差、目盛盤の偏心誤差、視準軸の外心誤差、視準軸誤差、水平軸誤差、鉛直軸誤差があるが、鉛直軸誤差を除く器械誤差は一対回観測により消去される。

4.3.3　角測定における不定誤差

　水平角観測を行う場合、各種機械誤差を除いても、測定値には読み取り誤差、視準誤差、求心誤差などの不定誤差が含まれる。不定誤差の影響を少なくする方法は距離測定と同じく、精密な機械を用いて注意深く測定することと、測定回数を多く取り、その平均値を採用することであるが、ここでは不定誤差の評価について解説する。

　いま、視準誤差をα（正確にはある目標を視準したときの精度を標準偏差で表した値）、同様に読み取り誤差をβとするとき、これらの誤差（確立変数）が測定値に及ぼす影響は互いに独立であり、その分布は正規分布に従う。そこで、現実に読み取られる値（測定値）θに対する誤差はこれらの誤差の加減（$\theta = \alpha \pm \beta$）で形成されるとすると、確立変数$\theta$も正規分布に従うと考えられる。したがって、ある点を1回視準

して現実に読みを取るときの分散 σ_θ^2 は誤差伝播の法則より、

$$\sigma_\theta^2 = \alpha^2 + \beta^2 \tag{a}$$

となる。

(a)　単測法における不定誤差

　単測法では A 点を視準して初読値 θ_0 を取り、次に B 点を視準して終読値 θ_1 を取り、終読値から初読値を差し引いた値 $(\theta_1 - \theta_0)$ がこのときの測定角 ω となるから、ω に対する分散を σ_ω^2、θ_0、θ_1 に対する分散を σ_0^2 および σ_1^2 とし、さらに読み取りは同一精度で行われた $(\sigma_{\theta 0}^2 = \sigma_{\theta 1}^2 = \sigma_{\theta 1}^2)$ とすれば、誤差伝播の法則により

$$\sigma_\omega^2 = \left(\frac{\partial \omega}{\partial \theta_1}\right)^2 \sigma_{\theta 1}^2 + \left(\frac{\partial \omega}{\partial \theta_0}\right)^2 \sigma_{\theta 0}^2 = 2\sigma_\theta^2 = 2(\alpha^2 + \beta^2) \tag{b}$$

となり、さらに求心誤差は測定角に対して1回だけ影響を与えることを考慮すると、測定角 ω に対する分散 σ_ω^2 は

$$\sigma_\omega^2 = 2(\alpha^2 + \beta^2) + \gamma^2 \tag{c}$$

　また、単測法1対回観測の場合の測定角 $\overline{\omega}$ は、ω_l、ω_r を正・反に対する測定角とすると、

$$\overline{\omega} = \frac{\omega_l + \omega_r}{2} \tag{d}$$

であるから、誤差伝播の法則によりこのときの測定角 $\overline{\omega}$ に対する分散 $\sigma_{\overline{\omega}}^2$ は、

$$\sigma_{\overline{\omega}}^2 = \frac{1}{4}(\sigma_{\omega l}^2 + \sigma_{\omega r}^2) = \frac{1}{4}(2\sigma_\omega^2) = \frac{1}{4}\{4(\alpha^2 + \beta^2)\} \tag{e}$$

　さらに、求心誤差は測定値に対して1回だけ影響を与えることを考慮すると、単測法1対回観測の場合の測定角に対する不定誤差は、

$$\sigma_{\overline{\omega}} = \sqrt{(\alpha^2 + \beta^2) + \gamma^2} \tag{4.30}$$

となる。

　一方、単測法を n 回繰り返して、その平均値を $\overline{\omega}$ とすると

$$\overline{\omega} = \frac{\sum_{i=1}^{n} \omega_i}{n} = \frac{1}{n}(\omega_1 + \omega_2 + \cdots\cdots + \omega_n) \tag{d}$$

したがって、平均値 $\overline{\omega}$ に対する分散 $\sigma_{\overline{\omega}}^2$ は誤差伝播の法則より、

$$\sigma_{\overline{\omega}}^2 = \frac{1}{n^2}\sigma_{\omega 1}^2 + \frac{1}{n^2}\sigma_{\omega 0}^2 + \cdots\cdots + \frac{1}{n^2}\sigma_{\omega n}^2 \tag{e}$$

となるが、測定角に対する分散は角の大小に関係なくすべて $\sigma_\omega{}^2$ であるので、

$$\sigma_{\bar\omega}{}^2 = \frac{1}{n}\,\sigma_\omega{}^2 \tag{f}$$

これに (b) を代入して、さらに求心誤差は測定角に対して 1 回だけ影響を与えることを考慮すると、

$$\sigma_{\bar\omega}{}^2 = \frac{2}{n}\,(\alpha^2 + \beta^2) + \gamma^2 \tag{g}$$

したがって、単測法を n 回繰り返して得られる測定角に対する不定誤差は

$$-\sigma_\omega = \sqrt{\frac{2}{n}\,(\alpha^2 + \beta^2) + \gamma^2} \tag{4.31}$$

となる。

なお、一対回観測の場合には式 (4.31) において $n = 2$ の場合と等価であり、また方向法における倍差・較差に対する不定誤差は単測法一対回と等価であるから式 (4.30) で評価される。

(b) 倍角法における不定誤差

n 倍角法における測定角は終読値 θ_n から初読値 θ_0 を引いて反復数 n で割った値として求められるから、この場合の測定角を ω とすると、

$$\omega = (\theta_n - \theta_0)/n \tag{a}$$

である。

したがって、誤差伝播の法則より、初読値 θ_0 に対する分散を $\sigma_{\theta0}{}^2$、終読値 θ_n に対する分散を $\sigma_{\theta n}{}^2$ とすると、測定角 ω に対する分散 $\sigma_\omega{}^2$ は式 (a) に誤差伝播を適用して、

$$\sigma_\omega{}^2 = \frac{1}{n^2}\,(\sigma_{\theta0}{}^2 + \sigma_{\theta n}{}^2) \tag{b}$$

ところで、θ_0 は A 点に対して 1 回だけの視準と読み取りから形成されるから、

$$\sigma_{\theta0}{}^2 = \alpha^2 + \beta^2 \tag{c}$$

また、θ_n は B 点への n 回の視準と A 点への $(n-1)$ 回の視準の合計 $(2n-1)$ 回の視準と終読値に対する読み取りから形成されるから、

$$\sigma_{\theta n}{}^2 = (2n-1)\alpha^2 + \beta^2 \tag{d}$$

ここで、式 (b) に式 (c)、(d) を代入し、求心誤差は測定値に対して 1 回だけ影響を与えることを考慮すると、測定角 ω に対する分散 $\sigma_\omega{}^2$ は、

$$\sigma_\omega{}^2 = \frac{1}{n^2}\left[(\alpha^2+\beta^2)+\{(2n-1)\alpha^2+\beta^2\}\right]+\gamma^2$$

$$= \frac{1}{n^2}\{2n\alpha^2+2\beta^2\}+\gamma^2 \tag{e}$$

$$= \frac{2}{n}\left(\alpha^2+\frac{\beta^2}{n}\right)+\gamma^2$$

したがって、n 倍角の測定角に対する不定誤差は、

$$\sigma_\omega = \sqrt{\frac{2}{n}\left(\alpha^2+\frac{\beta^2}{n}\right)+\gamma^2} \tag{4.32}$$

となり、単測法を n 回繰り返した場合の精度（式（4.31））と n 倍角との精度を比較してみると、倍角法の読み取り精度は単測法の $1/\sqrt{n}$ 倍であることがわかる。すなわち、倍角法は単測法よりも読み取り誤差を小さく抑え、測角の精度を上げることができる方法であることが理解される。

　また、n 倍角 1 対回の場合の測定角 $\overline{\omega}$ は、ω_l、ω_r は正・反に対する測定角とすると、

$$\overline{\omega} = \frac{\omega_l+\omega_r}{2} \tag{f}$$

であるから、誤差伝播の法則よりこのときの測定角 $\overline{\omega}$ に対する分散 $\sigma_{\overline{\omega}}{}^2$ は、

$$\sigma_{\overline{\omega}}{}^2 = \frac{1}{4}(\sigma_{\omega l}{}^2+\sigma_{\omega r}{}^2) = \frac{1}{4}(2\sigma_\omega{}^2) = \frac{1}{4}\left\{2\frac{2}{n}\left(\alpha^2+\frac{\beta^2}{n}\right)\right\} \tag{g}$$

　さらに、求心誤差は測定値に対して 1 回だけ影響を与えることを考慮すると、測定角 $\overline{\omega}$ に対する不定誤差 $\sigma_{\overline{\omega}}$ は、

$$\sigma_{\overline{\omega}} = \sqrt{\frac{1}{n}\left(\alpha^2+\frac{\beta^2}{n}\right)+\gamma^2} \tag{4.33}$$

となる。

　なお、これらの式により測定角に対する誤差を推定する場合、読み取り誤差は使用するセオドライトあるいはトータルステーションの最小読み取り値に応じて、1 級（1″）、2 級（10″）、3 級（20″）とし、視準誤差 α は各機器に共通に 60″/30（望遠鏡の有効倍率）＝2″ とする。また、測定角 ω に対する求心誤差 γ は次式で推定されるものとする。

$$\gamma = \frac{a}{S_1 S_2}\sqrt{2(S_1{}^2+S_2{}^2)-4S_1 S_2\cos\omega} \quad \text{(rad)} \tag{4.34}$$

ここに　$a=3.0\times10^{-4}$（m）、S_1、S_2 は器械点 O から測点 A、B までの距離（m）。

【演習 4.4】図 4.21 の A〜C のエリアにおいて 1 辺が 50m 程度の三角形となるように

測点を選び、3D 測量シミュレータにより、

1) 単測法により三角形の内角を求めよ。

2) 単測法一対回観測により三角形の内角を求めよ。

3) 倍角法（2倍角）により三角形の内角を求めよ。

4) 倍角法（2倍角）1対回により三角形の内角を求めよ。

5) 各測角方法とその精度との違いを考察せよ。

なお、3D 測量シミュレータの使用に当たっては、作業メニューにおいて閉合トラバース測量を選択し、以下、作業場所（中域）、作業機器（3級 TS）の順に選択せよ。

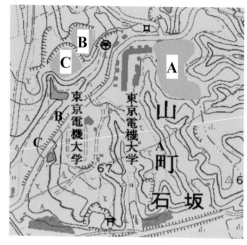

図 4.21

4.3.4 測量網の種類

基準点測量における測量網はその形状に応じて以下のように分類される。

(1) 結合多角方式

種々な形状が組み合わされたもので、多角方式としては一般的なものである。また、網の形状から A 型、H 型、Y 型、X 型などと呼ばれる定型の網も使用される。なお、図における交点とは互いに異なる既知点から出発した路線が交わる点であり、次の節点も含めて観測上および計算上でも基準点としての機能を持つ。

(2) 単路線方式

両端に既知点を持つ単一路線で形成される方式である。この場合は、結合多角方式あるいは次に述べる閉合多角方式と比べて新点の設置の際に組み合わせられる辺の数が少ない。そこで、単路線方式の場合には、どちらかの既

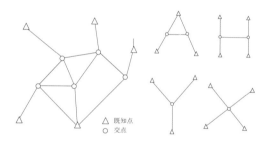

(a) 結合多角方式とその一般形

(b) 単路線方式

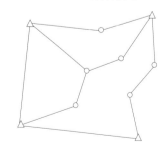

(c) 閉合多角方式

図 4.22 基準点測量における測量網

知点で方向角観測を行い、精度を点検する必要がある。

　なお、図における節点とは地形・地物の影響により既知点間が見通せない場合に設置する点である。

（3）閉合多角方式

　2個以上の閉合多角形の組み合わせにより形成されるもので、この形は各多角形が閉合している条件より測定値のみで観測の良否を判断できる利点がある。また上記の条件より最も精度の高い測定が可能となるが、公共測量作業規定では原則として1、2級基準点測量は結合多角方式、3、4級基準点測量の場合には結合多角方式あるいは単路線方式により行うことを定めている。

4.4　トラバース測量

　トラバース測量は多角測量とも呼ばれる基準点測量の一つで、角と距離とをともに測って点の平面位置を定める方法であり、その簡便性から工事測量などによく用いられる。トラバース測量によって位置の定められる点をトラバース点または多角点と呼び、トラバース点 P_1, P_2, $\cdots P_n$ を順次結んで得られる線分 $\overline{P_1P_2}$, $\overline{P_2P_3}\cdots$ をトラバース線（多角線）という。また、トラバース測量における測量網は図4.23のように閉（合）トラバースと開（放）トラバースに区分される。

　閉トラバースとはトラバース線が閉合して一つの多角形を形成するもので、造成地や山林などのように広がりを持った地域に対して用いられ、対象とする地域の外周に沿ってトラバース点を設置するのが普通である。

　ところで、（b）のような形状のものを開（放）トラバースと呼び、開トラバースのうち両端点 P_1、P_n がいずれも既知点に選ばれているものを結合トラバース、両端点の少なくとも一方が既知点でないものを自由トラバースという。開トラバース測量は道路、鉄道などのように細長い地域に対して用いられる。

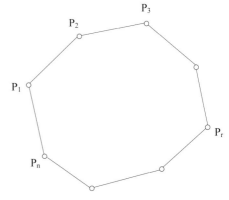

（a）　閉トラバース

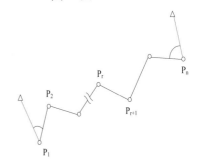

（b）　開トラバース

図4.23　トラバース網

4.4.1 トラバース測量における測角法

トラバース測量における測角法には交角法、偏角法、方向角法がある。

(a) 交角法

各トラバース点において、前後のトラバース線により挟まれる角を測る方法で、単測法または倍角法により実施される。一般的には**図 4.24**のようにトラバース点を右回りに設置し、各点において前視・後視の角度の読みをとる。たとえば、トラバース点 P_1 において P_2 点に対する初読値を読み取った後、セオドライトを右回りに回して P_n 点に対する角度の読みを終読値とする。これはセオドライトの性格上、角度の大きな値（終読値）から角度の小さな値（初読値）を差し引くことにより内角の算出が容易になることおよび同じ操作を繰り返すことにより内角と外角との混同を防ぐためである。

なお、交角法の場合には後で述べるトラバース網の調整のため始点において座北の方向を測定しておく必要がある。

(b) 偏角法

トラバース点 P_1 にセオドライトを据えて、P_n 点に対する初読値を取る。次に望遠鏡を反転させた後、P_2 点に対する終読値を取ると、その差が偏角 δ_1 である。この場合、セオドライトが右回りの場合には $+\delta_r$、左回りの場合には $-\delta_r$ と符号をつけて表す。偏角法においても各偏角は単測法あるいは倍角法で測定される。また、偏角法の場合も後で述べるトラバース網の調整のため始点において座北の方向を測定しておく必要がある。

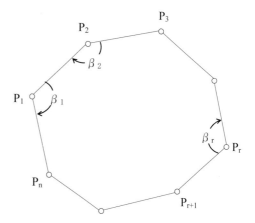

図 4.24　トラバース測量における交角法

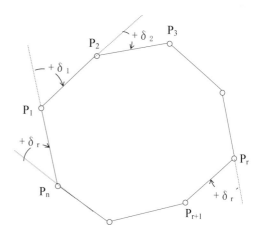

図 4.25　トラバース測量における偏角法

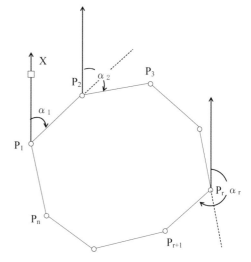

図 4.26　トラバース測量における方向角法

（c）方向角法

　図4.26のようにトラバース網の始点において平面直角座標系における北の方向にX杭を打ち、そのときの読みを0° 0′ 00″に合わせる。次に、セオドライトを右回りに回転させてP₂点に対する読みを取ると、この値は第1測線P₁P₂に対する方向角となる。さらに、その方向角をセオドライトの目盛り盤に残したまま、セオドライトをP₂点に据えて、P₁点を後視したのち、望遠鏡を反転させてP₃点に対する終読値をとれば、この値は第2測線P₂P₃に対する方向角となる。

　以上の操作を繰り返すことにより各トラバース点における方向角を直接測定できる利点がある。しかし、始点以外のトラバース点においてX方向は未知のため、方向角法には単測法しか適用できない。

4.4.2　トラバース測量の調整
　ここでは交角法により測定された閉トラバースの簡易調整法について述べる。

（a）閉合差とその調整

　図4.24のようなトラバース網においてトラバース点の数をnとし、各トラバース点における内角をβ_rとするとき、n多角形の内角の和は $(n-2) \times 180°$ であるから、この場合の閉合差Eは、

$$E = [\beta] - (n-2) \times 180° \tag{4.35}$$

となる。

　ところで、一つの角に対する精度をσ^2とし、すべての角に対して同一であるとすると、測定内角の和に対する分散σ_0^2は誤差伝播の法則より$\sigma_0^2 = n\sigma^2$となる。また、使用した機器および測角法により、式（4.30）〜（4.33）より算出されるσを用いると閉合差Eに対する許容範囲は次式により推測される。

$$e = \sqrt{n}\sigma \tag{4.36}$$

　したがって、閉合差Eに対して式（4.36）より算出される値の絶対値を目安に、途中の測定角あるいは測定全体の再測の有無を点検し、再測の必要がない場合には、不定誤差は角の大きさに無関係であると考えて、閉合差Eを測角数nで等分して、各角の調整を行う。すなわち、測定角をβ_r、調整角を$\beta_{r,0}$とすれば、

$$\beta_{r,0} = \beta_r - \frac{E}{n} \tag{4.37}$$

　また、P_r点における偏角δ_rと内角β_rとの間には、$\beta_r = 180° - \delta_r$の関係が成り立つので、この関係を式（4.35）に入れれば、偏角法の場合の閉合差Eは $E = 360° - [\delta]$ となるが、

$$E = [\delta] - 360° \tag{4.38}$$

として、交角法と同様に閉合差 E を測角数 n で等分して、式 (4.37) により各偏角の調整を行う。

　方向角法の場合の閉合差は一周して始点に戻って、X 杭を視準して読み α_{n+1} を取る。このとき各測点での測量に全く誤差がない場合には α_{n+1} は 0° 0′ 00″ となる。したがって、α_{n+1} が 0° 0′ 00″ より大きい場合には α_{n+1} が閉合差であり、360° 未満の場合には α_{n+1} から 360° を引いたものが閉合差となり、

$$E = \alpha_{n+1} - K (\mathrm{K} = 0° \text{ または } 360°) \tag{4.39}$$

第 r 点における測定角を α_r とすると、その調整方向角 $\alpha_{r,0}$ は、

$$\alpha_{r,0} = \alpha_r - r\frac{E}{n} \tag{4.40}$$

となる。

4.4.3　調整方向角の算出

　閉合差を調整して角の幾何学的条件が満足されたならば、次に各トラバース線に対する方向角の算出を行うが、方向角法では上で述べたとおりに方向角が直接得られるので、ここでは交角法と偏角法について説明する。

（a）交角法における方向角

　いま、図 4.27 の始点 P_1 にセオドライトを据えたとき、予め X 方向に基準となる X 点をとり、第 1 測線に対する方向角を単測法あるいは倍角法により測定し、これを T_0 とすると、第 1 測線 $\mathrm{P}_1\mathrm{P}_2$ に対する方向角 $\alpha_{1,0}$ は、

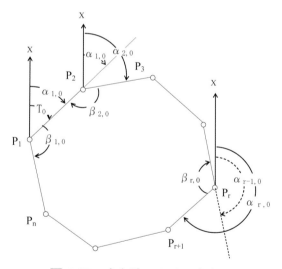

図 4.27　交角法における方向角

$$\alpha_{1,0} = T_0 \tag{a}$$

であり、P_2 点における第 2 測線への方向角 $\alpha_{2,0}$ は図より、

$$\alpha_{2,0} = (180° - \beta_{2,0}) + \alpha_{1,0} = \alpha_{1,0} - \beta_{2,0} + 180° \tag{b}$$

同様に、P_3 点における第 3 測線への方向角 $\alpha_{3,0}$ は、

$$\alpha_{3,0} = (180° - \beta_{3,0}) + \alpha_{2,0} = \alpha_{2,0} - \beta_{3,0} + 180° \tag{c}$$

であるから、一般に第 r 測点における第 r 測線への調整方向角は、

$$\alpha_{r,0} = \alpha_{r-1,0} - \beta_{r,0} + 180° \tag{4.41}$$

と書ける。

（b）偏角法における方向角

　図 4.28 において、第 r 測線の調整方向角 $\alpha_{r,0}$ は第 $r-1$ 測線に対する調整方向角を $\alpha_{r-1,0}$、第 r 測線に対する偏角を $\delta_{r,0}$ とすると、図より、

$$\alpha_{r,0} = \alpha_{r-1,0} + \delta_{r,0} \tag{4.42}$$

となる。

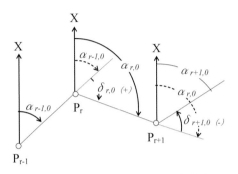

図 4.28　偏角法における方向角

4.4.4　トラバースの閉合差と閉合比

　トラバース測量における測定値は角と距離である。したがって、角と同様に距離の幾何学条件も満足されなければならない。

　いま、図 4.29 において第 r 測線の長さを S_r、方向角を α_r とすると、第 r 測線に対する緯距 L_r、経距 D_r は、

$$L_r = S_r \cos \alpha_r$$
$$D_r = S_r \sin \alpha_r \tag{4.43}$$

であり、一般的には不定誤差の影響

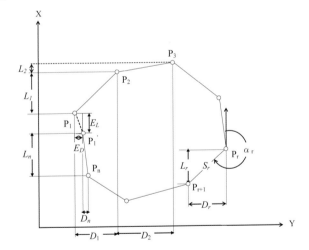

図 4.29　閉トラバースの閉合差

によりこれらの総和は 0 とはならない。すなわち、$[L] \neq 0,\ [D] \neq 0$ である。このことは、最終点が P_1' となり始点 P_1 と一致していないことを示している。

　そこで、緯距・経距の総和をそれぞれ E_L、E_D とすると、

$$E_L = [L],\ \ E_D = [D] \tag{4.44}$$

ここに、E_L を緯距の閉合差、E_D を緯距の閉合差といい、これらを合成したベクトルの大きさ E をトラバースの閉合差という。また、この閉誤差 E をトラバースの全長 $[S]$ で割ったものを閉合比といい $1/P$ で表し、この比の大小によりトラバース測量の精度を点検する。

$$E = \sqrt{E_L{}^2 + E_D{}^2}, \quad \frac{1}{P} = \frac{E}{[S]} \tag{4.45}$$

この閉合比は使用する機械、対象とする地域の地理条件により異なるが、標準的には以下のように定められている。

1）山間部などの測量が困難な場所　　1/1,000
2）普通の地形、または緩傾斜の場所　1/3,000～1/5,000
3）市街地のような平坦な場所　　　　1/5,000～1/20,000

なお、公共測量作業規定では水平位置の閉合差に対する許容範囲として**表4.8**が与えられているが、このうち閉合多角形における4級基準点測量に対する許容範囲がトラバース測量の閉合比 1/5,000～1/20,000 に相当すると考えられる。

表4.8　水平位置の閉合差に関する許容範囲

	1級基準点測量	2級基準点測量	3級基準点測量	4級基準点測量
結合多角形 単路線	$10\text{cm} + 2\text{cm}\sqrt{N}\,\Sigma S$	$10\text{cm} + 3\text{cm}\sqrt{N}\,\Sigma S$	$15\text{cm} + 5\text{cm}\sqrt{N}\,\Sigma S$	$15\text{cm} + 10\text{cm}\sqrt{N}\,\Sigma S$
閉合多角形	$1\text{cm}\sqrt{N}\,\Sigma S$	$1.5\text{cm}\sqrt{N}\,\Sigma S$	$2.5\text{cm}\sqrt{N}\,\Sigma S$	$5\text{cm}\sqrt{N}\,\Sigma S$

（注）N：辺数、ΣS：路線長（km）

4.4.5　トラバースの調整

緯距・経距の閉合差がそれぞれ0となるように距離の調整を行い、トラバースの幾何学的条件を満足させることをトラバースの調整という。この調整法にはコンパス法則とトランシット法則が用いられる。コンパス法則は測距と測角の精度が等しいと考えられるとき、緯距・経距の閉合差 E_L、E_D を測線長に比例配分する方法で、第 r 測線の長さを S_r、緯距・経距の補正量をそれぞれ ΔL_r、ΔD_r とすると、

$$\Delta L_r = -E_L \frac{S_r}{[S]}, \quad \Delta D_r = -E_D \frac{S_r}{[S]} \tag{4.46}$$

一方、トランシット法則は測角精度の方が測距精度より高いと考えられるとき適用される方法で、緯距・経距の閉合差 E_L、E_D をそれぞれ緯距・経距の絶対値に比例して配分する方法で、第 r 測線の長さを S_r、緯距・経距の補正量をそれぞれ ΔL_r、ΔD_r と

すると、

$$\Delta L_r = -E_L \frac{|L_r|}{[|L|]}, \quad \Delta D_r = -E_D \frac{|D_r|}{[|D|]} \tag{4.47}$$

により調整される。

4.4.6　合緯距・合経距

第1測点 P_1 の座標が (X_1, Y_1) であるならば、第2測点の座標 (X_2, Y_2) は第1測線の緯距 L_1・経距 D_1 を用いると、

$$X_2 = X_1 + L_1, \quad Y_2 = Y_1 + D_1 \tag{4.48}$$

一般に、第 $r+1$ 測点の座標 (X_{r+1}, Y_{r+1}) は第 r 測線に対する緯距 L_r・経距 D_r を用ると、

$$X_{r+1} = X_r + L_r, \quad Y_{r+1} = Y_r + D_r \tag{4.49}$$

と書ける。ここに、これらを X、Y の合緯距・合経距といい、これらの値を用いてトラバース点を図上に展開する。

4.4.7　面積の計算

トラバース測量は面積計算を伴う用地測量にも適用される。いま、**図 4.30** において各トラバース点を X 軸に正投影した点をそれぞれ $Q_1 \sim Q_4$ とすると、面積 A は、

$$A = 台形\,P_2P_3Q_3Q_2 + 台形\,P_3P_4Q_4Q_3 - 台形\,P_2P_1Q_1Q_2 - 台形\,P_1P_4Q_4Q_1$$

であるから、

$$A = \frac{(Y_2 + Y_3)}{2}(X_2 - X_3) + \frac{(Y_3 + Y_4)}{2}(X_3 - X_4) - \frac{(Y_2 + Y_1)}{2}(X_2 - X_1) - \frac{(Y_1 + Y_4)}{2}(X_1 - X_4) \tag{a}$$

これを整理して、

$$2A = X_1(Y_2 - Y_4) + X_2(Y_3 - Y_1)$$
$$+ (X_3(Y_4 - Y_2) + X_4(Y_1 - Y_3)) \tag{b}$$

のように多角形の倍面積を各トラバース点の座標（合緯距・合経距）を用いて算出する方法を座標法といい、一般的に表すと、

$$2A = |[X_r(Y_{r+1} - Y_{r-1})]| \tag{4.50}$$

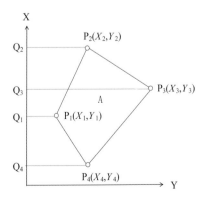

図 4.30　閉トラバースの面積

となる。

【演習 4.5】図 4.31 において住宅
地に隣接する A 地区の宅地化が
行われるという想定のもと、A 地
区に対して 3D 測量シミュレータ
により 4 級基準点測量にもとづき
用地測量を行いその面積を求めよ。

　なお、3D 測量シミュレータの使
用に当たっては、作業メニューに
おいて閉合トラバース測量を選択
し、以下、作業場所（広域）、作業
機器（3 級 TS）の順に選択せよ。

図 4.31

4.5　三次元測量

　図 4.32 において P 点の三次元座標は O 点から P
点までの斜距離 D、O 点から P 点に対する天頂角 θ
および方向角 φ を知ることにより算出され、三次元
測量はトータルステーション（TS：Total Station）
または地上レーザスキャナ（TLS：Terrestrial Laser
Scanner）を用いて行われる。

　なお、ここでは地図作成のための地形測量に対し
て三次元表現のための測量を点群測量と呼ぶことと
し、誤差に関する項まではこれらを区別せず広義に
三次元測量として解説する。

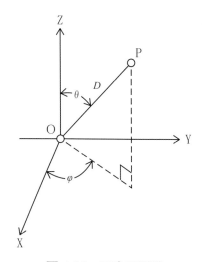

図 4.32　三次元測量

4.5.1　トータルステーションによる三次元測量

　O 点にトータルステーション、P 点に反射鏡を据え付け、各器械高をそれぞれ h_1、
h_2 とし、トータルステーションから反射鏡までの斜距離を D、天頂角を θ および方向
角を φ とすると、P 点の三次元座標 (X, Y, Z) は次式より算出され、式（4.51）がトー
タルステーションおよび地上レーザスキャナにおける三次元座標算出の一般式とな
り、後処理で必要な座標系に変換される。

$$
\left.\begin{array}{l}
X = X_0 + D\sin\theta\cos\varphi \\
Y = Y_0 + D\sin\theta\sin\varphi \\
Z = Z_0 + D\cos\theta + h_1 - h_2
\end{array}\right\} \tag{4.51}
$$

ここに、$(X_0,\ Y_0,\ Z_0)$ は O 点の三次元座標

なお、反射鏡を使用しないノンプリズム型トータルステーションではレーザ光が当たっている点の三次元座標を求めているため $h_2=0$ となる。また、トータルステーションによる三次元測量では反射鏡を使用するため、一度に多くの点の三次元測量を行うことは出来ないが、ノンプリズム型トータルステーションでは反射鏡を使用しないため多くの点の非接触三次元測量が可能となる。

4.5.2　地上レーザスキャナによる三次元測量

地上レーザスキャナはノンプリズム型トータルステーションと同じく測距と測角の機能を持ち、さらに三脚の上に設置された本体は水平方向に回転しながら、内蔵された回転ポリゴンミラー等で上下方向に1秒間に数万点におよぶレーザ光を広範囲に照射させ、各レーザ光に対する斜距離、天頂角および方向角を同時に取得する機能を持っているため短時間に数千万点（これを点群と呼ぶ）におよぶ高密度な面的三次元測量を可能とした測量機器である。

なお、地上レーザスキャナには器械高自動補正機能を有するものもあるが、簡易的に望遠鏡中心を原点とする場合には三次元座標は式（4.51）の第2項のみで算出される。また、地上レーザスキャナでは三次元座標の他、反射強度、反射率および内蔵あるいは外付けカメラにより色情報（R，G，B）も取得される。

図4.33　地上レーザスキャナ

4.5.3　飛行時間差方式の原理

地上レーザスキャナによる距離測定も位相差方式と飛行時間差方式があるが、ここでは長距離測定が可能な飛行時間差方式（ToF：Time of Flight 方式）について解説する。

飛行時間差方式の原理は発射したレーザ光が物体に反射して戻ってくるまでの時間 t により対象区間の斜距離 D を算出するもので、その基本式は次式となる。

$$D=\left(\frac{c}{2}\right)t \tag{4.52}$$

ここに、c：光の速度

　式（4.52）より光の速度を $3×10^8$m/s として 1mm の精度で距離測定を行う場合には 6.7ps（ピコ秒 $=10^{-12}$ 秒）の精度で時間を計測する必要があり、これを実現させるためには特殊な機材が必要となるため、多くの測量機器メーカでは独自の手法でこの問題を解決している。

　たとえば、**図 4.34** に示すように変形された矩形波パルスを発射させ、注目パルスが物体に反射して戻ってくるまでの時間 t により対象区間の斜距離 D が式（4.52）により算出されるが、これは注目パルスが物体に反射して戻ってくるまでの間に発射されたパルス数を知ることと同値である。したがって、測距精度はパルス幅に比例し、一般的な地上レーザスキャナでは数 ns（ナノ秒 $=10^{-9}$ 秒）のパルス幅が使用されている。しかし、パルス幅を 1ns としても精度は 15cm であるため、実用的には位相差方式の併用等で時間分解能を上げ数 mm 程度の精度を達成している。

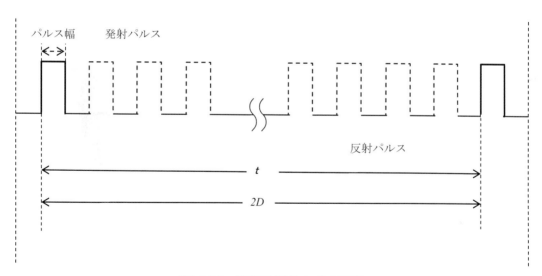

図 4.34　飛行時間差方式の原理

4.5.4　地上レーザスキャナにおける誤差

　地上レーザスキャナにより測定される測距の誤差としてはレーザ光の拡がり、気象および植生に起因する誤差があり、これらのうち植生による誤差以外は距離に比例する誤差である。しかし、地上レーザスキャナを用いた三次元測量では目的に応じて観測条件が異なるため、ここではまず地形測量における誤差を解説した後、点群測量における誤差について解説する。

（ⅰ）地形測量における誤差

　地上レーザスキャナを用いた地形測量においては計画段階で植生の影響は取り除かれるため、ここではレーザ光の拡がりに起因する誤差を考える。

　図 4.35 に示すように地上レーザスキャナを用いて平坦地に対して測量を

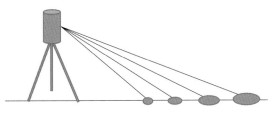

図 4.35　放射方向の観測点間隔とスポット径

行う場合、レーザ光の間隔は器械点から遠くなるほど広がり、スポット径の形状（この形状をフットプリントと呼ぶ）も楕円状に変化していく。すなわち、観測点間隔が大きくなればスポットで覆われる範囲が広くなり誤差が大きくなるため“地上レーザスキャナを用いた公共測量マニュアル（案）”では地上レーザスキャナを用いて地形測量を行う場合には下記の条件が満たされることとされている。なお、地物観測の場合は観測点間隔かスポット長径のいずれかが満たされているものとされている。

表 4.9　地図情報レベルと放射方向の観測点間隔

地図情報レベル	地形	地物	
	放射方向の観測点間隔（mm）	放射方向の観測点間隔（mm）	放射方向のスポット長径（FWHM）（mm）
250	330	25	50
500	330	50	100

（a）放射方向の観測点間隔と計測範囲

　図 4.36 は地上レーザスキャナにおける観測状況である。図において、α を入射角、β を最小観測角度、H を器械高とすると、$(n+1)$ 番目と n 番目とのレーザ光に対する観測点間隔 P_r は図より、

$$P_r = L_1 - L_2 \qquad (a)$$

であり、L_1、L_2 はそれぞれ、

$$L_1 = \frac{H}{\tan(\alpha - \beta)}, \quad L_2 = \frac{H}{\tan\alpha} \qquad (b)$$

となるので、次式と表せる。

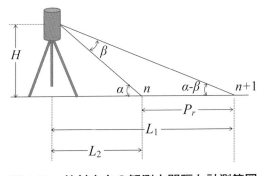

図 4.36　放射方向の観測点間隔と計測範囲

$$P_r = H \left\{ \frac{1}{\tan(\alpha - \beta)} - \frac{1}{\tan \alpha} \right\} \tag{4.53}$$

式（4.53）において、β を 0.0004rad、H を 1.5m とすると、放射方向の観測間隔 330mm を満たす入射角は 0.0135rad となり、地上レーザスキャナ直下からの計測範囲（L_1）は約 111m となる。しかし、地上レーザスキャナの運用基準に定められている入射角 1.5°以上を考慮すると最大計測範囲は約 57m となる。

同様に、地物の観測条件においても入射角を 1.5°とした場合、放射方向の観測点間隔 25mm、50mm に相当する最大計測範囲はそれぞれ 30.6m および 43.3m となる。

（b）放射方向のスポット長径と計測範囲

図 4.37 において、α を入射角、γ をレーザ光拡がり角の半角、d をビーム径とすると、平坦地に対するスポット長径 D_l は図より、

$$D_l = S_1 - S_2 + d' \tag{a}$$

ここに、$d' = d/\sin \alpha$

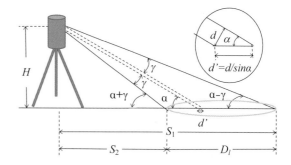

図 4.37 放射方向のスポット長径と計測範囲

であり、器械高を H とすれば S_1、S_2 は、

$$S_1 = \frac{H}{\tan(\alpha - \gamma)} , \quad S_2 = \frac{H}{\tan(\alpha + \gamma)} \tag{b}$$

となるので、次式と表せる。

$$D_l = H \left\{ \frac{1}{\tan(\alpha - \gamma)} - \frac{1}{\tan(\alpha + \gamma)} \right\} + d' \tag{4.54}$$

ところで、レーザ光の照射分布がガウス分布に従うものとすると、スポット長径（D_l）と半値全幅（FWHM：Full Width at Half Maximum）との間には、

$$D_l = 1.699 \times D_{FWHM} \tag{c}$$

ここに、D_{FWHM}：半値全幅

の関係があり、半値全幅に相当するスポット幅をレーザ光の有効幅とするものである。そこで、半値全幅の考えを導入し、γ を 0.000175rad（レーザ光拡がり角の半角）、d を 7mm、H を 1.5m とすると半値全幅 50mm、100mm に対する入射角 α は 7.465°および 4.582°となり、地上レーザスキャナ直下からの最大計測範囲はそれぞれ 11.4m および 18.7m となる。なお、これらの値は計測対象範囲が平坦地とした場合である。

(c) 気象補正

　地上レーザスキャナの場合もレーザ光は大気中を進むので測定距離は光波測距儀と同様に気象（気温、気圧、湿度）の影響を受け、標準状態に対して気温（℃）、気圧（hPa）、水蒸気圧（hPa）の差をそれぞれ $\varDelta t$、$\varDelta P$、$\varDelta e$ とすると、測定距離 D に対する補正量 $\varDelta D$ は以下の近似式で与えられる（詳しくは 4.1.8 光波測距儀における誤差を参照）。

$$\varDelta D \fallingdotseq (1.0\varDelta t - 0.3\varDelta P + 0.04\varDelta e) \times D \times 10^{-6} \tag{4.55}$$

　式（4.55）より、気温の差が測距精度に及ぼす影響が一番大きく、標準状態に対して気温 1℃ の差は測定距離 D に対して 1ppm（$=10^{-6}$）の誤差を発生させ、同様に気圧 10hPa の差は -3ppm の誤差を発生することになり、測定距離を 100m とした場合、これらの誤差はそれぞれ 0.1mm および -0.3mm となる。しかし、一般的な地上レーザスキャナの精度は数 mm であることを考慮すると極端な気象条件を除く測定においては気象補正による精度向上は期待されない。なお、点群測量における気象補正も同様である。

（ⅱ）点群測量における誤差

　ここでは災害地、建設現場等に対して地上レーザスキャナを用いた点群測量における誤差について述べる。点群測量においてもレーザ光の拡がり、気象および植生に起因する誤差を考慮する必要があるが、点群測量においては広範囲を測量するためレーザ光の拡がりおよびスポットをよぎる樹木・草木あるいは人工物等の影響が誤差要因となる。

(a) スポット長径と精度

　地上レーザスキャナから発射されたレーザ光のスポットは距離に比例して拡がり、レーザ光が物体から反射する場合、物体表面の斜度や形状等により反射光は必ずしもビーム中心からのものとはならず、またレーザ光が照射している範囲（スポット径の内部）において反射点を特定出来ないため、反射強度からでは誤差の評価は困難となる。

　ところで、地上レーザスキャナにおいては距離が長くなると放射方向のスポット長径が大きくなり精度低下の要因となり、また入射角が小さくなると放射方向のスポット長径は大きくなり誤差も大きくなる。言い換えれば、レーザの放射方向のスポット長径が小さい場合はスポット長径が大きい場合よりも精度が高いと言える。そこで、ここでは放射方向のスポット長径の半分の大きさを誤差評価指標（精度）として持ち込み、点群測量における誤差について解説する。

　点群測量における計測対象域では平坦地が少なく、地上レーザスキャナは計測対象

に対してなるべく正対して設置されること、および計測対象域の地形の傾斜角は入射角と同じく傾斜角が小さくなれば放射方向のスポット長径が大きくなることを考慮して、ここでは入射角に代わり傾斜角を用いて説明する。

図4.38は地上レーザスキャナの正面に垂直に立つ構造物を徐々に傾けた場合における距離・傾斜角と放射方向のスポット長径との関係を示したものである。

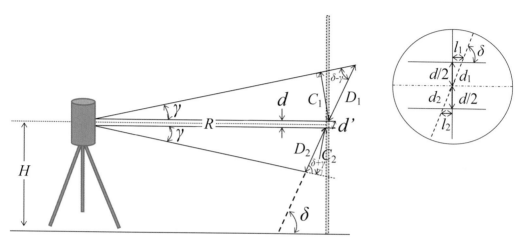

図4.38　傾斜角と放射方向のスポット長径

図において、Rを距離、δを傾斜角、γをレーザ光拡がり角の半角、dをビーム径とすると、傾斜地に対するスポット長径D_rは図より、

$$D_r = D_1 + D_2 + d' \tag{a}$$

また、

$$D_1 = \frac{C_1}{\sin(\delta - \gamma)} , \quad D_2 = \frac{C_2}{\sin(\delta + \gamma)} , \quad d_1 = d_2 = (d/2)/\sin\delta \tag{b}$$

ここに、$C_1 = (R + l_1)\sin\gamma,\ C_2 = (R - l_2)\sin\gamma,\ l_1 = l_2 = (d/2)\cot\delta$

となるので、次式と表せる。

$$D_r = \sin\gamma \left\{ \frac{(R + l_1)}{\sin(\delta - \gamma)} + \frac{(R - l_2)}{\sin(\delta + \gamma)} \right\} + d' \tag{4.56}$$

ここに、$d' = d_1 + d_2$

ここで、スポット長径（D_r）に対する半値全幅の半分の値（$= D_{FWHM}/2$）で精度を表すものとして、γを0.000175rad（レーザ光拡がり角の半角）、dを7mmとして距離と傾斜角に対する精度を算出した結果が**図4.39**である。

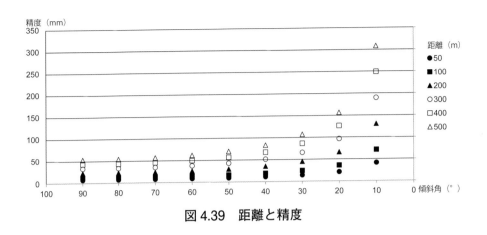

図4.39　距離と精度

　図より、傾斜角が小さくなるにつれて精度低下が見られるが、傾斜角90°の時の精度はZ座標に対するものとなる。また、この値はレーザ光拡がり角が微小であるため同一距離の場合は傾斜角に関わらずほぼ一定となるため、精度低下は放射方向に対するX座標の精度低下に起因することとなる。さらに、ある距離 R において傾斜角90°に対するZ座標の精度を σ_Z、同じ距離の傾斜角 δ に対するX座標の精度を σ_x とすると、精度は σ_Z と σ_x の各二乗の平方和にほぼ等しくなる。したがって、図より精度と σ_Z を見積もることにより距離 R および傾斜角 δ に対する平面精度（ここでは X 座標に対する精度）が予測される。ただし、ここでの結果は傾斜角を傾けた場合であり、目標精度は測量の目的、地形状況、使用機器に合わせて計画されるべきである。

（b）フィルタリング

　地上レーザスキャナから発射されたレーザ光は距離に比例してスポット径が大きくなり、樹木・草木あるいは人工物等の一部がスポット径をよぎる場合、そこからの反射信号も記録されるため、これらの影響が誤差要因となる。したがって、地上レーザスキャナを用いた点群測量においてはフィルタリング処理により目的とする信号のみを抽出する必要がある。

　図4.40は発射されたレーザ光が発射後時間 t_1、t_2、t_3 において樹木の葉あるいは枝の一部がスポット径をよ

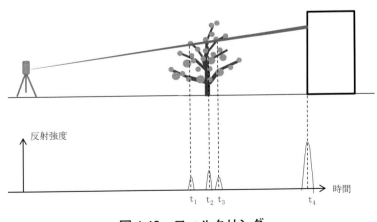

図4.40　フィルタリング

ぎり、時間 t_4 において測定対象物に到達した場合である。したがって、ここで必要な情報は時間 t_4 に対するデータであるので、時間 $t_1 \sim t_3$ に対応する信号はフィルタリング処理により除去されなければならない。現在多くの機器においては反射信号に対する時間情報以外に反射強度も記録し、反射強度分布に対するリアルタイムな波形解析あるいは後処理によりフィルタリング処理が行われている。

1 ）春日屋伸昌：測量学Ⅰ、朝倉書店、1978
2 ）中村英夫、清水英範：測量学、技報堂書店、2000
3 ）（公社）日本測量協会：公共測量作業規程の準則、2016
4 ）（公社）日本測量協会：公共測量作業規程の準則—解説と運用—、2016
5 ）（社）日本測量機器工業会：最新測量機器便覧、山海堂、2003
6 ）近津博文：倍角差および観測差の統計学的考察、土木学会論文集、第336号、pp 133-138, 1983
7 ）近津博文：求心誤差が測定値に及ぼす影響について、土木学会論文集、第332号、pp159-162, 1983
8 ）福本武明　他：エース測量学、朝倉出版、2003
9 ）ペンタックス測量機図書編集委員会：よくわかるトータルステーション—理論からシステム応用—、山海堂、1990
10）森　忠治：測量学1　基礎編、丸善、2001
11）現代測量学出版委員会：現代測量学・第3巻、日本測量協会、1982
12）地上レーザスキャナを用いた公共測量マニュアル（案）、
　　https://psgsv2.gsi.go.jp/koukyou/public/tls/doc/tls_manual_20180316.pdf、2019

第5章
GNSS 測量

5.1　GNSS の概説

5.1.1　GNSS とは

　GNSS（Global Navigation Satellite System）とは各国が開発運用している衛星測位システムの総称であり、全地球測位システムと呼ばれている。GNSS には**表**5.1 に示すようにアメリカ合衆国の GPS、ロシアの GLONASS、欧州連合の Galileo、中国の BeiDou、日本の準天頂衛星システム QZSS（Quasi-Zenith Satellite System）等がある。

表 5.1　GNSS を構成する各国の衛星測位システム

開発国	名称	運用機数*
アメリカ合衆国	GPS	31 機
ロシア	GLONASS	24 機
欧州連合	Galileo	22 機
中国	BeiDou	33 機
日本	準天頂衛星システム QZSS	4 機
インド	NAVIC	7 機

＊ 2019 年 5 月時点

　代表的な衛星測位システムは最初に開発運用されたアメリカ合衆国の GPS であり、従来、GPS 衛星からの電波を受信して測位する GPS 受信機が用いられてきたが、近年では複数の衛星測位システムの衛星から電波を受信して測位する GNSS 受信機が普及してきた。

5.1.2　GNSS による測位の種類

　GNSS による測位方式には GNSS 受信機を 1 台用いる単独測位と GNSS 受信機を 2 台以上用いて誤差を取り除く相対測位がある。各種測位方式を**表**5.2 に示す。

　単独測位は GNSS の基本的な測位方法であり、衛星電波に乗っている信号（コード）を使って衛星から受信機までの距離を算出し、衛星の位置情報をもとに受信機の三次元位置をリアルタイムに計算する方法である。測位精度は 10m 程度であるが、単独コード測位の機構は簡単で受信機も安価であり、カーナビゲーション等で幅広く利用されている。一方、近年は搬送波位相を用いてセンチメートル級の測位精度を実現する精密単独測位 PPP（Precise Point Positioning）と呼ばれる方式も開発されている。

表 5.2　GNSS による測位の種類

距離測定法 / 測位名称		コード	搬送波位相
GNSS測位	単独測位	単独測位	
			精密単独測位　PPP
	相対測位	ディファレンシャル測位	
			スタティック測位
			キネマティック測位 └リアルタイムキネマティック測位 RTK 　└ネットワーク型 RTK 測位

　相対測位とは 2 台の GNSS 受信機を用いて 2 点間の相対的な位置関係（基線ベクトル）を求めるものである。この方式は電離層や対流圏の影響による電波の遅延を含めた各種の誤差が打ち消しあうため、高精度に測位できる。相対測位のうちディファレンシャル測位は単独コード測位受信機を 2 台用いる。1 台は位置座標が既知の点に設置し、基準局として衛星電波を受信して測位誤差を観測する。その誤差を補正値として他の 1 台の受信機（移動局）に送信する。移動局の受信機では補正値によって測位精度を向上させるという方式である。測位精度は数十 cm〜数 m になる。

　搬送波位相測位は衛星からの電波（搬送波）の位相（波数）を測って高精度に基線ベクトルを計算する方式であり、搬送波位相受信機は搬送波位相の検出と波数の積算機能を有す特殊な受信機である。基線ベクトルの測定精度は基線長に対して数 ppm であり、極めて高精度である。搬送波位相測位には測定点に受信機を固定して測るスタティック測位と短時間に移動しながら測るキネマティック測位とがある。これらは観測後に後処理で基線計算をして測位結果を出力する方式であるが、キネマティック測位のうち即時に結果を出力する方式をリアルタイムキネマティック（Real time Kinematic: RTK）測位と呼ぶ。さらに RTK 測位には電子基準点網を利用したネットワーク型 RTK 測位がある。

5.1.3　GNSS による測量

　GNSS による測位方式のうち、測量に用いられるのは搬送波位相測位方式である。GNSS による測量を GNSS 測量と呼ぶ。従来は GPS 測量と呼ばれてきたが、GNSS の開発と GNSS 受信機の普及を受け近年では GNSS 測量と呼ぶようになった。国土交

通省公共測量作業規程の準則では平成 23 年の一部改正時に GPS 測量から GNSS 測量へ用語が変更になった。

5.1.4 本書における GNSS 及び GNSS 測量の説明

GNSS は複数の衛星測位システムの総称であり、GNSS 及び GNSS 測量を説明するためには各衛星測位システムと測量方法をそれぞれ説明する必要がある。しかし、それでは記述が煩雑になりかえって理解を妨げる恐れがある。そこで本書では GNSS の内容説明では GPS を衛星測位システムの代表として説明することとする。また、GNSS 測量についても GPS による測量方法を中心に説明する。公共測量における各衛星測位システムの使用法については国土交通省公共測量作業規程の準則及び関連のマニュアル類に示されている。

また、GNSS のうちわが国が開発運用を進めている準天頂衛星システム QZSS については 5.6 で概要を述べる。

5.2 GPS の概説
5.2.1 GPS の概要

GPS（Global Positioning System）は全地球測位システムあるいは汎地球測位システムと呼ばれる人工衛星を用いた測位システムである。地球を周回する衛星から送られてくる電波を地上の受信機で受信することにより、衛星から受信機までの距離を算出し、同時に衛星から送られてくる衛星の位置情報をもとに受信機の三次元位置（緯度、経度、高さ）を計算するシステムである。

GPS はアメリカ合衆国により 1970 年代に開発が始まり、1993 年に正式に運用開始が宣言された。本来、軍事用に開発されたシステムであるが、民間用にも利用が開放されていて現在ではカーナビゲーションや携帯電話等で多数のユーザーに利用されている。人工衛星からの電波が届くところであれば利用できる時間に制限はなく、GPS 受信機さえ用意すれば無料で利用できる。

GPS による基本的な測位方法は 1 台の GPS 受信機でその位置を測る単独測位と呼ばれる方法であるが、その精度は 10m 程度しかなく測量用途には不足する。しかし、2 台以上の GPS 受信機で単独測位とは別の方法で電波を受信・処理すれば、GPS 受信機間の基線ベクトルを数 ppm の精度で求めることができる。この方法を搬送波位相測位と呼び、測量に用いられる。

5.2.2 システムの概要

GPS は **図 5.1** に示すように宇宙部分、制御部分、利用者部分の 3 部から構成される。

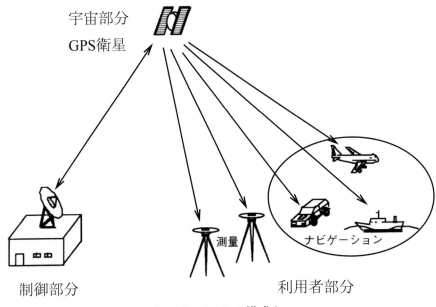

宇宙部分
GPS衛星

制御部分　　　　　　　　　　　利用者部分

測量　　　ナビゲーション

図 5.1　GPS の構成[1]

（1）宇宙部分

　宇宙部分とは GPS 衛星のことで
あり、予備を含めて 24 個以上の衛
星で構成される（**図 5.2**）。衛星の
軌道面は 6 面あり、各軌道面に 4 個
ずつ衛星が配備されている。軌道面
と赤道面がなす角度（軌道傾斜角）
は 55° である。衛星軌道は円軌道で
あり、軌道半径は約 26,561km、約
11 時間 58 分 2 秒の周期で地球を周
回している。GPS 衛星はルビジウ
ム（Rb）やセシウム（Cs）を用い
た原子時計を搭載しており、極めて
正確な周期で電波と信号を地上に向
けて送信している。GPS 衛星の主
な諸元を**表 5.3** に示す。

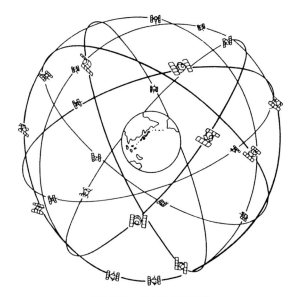

図 5.2　GPS 衛星群

（2）制御部分

　GPS 衛星の運航状況をモニタリングし、制御するための地上施設のことである。
アメリカ合衆国のコロラドスプリングスに主管制局があり、世界各地に 4 局の追跡局

表 5.3　GPS 衛星の主な諸元

衛星個数	24 個（4 個×6 軌道面）
軌道半径	約 26,561km
周回周期	約 11 時間 58 分 2 秒
軌道傾斜角	55°
搭載原子時計	セシウム、ルビジウム

がある。これらの施設では衛星の軌道追跡と衛星上の原子時計の誤差チェックを行い、これにもとづいて衛星軌道の修正を行う。また、軌道追跡によって得られた最新の軌道情報と原子時計の補正データを定期的に更新し衛星から航法メッセージとして送信する。

（3）利用者部分

GPS 受信機のことであり、GPS 電波を受信するアンテナと測位計算を行う受信機本体とで構成される。アンテナと受信機が一体化した装置となっているタイプとアンテナと受信機が切り離されてその間をケーブルで結ぶタイプとがある。GPS 受信機には大きく分類すると単独測位用受信機と搬送波位相測位用受信機とがある。前者は受信機 1 台で測位する方式で測位精度は 10m 程度であるので、自動車や船舶のナビゲーションに用いられる。後者は受信機を 2 台以上用いて受信機間の基線を測定する方式であり、基線測定に数 ppm の精度が得られるため測地と測量に利用される。

5.2.3　電波信号と情報

（1）GPS の電波と信号

GPS 衛星から送信される電波は L1 波（中心周波数：1,575.42MHz）、L2 波（中心周波数：1,227.6MHz）という 2 種類の搬送波である。これらの搬送波に乗せて受信機から衛星までの距離を測るため 2 種類のデジタル信号が変調して送信されている。これらは C/A コード（Clear and Acquisition）、P コード（Precision）と呼ばれる。

これらのコードは不規則な 0 と 1 の系列であり、1 周期毎に同じパターンを繰り返す。これをコードパターンと呼び衛星毎に異なるパターンで信号を送信しているため、受信機では衛星毎に電波信号を識別できるようになっている。C/A コードは繰り返し周期が 1 ms（10^{-3}s）であり、繰り返し波長は約 300km である。P コードの繰り返し周期は 1 週間である。C/A コードは民間に利用が開放されているが、L1 波にしか乗っていない。一方、P コードは L1 波、L2 波の両方に乗っていて、従来は民間に非公開であったが、現在は公開されている。しかし、実際には再び秘匿操作がなされ、

P コードは Y コードと呼ばれる信号に変換されていてアメリカ合衆国の軍関係者のみが利用可能である。なお、2005 年以降に打ち上げられた衛星からは、L2波の民間用信号L2C が送信されている。また、2009 年以降に打ち上げられた衛星からはL5 波（中心周波数：1176.45MHz）の民間用信号が送信されている。

　さらにL1 波、L2 波には航法メッセージ（navigation message）と呼ばれるデータがC/A コードに重畳されて送信されている。内容は衛星軌道情報や衛星時計の補正情報等のデータである。**表 5.4** に GPS の電波と信号について、**図 5.3** に L1 波と C/A コードおよび航法メッセージについてまとめる。

表 5.4　GPS の電波と信号

搬送波	L1 波（1,575.42MHz）	L2 波（1,227.6MHz）
変調信号	C/A コード、P（Y）コード	P（Y）コード
情　報	航法メッセージ	

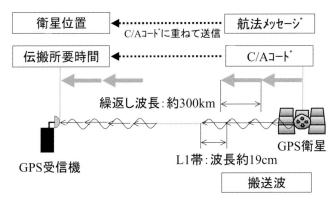

図 5.3　GPS の電波と信号（L1 波と C/A コード）

(2)　航法メッセージ

　航法メッセージは GPS 受信機で衛星位置を計算するためのデータ等を含んでいる。ビット率 50bps、全ビット数 1,500 ビットを主フレーム（main frame）とするデータであり、25 個の主フレームがマスターフレームを構成している。マスターフレームは繰り返し送信されていて、航法メッセージを全て読むにはマスターフレームが一巡する 12.5 分の受信時間が必要である。

　航法メッセージに含まれる主な内容は次の通りである。

①軌道情報

　任意の時刻における GPS 衛星の位置を利用者が計算するための情報であり、ケプラーの軌道要素のパラメータで構成される。各衛星の軌道は地上の追跡局によって常

時モニタリングされていて、軌道情報は定期的に更新されて衛星から送信されている。衛星毎の詳細な軌道情報をエフェメリス（ephemeris）、全衛星の概略の軌道情報をアルマナック（almanac）と呼ぶ。

②衛星時計補正パラメータ

　衛星時計はルビジウムやセシウムという原子時計であり極めて安定度が高いが、ドリフトなどの若干の誤差を持つ。地上の追跡局では全ての衛星の軌道と時計を監視しており、衛星時計の誤差を補正するデータを生成している。この補正データが衛星から航法メッセージとして送信され、受信機では補正データを用いて衛星時計の時刻を補正している。衛星時計補正パラメータは航法メッセージの中では 30 秒ごとに繰り返し放送されている。

③電離層補正データ

　衛星からの電波が電離層を通過する際の遅延量を推定するモデルを用いて計算された補正データが放送されており、受信機で遅延量を補正する。

④ GPS 時

　衛星上の原子時計が刻む時刻を GPS 時（GPS time）という。1980 年 1 月 6 日 0 時 UTC（Universal Time Coordinate：協定世界時）を同じ日の 0 時 GPS 時としてスタートしている。GPS 時は UTC で行う閏秒の挿入を行わないため年によって整数秒の差が生じる。2019 年現在、GPS 時は UTC より正確に 18 秒進んでいる。航法メッセージでは GPS 週番号と GPS 時で時刻を放送している。GPS 週番号は 1980 年 1 月 6 日の週を第 0 週として開始した週番号である。一方、GPS 時は週初めからの経過時間で表される。

【演習 5.1】
　（1）GPS 衛星から送信される電波と信号についてまとめよ。
　（2）航法メッセージによって送信される情報の内容を述べよ。

5.3　GPS 測位
5.3.1　単独測位
（1）基本原理

　1 台の GPS 受信機を用いて複数の衛星からの電波を受信することにより観測点の位置を 10m 程度の精度で求める基本的な測位を単独測位という。GPS 受信機から位置が既知である複数の衛星までの距離を計測して、衛星位置を中心として観測距離を半径とする複数の球面の交点として観測点の位置を求める方法である。単独測位の概略の仕組みを次に示す。

　まず、GPS 衛星の任意の時刻における位置は、航法メッセージに含まれる衛星軌道情報を用いて受信機内で即座に計算される。

　次に、受信機から衛星までの距離は衛星からの受信機までの電波の伝搬時間を観測し、それに光速度を乗じて求める。衛星からは L1 波に乗せて**図 5.4** のような C/A コードと呼ばれる信号が送られている。この信号は衛星毎に異なるコードパターンを持ち、1 ms 毎に同じパターンを繰り返している。一方、GPS 受信機では受信しようとする衛星のコードパターンでコードを 1ms 毎に発生させている（レプリカという）。受信機に入ってきた衛星のコードと受信機内で生成したコードを比較することにより、受信した衛星のコードの遅れを検出する。この遅れの時間が衛星電波の伝搬時間となる。

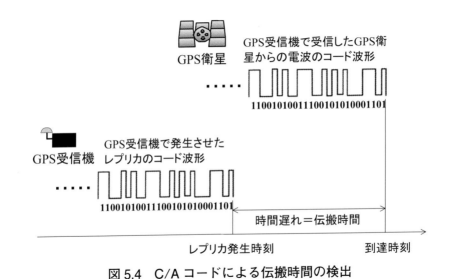

図 5.4　C/A コードによる伝搬時間の検出

　ここで問題となるのは衛星と受信機でのコード発生タイミングの精度である。衛星電波のコード発信のタイミングと受信機でのコード生成のタイミングが精確に合っていれば観測された伝搬時間に誤差は含まれない。GPS 衛星の電波発射のタイミングは安定度の非常に高い原子時計によって制御されている。したがって、もし受信機にも同様に高精度な原子時計を用いれば伝搬時間に誤差は含まれない。しかし、実際には受信機に原子時計を搭載することは困難であるため、受信機では安定度の劣る水晶時計を用いている。水晶時計にもとづくコード生成時刻は精確でないため、伝搬時間にも無視できない誤差が含まれ、その伝搬時間に光速度を掛けて求まる観測距離にも誤差が含まれる。そこで、この観測距離のことを元来誤差を持っていて概略値であるという意味で擬似距離（Pseudo Range）という。

　したがって、もし観測距離に誤差がなければ 3 個の衛星の位置とそれらの衛星から

受信機までの観測距離を用いて受信機の位置は確定するはずである。しかし、観測距離（擬似距離）は大きな誤差を含み、3個の衛星からの距離計測では精確な位置が求まらない（**図5.5 左**）。

そこで、この受信機の時計誤差に起因する距離誤差は各衛星に対して同じであるという性質を使って、この時計誤差自体を未知数として扱い、位置の未知数と合わせて4個の未知数を解くこととする。そのためには最低4個の衛星から距離を求めればよい。そうすれば、受信機の位置と受信機時計誤差を同時に求めることができる（**図5.5 右**）。

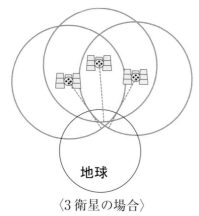 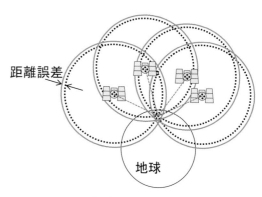

〈3衛星の場合〉

受信機時計誤差による距離誤差のため、3つの球面は1点で交わらず、受信機位置は決らない

〈4衛星の場合〉

受信機時計誤差による距離誤差を修正して4つの球面は1点で交わり受信機位置を決定できる

図5.5 観測距離の補正と受信機位置決定

（2）測位計算

図5.6 に示すように衛星 i の三次元座標を (X_i, Y_i, Z_i)、受信機の三次元座標を (x, y, z) とする。なお、GPSで用いる座標系は地球重心を原点とするWGS84（World Geodetic System 1984）と呼ばれる三次元直交座標系である。受信機と各衛星との擬似距離を r_i、真の距離を ρ_i、光速度を c、受信機時計の誤差（進み）を δ_R とすると

$$r_i = \rho_i + c\delta_R = \{(X_i-x)^2 + (Y_i-y)^2 + (Z_i-z)^2\}^{1/2} + s \tag{5.1}$$

ただし、

$$s = c\delta_R \tag{5.2}$$

であり、各衛星への観測距離に関して共通である。測位を行うためには式（5.1）を解けばよい。式（5.1）には未知数が受信機の位置 x、y、z と受信機時計誤差 δ_R による測距誤差 s の4個の未知数が含まれているため、4個の関係式を与えなければ解け

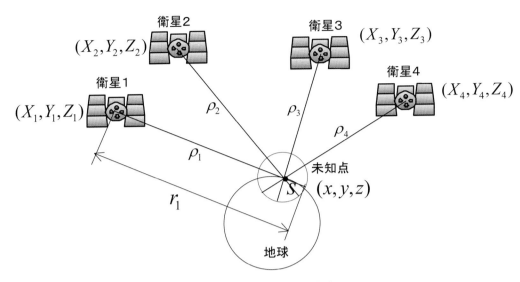

図 5.6　単独測位の原理

ない。したがって、最低でも 4 個の衛星からの信号を受信しなければならない。

　式（5.1）は未知数に対して線形でないのでこのままでは解くことができない。そこで、未知数を近似値と補正値の和で表し補正値について展開し、二次以上の項を無視して線形化する。その結果得られる連立一次方程式を解いて補正値を求め、その補正値を近似値に加えることによって新たな近似値を設定して再度計算を行い、必要な精度に収束するまで繰り返すという方法がとられる。

　いま、x, y, z, s の近似値を x', y', z', s'、補正値を $\Delta x, \Delta y, \Delta z, \Delta s$ とする。すなわち、

$$x = x' + \Delta x, \quad y = y' + \Delta y, \quad z = z' + \Delta z, \quad s = s' + \Delta s \tag{5.3}$$

である。式（5.3）を式（5.1）に代入して近似値の x', y', z', s' の周りでテーラー展開をすると

$$r_i = r'_i + (\partial r_i / \partial x)\Delta x + (\partial r_i / \partial y)\Delta y + (\partial r_i / \partial z_i)\Delta z + \Delta s \tag{5.4}$$

ただし、r'_i は距離の近似値であり、

$$r'_i = \left\{ (X_i - x')^2 + (Y_i - y')^2 + (Z_i - z')^2 \right\}^{1/2} + s' \tag{5.5}$$

ここで、

$$\partial r_i / \partial x = -(X_i - x') / \left\{ (X_i - x')^2 + (Y_i - y')^2 + (Z_i - z')^2 \right\}^{1/2}$$

$$\partial r_i / \partial y = -(Y_i - y') / \left\{ (X_i - x')^2 + (Y_i - y')^2 + (Z_i - z')^2 \right\}^{1/2} \tag{5.6}$$

$$\partial r_i / \partial z = -(Z_i - z') / \{(X_i - x')^2 + (Y_i - y')^2 + (Z_i - z')^2\}^{1/2}$$

であり、それぞれ受信機から X 方向、Y 方向、Z 方向への方向余弦となっている。$\alpha_i = \partial r_i / \partial x$、$\beta_i = \partial r_i / \partial y$、$\gamma_i = \partial r_i / \partial z$、$\Delta r_i = r_i - r_i'$ とおくと式（5.4）から、

$$\Delta r_i = \alpha_i \Delta x + \beta_i \Delta y + \gamma_i \Delta z + \Delta s \tag{5.7}$$

式（5.7）を 4 個の衛星に対して適用すると次のマトリックスで表現される。

$$R = AX \tag{5.8}$$

ただし、

$$A = \begin{bmatrix} \alpha_1 & \beta_1 & \gamma_1 & 1 \\ \alpha_2 & \beta_2 & \gamma_2 & 1 \\ \alpha_3 & \beta_3 & \gamma_3 & 1 \\ \alpha_4 & \beta_4 & \gamma_4 & 1 \end{bmatrix}, \quad X = \begin{bmatrix} \Delta x \\ \Delta y \\ \Delta z \\ \Delta s \end{bmatrix}, \quad R = \begin{bmatrix} \Delta r_1 \\ \Delta r_2 \\ \Delta r_3 \\ \Delta r_4 \end{bmatrix} \tag{5.9}$$

よって、

$$X = A^{-1}R \tag{5.10}$$

から補正値を計算することができる。あとは補正値を近似値に加えることによって新たな近似値を設定して再度計算を行い、必要な精度に収束するまで繰り返す。

なお、衛星数が 5 個以上の場合は式（5.8）が残差をもつので最小二乗法を適用し、

$$X = (A^T A)^{-1} A^T R \tag{5.11}$$

として求めることができる。ただし、多くの受信機では 5 個以上の衛星を受信できる場合は、最も精度の良い 4 個の衛星の組合せを自動で選んで測位計算を行っている。

(3) 衛星配置と測位精度

GPS の測位精度は衛星の幾何的配置によって影響を受ける。これは地上測量における基準点網の形状が精度に及ぼす影響と同じ関係である。測位に使う 4 衛星が天空においてほとんど同じ場所に集まってしまったような場合には精度が著しく劣化する。

測位計算に使用する 4 個の衛星の幾何学的配置が測位精度に及ぼす影響を示す指標として、精度低下率 DOP（Dilution of Precision）がある。DOP は x、y、z、s の誤差が相互に独立としたときの総合誤差であり、測位計算に誤差伝播の法則を適用することで導かれる。

式（5.10）に誤差伝播の法則を適用すると、X の分散は

$$\mathrm{Cov}(X) = A^{-1}\mathrm{Cov}(R)(A^{-1})^T \tag{5.12}$$

　各衛星の擬似距離に一定の誤差 σ_0 があって、それらが相互に無相関であるとき、式 (5.12) は

$$\mathrm{Cov}(X) = \sigma_0{}^2 A^{-1}(A^{-1})^T = \sigma_0{}^2(A^T A)^{-1} \tag{5.13}$$

となる。このとき、

$$(A^T A)^{-1} = \begin{bmatrix} \sigma_x{}^2 & \sigma_{xy} & \sigma_{xz} & \sigma_{xs} \\ \sigma_{yx} & \sigma_y{}^2 & \sigma_{yx} & \sigma_{ys} \\ \sigma_{zx} & \sigma_{zy} & \sigma_z{}^2 & \sigma_{zs} \\ \sigma_{sx} & \sigma_{sy} & \sigma_{sz} & \sigma_s{}^2 \end{bmatrix} \tag{5.14}$$

となり、この行列の要素を用いて GDOP（Geometrical Dilution of Precision：幾何学的精度劣化率）が次式で定義される。

$$\mathrm{GDOP} = \{\mathrm{TRACE}(A^T A)^{-1}\}^{1/2} = \{\sigma_x{}^2 + \sigma_y{}^2 + \sigma_z{}^2 + \sigma_s{}^2\}^{1/2} \tag{5.15}$$

同様に、位置精度劣化率 PDOP（Position DOP）、水平精度劣化率 HDOP（Horizontal DOP）、垂直精度劣化率 VDOP（Vertical DOP）、時刻精度劣化率 TDOP（Time DOP）は以下のように定義される。

$$\mathrm{PDOP} = \{\sigma_x{}^2 + \sigma_y{}^2 + \sigma_z{}^2\}^{1/2}、\mathrm{HDOP} = \{\sigma_x{}^2 + \sigma_y{}^2\}^{1/2}、\mathrm{VDOP} = \sigma_z、\mathrm{TDOP} = \sigma_s$$

　式 (5.9) の計画行列 A において、α_i、β_i、γ_i は観測地点から衛星方向への視線の方向余弦であるから、DOP はこれらの方向余弦を用いて定義されることがわかる。

　また、式 (5.13) から DOP は受信機から衛星までの擬似距離測定の誤差が、測位結果に何倍になって現れるかを表す指標であることが示される。三次元位置精度、水平位置精度、垂直位置精度はそれぞれ $\sigma_0 \cdot$ PDOP、$\sigma_0 \cdot$ HDOP、$\sigma_0 \cdot$ VDOP で計算される。

5.3.2　ディファレンシャル測位

(1) 測位の誤差要因

　GPS による単独測位では**図 5.7** および**表 5.5** に示すように衛星、伝搬経路、受信機に関する誤差を含む。以前はアメリカ合衆国の安全保障のために意図的に衛星時計のタイミングをずらす操作（SA: Selective Availability：選択利用性と呼ばれる）が、民間利用の単独測位の場合には精度を 30～100m に劣化させていた。これが最も大きな誤差要因を占めていたが、2000 年 5 月 2 日に解除されている。

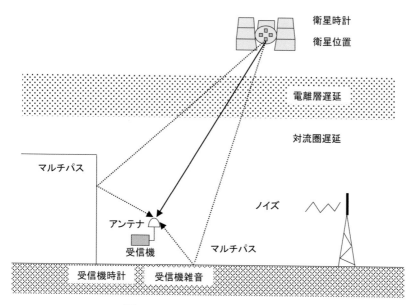

図 5.7　GPS 測位の誤差要因

表 5.5　GPS 測位の主な誤差要因

誤　差　要　因		測距誤差（rms）
衛星関連	衛星時計	〜2 m
	衛星位置（軌道情報）	〜2 m
伝搬関連	電離層遅延	2〜10 m
	対流圏遅延	2〜3 m
受信機関連	マルチパス	1〜5 m
	受信機雑音	0.25〜5 m

①衛星に関する誤差要因
・衛星時計の誤差：衛星時計誤差は時計のわずかな揺れ（ドリフト）に起因するが、航法メッセージに含まれる補正係数を用いて大部分が消去される。
・衛星軌道の誤差：衛星軌道は航法メッセージに含まれるエフェメリスの 16 個の軌道係数で記述され、受信機ではこの係数により衛星位置を計算する。エフェメリスは地上の追跡局の観測データにもとづいて定期的に更新されるが、衛星軌道は太陽や月の引力、太陽光の輻射圧などの外力により揺れが生じるため、エフェメリス更新までの間に誤差が発生する。

②電波の伝搬経路に関する誤差要因

- 電波の電離層遅延：電離層とは地上60kmから1000kmの高度にある非常に希薄な大気が太陽からの紫外線、X線によって電離した状態になっている層をいう。信号（コード）が電離層を通過する際には遅延が生じるが、遅延量は伝搬経路の総電子数に比例し、太陽活動の状態や季節、時刻（昼、夜）にも依存する。電離層遅延量は航法メッセージに含まれる補正係数を用いて大部分が消去される。なお、電離層ではコードは遅延するが、搬送波は逆にコードの遅延量と同じ量だけ早く進むことになる。

- 電波の対流圏遅延：対流圏にある大気中を電波が通過する際には、乾燥空気と水蒸気が伝搬速度に影響を与え遅延が生じる。なお、対流圏では搬送波もコードと同様に遅延する。

③受信機に関する誤差要因

- 電波のマルチパス干渉：衛星から送信された電波が二つ以上の経路を通って受信機（アンテナ）に到達する現象をマルチパスという。受信機周辺の建物や地表からの反射波を受信してしまうことから発生する。

- 受信機雑音：単独測位用受信機では測距誤差に換算して0.25m～0.5m（rms）のレベルである。なお、受信機時計の誤差は単独測位の計算過程で消去される。

(2) 相対測位

　単独測位では先に説明した誤差要因を除去することは難しく、より高精度の測位結果を得ようとする場合には2台のGPS受信機による相対測位が用いられる。1台のGPS受信機は位置が正確にわかっている既知点上に設置し、他の1台は測定する点上に設置する。この2台が地上で数十kmの範囲内にあれば、衛星からの電波の電離層遅延や対流圏遅延は両地点でほぼ同じと見なされる。したがって、両方の受信機で同時に観測することにより電離層遅延、対流圏遅延という伝搬経路に関する誤差はほぼ相殺することができる。しかし、受信機関連のマルチパス、受信機雑音は消去できない。

　相対測位には単独測位を組合せたディファレンシャル測位と呼ばれる方式と、電波の搬送波を測る搬送波位相測位と呼ばれる方式とがある。

(3) ディファレンシャル測位

　予めその位置座標が正確に測定された基準点において単独測位によって測位した結果と基準点座標との差は、電離層遅延、対流圏遅延の影響による誤差と考えられる。基準点においた基準局はその差を補正値として送信し、測定点にある移動局はその補正値で測位値を補正して共通誤差を取り除く方式である。補正情報を無線等で送信することによりリアルタイムな測位が可能である。

ディファレンシャル測位における補正値の送信は、前述の座標差を補正値として送り移動局で単純に観測座標値から補正値を差し引く方式と、各衛星からの距離観測値（擬似距離）の補正値を送って移動局で再計算する方式とがある。現在ディファレンシャル方式として実際に行われているのは後者の方式である（図5.8）。

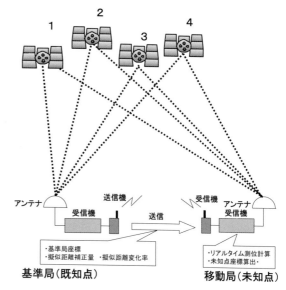

図5.8　ディファレンシャル測位

ディファレンシャル方式は比較的簡単に測位精度を0.5m～2m程度に向上させることができるので、簡便な調査や船舶・車両のナビゲーションに使われている。

5.3.3　搬送波位相測位

（1）位相測定

　搬送波位相測位はディファレンシャル測位と同じく相対測位であるが、大きく異なるのは、搬送波位相測位では衛星からの搬送波の波の数（波数）を測る点である。搬送波はサイン波形を有し、位相角を度やラジアンによって表すが、搬送波位相測位では位相角を波数で表し、単位としてサイクルを用いる。度、ラジアンと波数の単位であるサイクルは図5.9のように対応している。搬送波位相測位用受信機は次の機能を有している。

①搬送波位相の検出機能

　L1波の波長は約19cmであるが、搬送波位相測位用受信機は波長の100分の1、距離にして2mmの分解能で位相角を検出できる。しかし、ある瞬間に検出できるのは0から2πまでの位相角、すなわち、波数の小数部の値である。

②位相（波数）の積算機能

　測定開始時から任意の時刻までの

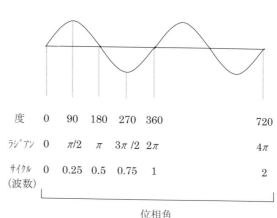

図5.9　搬送波位相の表し方

衛星と受信機間の波数の変化分を積算することができる。一旦測定が始まれば小数部分での繰り上がりや繰り下がりを数えることで、整数部でどれだけ波数が変化したかを知ることができる。すなわち、地球上の受信機と衛星との距離は時々刻々絶えず変化している。したがって、地上の受信機ではドップラー効果を受けて周波数が変化した搬送波を受信している。この周波数が変化した搬送波からドップラー信号のみを取り出し、このドップラー信号の位相をある一定時間積分することによって、受信機と衛星間の波数の変化量を計測するのである。

　搬送波位相測位用受信機の機能の概念図を図 5.10 に示す。単独測位用受信機は観測時刻毎の瞬間値が観測量であったが、搬送波位相測位用受信機ではある時刻からある時刻までの変化分、すなわち積算値が観測量であることに注意する必要がある。搬送波位相測位の基本的なデータ処理では、ある程度の時間、衛星電波を観測して積算値データを多数揃えて解析する手法がとられる。

　一方、位相積算値には受信機時計の誤差と衛星時計の誤差が含まれている。搬送波位相測位用受信機では衛星からの搬送波を再生して受信機時計のタイミングに合わせて位相角を測定している。したがって、観測した位相角には受信機時計の誤差が含まれている。また、衛星からの搬送波到達のタイミングには衛星時計の誤差が含まれている。誤差の大きさは数 ns（10^{-9}s）であり、電波の進む距離に直すと 1 m 前後の誤差に相当する。単独測位では衛星時計の誤差は無視できたが、搬送波位相測位では誤差

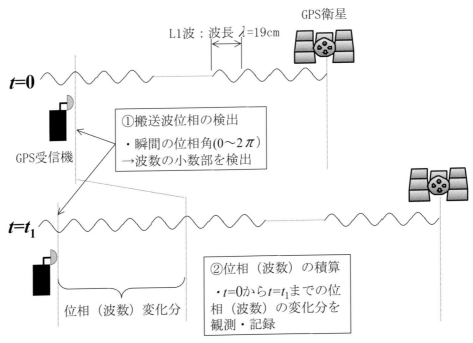

図 5.10　搬送波位相の検出と位相（波数）積算

として扱わねばならない。

(2) 距離測定と整数値バイアス

衛星から受信機までの距離は波数に波長を乗じて求める。受信機が最初に波を受信したとき、それが連続波のどの部分であるか波数の小数部はわかるが、この瞬間に衛星から受信機までの全体の波のうち観測した波数小数部を除いた整数部の波数は不明である。すなわち、最初の受信時（$t=0$）では

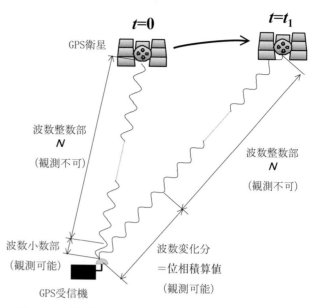

図5.11　搬送波位相測位用受信機による波数測定

観測距離＝（波数の整数部分＋波数の小数部）×波長

であり、続けて受信すると、波数の変化分は測定できるので時刻 $t=t_1$ では

観測距離＝（最初の波数の整数部＋波数変化分）×波長

となる（**図5.11**）。

波数の変化分は受信機で観測される位相積算値であり、衛星が受信機から遠ざかるときは位相積算値は増加し、近づくときは積算値は減少する。また、時間経過後も最初の波数の整数部分は未知のままで同じ値であり、これを整数値バイアスという。観測距離から真の距離を求めるには、観測距離から時計誤差による距離誤差を引けばよい。

真の距離＝（整数値バイアス＋位相積算値）×波長
　　　　－（受信機時計誤差＋衛星時計誤差）×光速度

(3) 差分観測による時計誤差の消去

搬送波位相測位では受信機時計誤差、衛星時計誤差を消去するために、距離の差分をとる操作を行う。そのために受信機2台、衛星2個の組合せを基本に考える。既知点に設置した受信機Aの座標を (X_A, Y_A, Z_A)、未知点の設置した受信機Bの座標を (X_B, Y_B, Z_B) として受信機Bの座標を求めることを考える。

いま、時刻 $t=t_1$ における衛星 i、受信機 j 間の真の距離 $\rho(i;j)$ は、整数値バイアス $N(i;j)$、位相積算値 $\Phi(i;j)$、波長 λ、受信機時計誤差 δ_j、衛星時計誤差 δ^i、光速度 c とすると、(2) での議論から次のようになる。

$$\rho(i;j) = \{N(i;j) + \Phi(i;j)\}\lambda - c\delta_j - c\delta^i \tag{5.16}$$

一方、$\rho(i\,;\,j)$ は衛星と受信機の座標から次の式で表すことができる。

$$\rho(i\,;\,j) = \{(X_j - X_i)^2 + (Y_j - Y_i)^2 + (Z_j - Z_i)^2\}^{1/2} \tag{5.17}$$

なお、任意の時刻における衛星 1 および衛星 2 の座標 $(X_1,\,Y_1,\,Z_1)$、$(X_2,\,Y_2,\,Z_2)$ は航法メッセージの軌道情報から計算できる。

式 (5.16) から衛星 1、受信機 B との距離から衛星 1、受信機 A との距離の差をとると衛星時計の誤差の項が消える。この距離の差を行路差と呼ぶ。

$$\rho(1\,;\,B) - \rho(1\,;\,A) = \{N(1\,;\,B) - N(1\,;\,A)\}\lambda + \{\Phi(1\,;\,B) - \Phi(1\,;\,A)\}\lambda - c(\delta_B - \delta_A)$$
$$\tag{5.18}$$

このとき、位相積算値の差を受信機間一重位相差という（**図 5.12**）。

同様に衛星 2、受信機 B との距離から衛星 2、受信機 A との距離の差をとり、その結果を式 (5.18) から引くと受信機時計の誤差の項が消える。このとき、位相積算値の差の項を二重位相差という（**図 5.13**）。

$$\rho(2\,;\,B) - \rho(2\,;\,A) - \rho(1\,;\,B) + \rho(1\,;\,A)$$
$$= \{N(2\,;\,B) - N(2\,;\,A) - N(1\,;\,B) + N(1\,;\,A)\}\lambda$$
$$+ \{\Phi(2\,;\,B) - \Phi(2\,;\,A) - \Phi(1\,;\,B) + \Phi(1\,;\,A)\}\lambda \tag{5.19}$$

式 (5.19) は行路差の差であり、受信機時計の誤差と衛星時計の誤差の項を消去した式となっている。

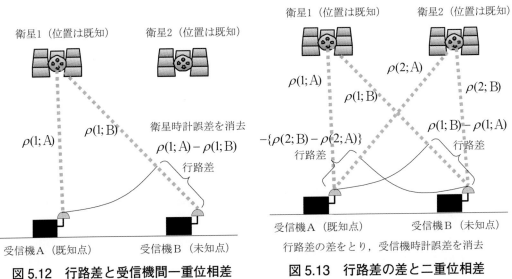

図 5.12　行路差と受信機間一重位相差　　図 5.13　行路差の差と二重位相差

(4) 二重位相差による未知点座標の計算

　式（5.19）をみると左辺は $\rho(1；A)$、$\rho(2；A)$ は既知であり、未知数は、$\rho(2；B)$、$\rho(1；B)$ の項に含まれる受信機 B の三次元座標の X_2、Y_2、Z_2 の 3 個となる。一方、右辺は整数値バイアスの項と位相積算値の項である。整数値バイアスの項は別途計算すると、位相積算値の項は観測値であり既知である。したがって、式（5.19）には 3 個の未知数が含まれている。3 個の未知数を解くためには、式（5.19）で示される二重位相差の方程式を 3 個以上つくる必要がある。観測する衛星数を n とすると線形独立な二重位相差の式は $n-1$ 個となる。よって、3 個の未知数を解くためには 4 個以上の衛星から電波を受信する必要がある。これは単独測位で必要とする衛星数と一致する（**図5.14**）。未知点座標の計算は複数の時刻での観測値から二重位相差を計算し最小二乗法で求める。二重位相差を求めるには両方の受信機で同時に同じ衛星を観測することが必要である。

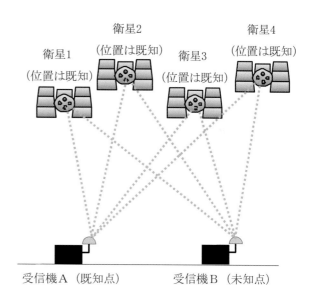

図 5.14　未知点座標の測定方法

(5) 整数値バイアスの推定と解の検証

　整数値バイアスの値は全くの未知というわけではなく、ディファレンシャル測位による観測距離からある程度絞り込まれる。ディファレンシャル測位による観測距離は精度 0.5m 程度で求めることができる。L1 波の 1 波長は約 0.19m であるから、整数値バイアスの候補はディファレンシャル測位の観測距離から求まる N に対してたとえば ±3 の範囲に絞り込まれる。その組合せ毎に式（5.19）を最小二乗法によって計算し、残差が最小となる組合せをバイアスの組合せとして決定する。その際、推定したバイアス値に対して統計的な検証を行う。検証結果が良好であればバイアスは整数値として確定するが、良好でなければバイアスは実数値となる。

　整数値バイアスの組合せが確定すれば、式（5.19）から受信機 B の三次元座標が計算される。バイアス値が整数値として確定した場合の解を厳密解（フィックス解）と呼び、バイアス値が実数値のままの場合の解を非厳密解（フロート解）と呼ぶ。フロート解となるのは観測時間が短い（観測データセットが少ない）場合や衛星電波の受信が頻繁に中断した場合など、観測条件が十分でなかったことに起因する。フィックス

解の精度は5mm〜20mm程度であるが、フロート解の精度は十cm〜数mになる。測量の実務ではフィックス解のみを用いる。

(6) 行路差と基線ベクトル

　干渉測位の原理は行路差と基線ベクトルとの関係からも説明できる。受信機Aから受信機Bへの基線ベクトルをD、受信機Aから衛星方向への単位ベクトルをiとすると行路差PD（Path Difference）は、

$$PD = D \cdot i + 0(D \cdot i) \quad (5.20)$$

で表される（**図5.15**）。$0(D \cdot i)$ は衛星までの距離が有限であるために受信機Aからの衛星方向と受信機Bからの衛星方向がわずかに異なるための補正項であり、基線距離が短い場合はほとんど0に近い。基線ベクトルDは、

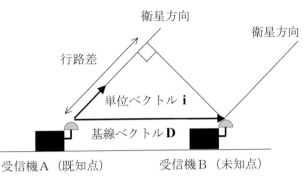

図5.15　行路差と基線ベクトルの関係

$$D = (X_B - X_A, Y_B - Y_A, Z_B - Z_A) \quad (5.21)$$

であり、単位ベクトルiは受信機Aから衛星方向への方向余弦の3成分をベクトル成分とするものであるので（式（5.7）参照）、衛星iへの単位ベクトルを

$$i = (\alpha_i, \beta_i, \gamma_i) \quad (5.22)$$

とすると、

$$D \cdot i = (X_B - X_A)\alpha_i + (Y_B - Y_A)\beta_i + (Z_B - Z_A)\gamma_i \quad (5.23)$$

である。一方、行路差PDは式（5.18）から計算される観測量であり、受信機時計の誤差を含む。したがって、式（5.20）から基線ベクトルDの3成分を求めるには行路差同士の差分をとって受信機時計誤差を消去しなければならない。そのために4個以上の衛星観測が必要となる。

5.3.4　搬送波位相測位の種類と特徴

　搬送波位相測位には次に示す三つの種類がある。

(1) スタティック測位

　三次元座標が既知の点と未知の点に受信機を固定して衛星電波の受信と記録を行い、既知点と未知点で同時に取得した搬送波位相積算値データを用いて後処理で測位

計算を行う方式である。通常は 30 秒あるいは 15 秒毎に位相積算値を記録して観測終了後に既知点、未知点の観測データをパソコンに転送して、データ取得時毎に観測衛星の三次元座標計算と二重位相差の計算を行う。そして、式（5.19）から最小二乗法により測位計算を行い未知点の座標を計算する。なお、受信機でのデータ取得時をエポックと呼び、データ取得間隔をエポック間隔という。

整数値バイアスの推定は、衛星の移動を利用して行う。**図 5.16** に示すように整数値バイアスの組み合わせ毎の未知点座標の候補は、L1 波の波長 19cm 毎の立体格子点でイメージされる。真の未知点座標は衛星が移動しても動かない（不動点）という性質を使って、整数値バイアス組み合わせと未知点座標の決定を行う。この方式では衛星が十分移動する必要があり、通常 60 分程度の衛星観測をとる。長時間の観測データが平均化されるため、測位精度は最も高い。基線計測精度は L1 波、L2 波を受信する 2 周波受信機の場合、5 mm＋1 ppm・D（D は基線長）である。なお、観測衛星数が 5 個以上の場合、観測時間を 20 分程度として行う高速（短縮）スタティック方式もある。

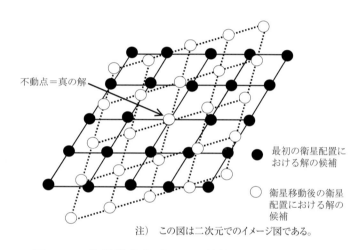

不動点＝真の解

● 最初の衛星配置における解の候補

○ 衛星移動後の衛星配置における解の候補

注）　この図は二次元でのイメージ図である。

図 5.16　衛星移動を利用した整数値バイアスの探索

（2）キネマティック測位

既知点に基準局の受信機を固定し、利用者の受信機は移動局として移動しながら順次位相積算値データを取得し、後処理で基準局と移動局のデータを用いて測位計算を行う方式である。基線計測精度は L1 波、L2 波を受信する 2 周波受信機の場合、20mm＋2 ppm・D である。

整数値バイアスの推定はスタティック測位のような長時間の観測を要する衛星の移動を利用する方法はとれないため、移動局が既知点から出発する方法とアンテナスワップと呼ばれる方法とがある。このうち、既知点から出発する方法は、式（5.19）において二重位相差の項は観測データから計算され、距離の項は衛星の位置、受信機の位置が既知であるから計算される。よって整数値バイアスの項は式（5.19）から値が決定することになり、以降は整数値バイアスの組合せの値を固定して処理すればよい。

（3）リアルタイムキネマティック測位

RTK（Real time Kinematic）と呼ばれる実時間でキネマティック測位を行う方式である（図5.17）。基準局はその観測した位相積算値データを通信システムを介して移動局へ伝送する。移動局ではそのデータを利用し、リアルタイムに移動局の搬送波位相測位計算を行い結果を出力する。

RTKの開発当初は、整数値バイアスの決定（初期化）は既知点に静止して行う必要

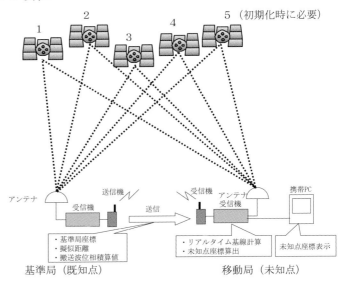

図5.17　リアルタイムキネマティック測位のシステム構成

があったが、オンザフライ法という技術が開発されてからは移動しながら初期化することが可能になった。

表5.6に搬送波位相測位の各種方式の比較を示す。

（4）オンザフライ法

オンザフライ（OTF：on the fly）とは、移動局のいかなる運動形態（静止、移動）にも対応できるという意味であり、任意の場所で移動しながらでも短時間で整数値バイアスを解く方法の総称である。高速バイアス決定技術ともいわれる。RTKの初期化方法（整数値バイアスの推定）として一般化している。

OTFでは最小二乗法を用いて整数値バイアスを推定する際、スタティック測位のように長時間の衛星観測によってエポック数を多くとるわけにはいかないため、観測

表5.6　搬送波位相測位の各種方式の比較

項目 ＼ 方式	スタティック測位	キネマティック測位	リアルタイムキネマティック測位
処理方式	後処理	後処理	実時間処理
観測時間	20分〜数時間	1秒（標準）	1秒（標準）
受信機種別	1周波受信機 2周波受信機	1周波受信機 2周波受信機	2周波受信機
基線計測精度	5mm＋1ppm・D	20mm＋2ppm・D	20mm＋2ppm・D
整数値バイアス決定方法 （初期化方法）	衛星移動利用	既知点法 アンテナスワップ法	既知点法 オンザフライ法

する衛星数を増やして処理を行う。すなわち、数エポックのデータでも最小二乗法による処理ができるように最低でも5衛星以上を観測する必要がある。

　一方、整数値バイアスを短時間に決定するには整数値バイアスの組合せの探索空間をなるべく小さく絞り込む必要がある。L1波（波長約19cm）とL2波（波長約24cm）の位相差をとって生成されるワイドレーン（波長約86cm）を用いれば、整数値バイアスの組合せ数を絞込み、探索時間を劇的に削減できる。この場合、ワイドレーンをつくるにはL1波、L2波の電波を受信できる2周波受信機でなければならない。

【演習 5.2】
(1) 単独測位を行うには4個以上のGPS衛星から電波を受信することが必要な理由を述べよ。
(2) GPS測位の誤差要因についてまとめよ。
(3) 整数値バイアスとは何か説明せよ。
(4) 二重位相差とは何か説明せよ。

5.4　GNSS 測量

5.4.1　GNSS 測量とは

　GNSSによる測位方式のうち、搬送波位相測位方式を用いた測量をGNSS測量という。**図 5.18** に示すように基準点（既知点）から計測点（未知点）までの基線ベクト

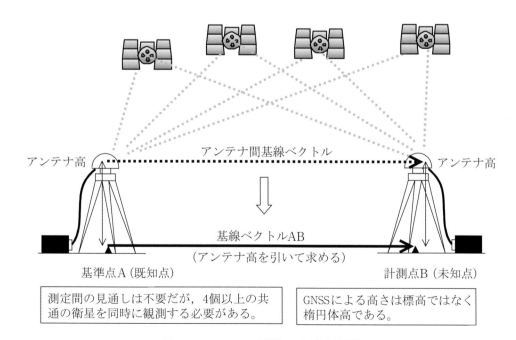

図 5.18　GNSS 測量の方法と特徴

ルを求めることが基本となる。GNSS 測量にはスタティック測位による基準点測量やキネマティック測位による応用測量などがある。従来の光学測量方式と比較したときの GNSS 測量の特徴を以下に示す。

①光学測量で角度や距離の観測を行う場合、測点間の視通が必要であるが、GNSS 測量では測点間の視通は必要ない。ただし、測点上に設置する受信機では共通の衛星を 4 個以上観測する必要がある。

②光学測量では観測が天候に左右されるが、GNSS 測量では天候にはほとんど左右されない。ただし、衛星が運動しているため時間帯や観測地点の周辺地形や障害物の状況によって観測可能衛星数が 4 個以下になる場合は観測不能となる。

③光学測量と GNSS 測量では高さの基準が異なる。光学測量ではジオイド面からの高さである標高を用いるが、GNSS 測量で得られる高さは準拠楕円体からの高さである楕円体高である。

5.4.2　測地系

(1) 座標系と楕円体

　GNSS のうち、GPS は WGS84 という座標系と楕円体を基準としている。WGS84 座標系は地球重心を原点とした三次元直交座標系であり、地球の自転軸方向を Z 軸、グリニジ基準子午線と赤道が交わる方向を X 軸、これらと右手系をなすように Y 軸をとる（**図 5.19**）。衛星や受信機の位置はこの座標系（X, Y, Z）で記述される。三次元座標は WGS84 楕円体を準拠楕円体として緯度、経度、楕円体高に換算される。なお、WGS84 楕円体の赤道半径と逆扁平率は**表 5.7** に示すとおりである。

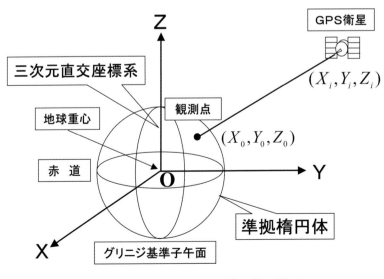

図 5.19　WGS84 座標系と楕円体

表 5.7　主な楕円体の定数

楕円体	赤道半径（m）	逆扁平率
WGS84	6,378,137	298.257223563
GRS80	6,378,137	298.257222101
ベッセル	6,377,397,155	299.1528128

　わが国では改正測量法の施行前は、明治時代に当時の東京天文台の緯度・経度が天文観測によって決定され、日本経緯度原点となった。楕円体としてはベッセル楕円体を使用していた。この測地系を「日本測地系」と呼んでいる。平成 13 年 6 月 20 日に測量法が改正され、平成 14 年 4 月 1 日から世界測地系 ITRF94（International Terrestrial Reference Frame 1994）と GRS80（Geodetic Reference System）楕円体が採用され、公共的な測量成果は全てこの座標系に準拠する。GPS で使用する WGS84 座標系と WGS84 楕円体は ITRF94 座標系と GRS80 楕円体と各々実用上ほぼ同じと考えて良い。

（2）高さの基準

　GNSS による測位によって最初に出力される位置座標は地球重心を原点とする三次元直交座標系での座標（X, Y, Z）であり、その値を WGS84 楕円体上の緯度、経度、高さに変換している。したがって、GNSS から得られる高さは WGS84 楕円体面からの高さであり、楕円体高である。一方、水準測量で得られる高さである標高はジオイド（geoid）面を基準とする高さである。ジオイドとは地球重力の等ポテンシャル面のうち平均海面に一致するものである。ジオイド面はこの楕円体面とは一致しない。楕円体からジオイドまでの高さをジオイド高という。GNSS で観測した高さ（楕円体高）は従来の水準測量（標高）とは一致せず、ジオイド高を補正する必要がある。楕円体高と標高、ジオイド高の関係（図 5.20）は次の式で表される。

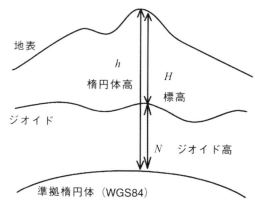

図 5.20　標高とジオイド高、楕円体高の関係

$$h = H + N \tag{5.24}$$

　h：楕円体高、H：標高、N：ジオイド高

なお、日本国内における任意の位置におけるジオイド高は国土地理院によって整備

されたジオイドモデルによって推定できる。

5.4.3　基線解析

（1）基線解析の手順

　図 5.18 の観測において、基準点 A と未知点 B の GNSS 受信機は同時に各衛星の電波を観測し、一定間隔の時刻毎に搬送波位相積算値、擬似距離の記録を行う。記録時刻をエポックといい、エポック間隔は 30 秒や 15 秒が標準とされる。また、航法メッセージの読み取り・記録を行う。

　基線計算は受信機 A、B の観測データをパソコンを取り込んで行うが、概略の手順は図 5.21 に示すとおりである。使用する観測データは各観測点での搬送波位相積算データ、擬似距離データ、航法メッセージである。

　まず、航法メッセージに含まれる衛星軌道情報から、エポック毎の各衛星位置を計算する。エポック間隔が 30 秒のとき、60 分の観測であれば 121 個のエポックに対して衛星の位置が計算される。

　次に基準点の座標を設定する。正確な基準点位置がわかっていれば座標値を入力する。そうでない場合は計算された衛星位置と受信機からの擬似距離とを使って単独測位の方法で概略位置を計算し、仮の基準点座標とする。

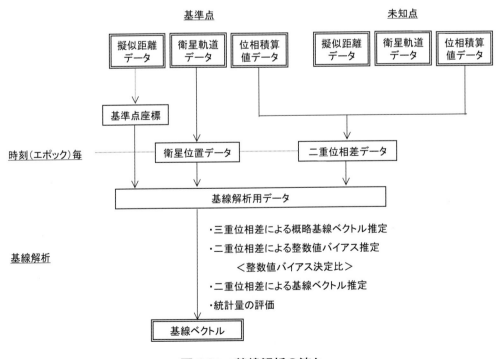

図 5.21　基線解析の流れ

　搬送波位相積算データには、障害物等による電波の瞬断により値が整数分ずれて記録される場合がある。これをサイクルスリップと呼ぶ。このずれは整数であるという性質を使って修正を行う。これをサイクルスリップ編集という。

　基線ベクトルの両端にあたる基準点 A と未知点 B とで、観測時刻毎に衛星同士の搬送波位相データの差（一重位相差）を作り、次に受信機同士の差（二重位相差）を作って受信機時計誤差と衛星時計誤差を消去した観測量を生成する。

　数エポックおきの二重位相差の差から三重位相差を求め、衛星位置データから最小二乗法により概略の基線ベクトルを計算する。この概略の基線ベクトルを近似値として、二重位相差による整数値バイアスの推定と基線ベクトルの計算を最小二乗法により行う。このとき、バイアス値は実数値である。

　次に 5.2.4 に示した方法を用いてバイアス値を整数で推定する。その際には後述する整数値バイアス決定比を用いる。そして、バイアス値をこの整数値に固定した場合の基線ベクトルを再び最小二乗法で計算する。

　最後に計算された基線ベクトルと衛星位置をもとに理論的な二重位相差の観測値をつくり、その理論的観測値と実際の観測値の残差を計算して、分散共分散、標準偏差などの統計量を計算する。これらの統計量を評価して基線ベクトル解を決定する。

(2) 整数値バイアス決定比

　整数値バイアスの組合せ候補の中から正しい組合せを選んだがどうかの信頼性を示す指標であり、レシオ（ratio）という数字で示される。整数値バイアスの組合せをいくつか仮定して正しい組合せを選ぶ際、これらの組合せ毎に基線ベクトルを最小二乗法で計算し事後分散を求め、最も値が小さい場合の組合せを選んでいる。バイアス決定比はこの最小の事後分散に対して 2 番目に小さい事後分散の比であり、

　バイアス決定比＝2 番目に小さい事後分散 / 最小の事後分散

で与えられる。組合せの信頼度が高いほどこの値は大きくなり、信頼度が低くなると 1 に近づく。

　バイアス決定比が標準値（一般には 2～3 以上）より十分大きい場合は正しい組合せであると判定する。この場合、基線解はフィックス解となる。一方、バイアス決定比が標準値よりも小さい場合は、正しい組合せになっていない可能性もあると判定され、バイアス値は実数のままである。このとき、基線解はフロート解と呼ばれ測量結果としては採用しない。

5.4.4　三次元網平均計算

　基線解析によって求められた基線ベクトルから新点の位置を決定するために、基線ベクトルを観測値と見なして誤差の調整計算を行うことを三次元網平均計算という。

GNSS 測量における三次元網平均計算は使用する既知点のうち、1 点を固定する仮定三次元網平均計算と既知点を 2 点以上固定する三次元網平均計算とがある。

(1) 観測方程式

基線解析の結果求められた三次元直交座標系における点 i から点 j への基線ベクトルを (X_{ij}, Y_{ij}, Z_{ij}) とすると、点 i および点 j の座標を (X_i, Y_i, Z_i)、(X_j, Y_j, Z_j) を未知数とする観測方程式は残差を (v_X, v_Y, v_Z) として次のように表せる[4]。

$$\begin{bmatrix} v_X \\ v_Y \\ v_Z \end{bmatrix} = \begin{bmatrix} X_j \\ Y_j \\ Z_j \end{bmatrix} - \begin{bmatrix} X_i \\ Y_i \\ Z_i \end{bmatrix} - \begin{bmatrix} X_{ij} \\ Y_{ij} \\ Z_{ij} \end{bmatrix} = \begin{bmatrix} -1 & 0 & 0 & 1 & 0 & 0 \\ 0 & -1 & 0 & 0 & 1 & 0 \\ 0 & 0 & -1 & 0 & 0 & 1 \end{bmatrix} \begin{bmatrix} X_i \\ Y_i \\ Z_i \\ X_j \\ Y_j \\ Z_j \end{bmatrix} - \begin{bmatrix} X_{ij} \\ Y_{ij} \\ Z_{ij} \end{bmatrix} \tag{5.25}$$

式 (5.25) は未知数が 6 個に対して方程式は 3 個であるので、最小二乗法による網平均計算を行うには未知数 3 個を既知とする、すなわち、最低 1 点の座標を既知とすることが必要である。

一方、基線ベクトルは基線解析において最小二乗法で推定されているので、その精度を表す分散共分散行列 Σ が求められている。そこで、観測方程式の重み行列は P = Σ^{-1} 与えられる。ただし、公共測量作業規程では重み行列を別途定数として与えても良いとしている。

(2) 仮定三次元網平均計算

仮定三次元網平均計算は、既知点のうち 1 点を基準点として固定して行う三次元網平均計算であり、次の点検を行うことができる。

①観測された基線ベクトルのみから構成される測量網となるので、基線ベクトルの測定精度を点検することができる。

②固定した既知点以外の既知点は新点として扱われるので、もしそれらの座標値に異常があれば検出できる。

③基準点と各点との楕円体比高を求めることができる。しかし、各点の標高はこの段階では求まらない。

(3) 三次元網平均計算

仮定三次元網平均計算により基線ベクトルの精度、既知点座標の異常などを点検した後、既知点 2 点以上を固定して行う三次元網平均計算であり、新点の標高決定を行う (**図 5.22**)。新点の標高決定は公共測量作業規程では次のいずれかの方法を用いる。

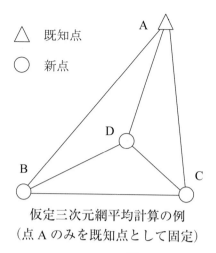

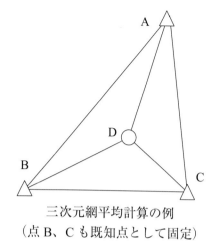

仮定三次元網平均計算の例	三次元網平均計算の例
（点 A のみを既知点として固定）	（点 B、C も既知点として固定）

図 5.22　三次元網平均計算の網の例

①国土地理院が提供する最新のジオイドモデルにより標高を決定する。

② GNSS 観測と水準測量により局所ジオイドモデルを求め、標高を決定する。

①は任意の地点におけるジオイド高を内挿計算により推定することができるモデルであり、既知点については標高にジオイド高を加えることにより楕円体高を求めることができる。三次元網平均計算を行うと新点の楕円体高が算出され、ジオイドモデルから計算される新点のジオイド高を補正することにより標高を求めることができる。

②は標高既知間点で GNSS 観測を行えば、その間の楕円体高差と標高差からジオイド比高が求まることから、いくつかの標高既知点間のジオイド比高を求め、局所的なジオイドモデルを作成する方法である。このモデルから適当な内挿法により新点のジオイド比高を求め、網平均計算結果の楕円体高に補正すれば新点の標高を算出できる。

5.4.5　地殻変動の影響補正

日本列島は周辺で 4 つのプレートが衝突しているため定常的な地殻変動が発生しており、1 年間で 10cm 程度の速さ（人の髪の毛が伸びる程度の速さ）で動いている。それに伴い基準点の位置も動くが、それに合わせて座標値が変ると時期が異なる測量が整合しなくなる。そこで、基準点の座標値は元期（げんき：特定の時期）の値に統一することにより整合を保っている。元期以降に観測した時点を今期（こんき）と呼び得られた座標は、今期座標と呼ばれる。元期は測地成果 2011 の基準日であり、基準日は次のように地域ごとに異なる。

1.　2011 年 5 月 24 日が基準日の地域

青森県、岩手県、宮城県、秋田県、山形県、福島県、茨城県、栃木県、群馬県、埼玉県、千葉県、東京都（島しょを除く。）、神奈川県、新潟県、富山県、石川県、福井

県、山梨県、長野県及び岐阜県

2. 1997年1月1日が基準日の地域

　上記以外の地域

　なお、**図5.23**は元期（測地成果2011の基準日）から2019年1月1日までの水平方向の累積変動量を示している。

　今期座標から元期座標への変換をセミ・ダイナミック補正という。セミ・ダイナミック補正は、広域の地殻変動を補正し、測量成果と整合の取れた位置情報を共有できる仕組みであり、**図5.24**に示す手順で行う。補正のためのパラメータは、5.5.3で述べる電子基準点で観測された全国の地殻変動量から計算され、国土地理院から提供される。

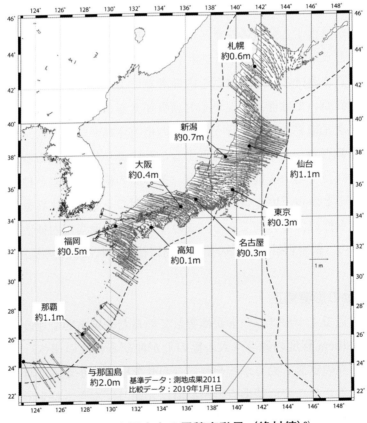

図5.23　水平方向の累積変動量（絶対値）[9]

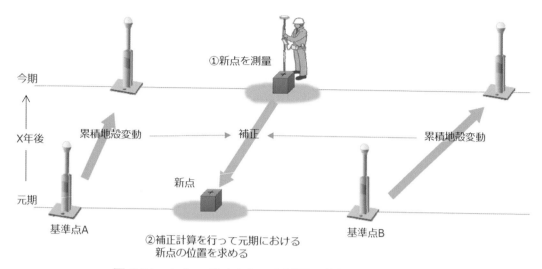

①新点を測量

今期

X年後

累積地殻変動　　　　　　　補正　　　　　累積地殻変動

新点

元期

基準点A

②補正計算を行って元期における
新点の位置を求める

基準点B

図 5.24　セミ・ダイナミック補正の仕組みのイメージ[9)]

【演習 5.3】

(1) GNSS で用いる座標系と準拠楕円体を説明せよ。

(2) 標高と楕円体高、ジオイド高の定義を述べてそれらの関係を説明せよ。

(3) 基線解析の手順を述べよ。

(4) 三次元網平均計算において新点の標高を決定する二つの方法について述べよ。

5.5　GNSS 測量の実際

5.5.1　基準点測量

　既知点と新点で構成される測量網を観測して新点の座標を決定する基準点測量を
GNSS 測量で行う場合は通常スタティック測位を用いる。既知点と新点に GNSS 受信
機を設置して同時に衛星電波受信・記録を行い、二重位相差を用いた基線解析により
基線ベクトルを計算して網平均計算により新点の座標を求める。

　複数の GNSS 受信機で同時に行う観測をセッションと呼ぶ。通常、1 セッションの
観測時間は 60 分以上をとる。この場合、GNSS 受信機の台数は 2 台に限らず、3 台
以上でも可能である。したがって、観測する基準点網と GNSS 受信機の台数に応じ
てセッションの数や観測時間帯を計画しなければならない。**図 5.25** は観測網図と
セッション計画の例である。セッションは A、B、C の 3 セッションであり、GNSS
受信機は 4 台使用する。各セッションでの測点と使用する受信機の組合せを示してい
る。なお、基線解析に使用するデータは各セッションで全受信機が同時に観測した時
間帯のみのデータである。

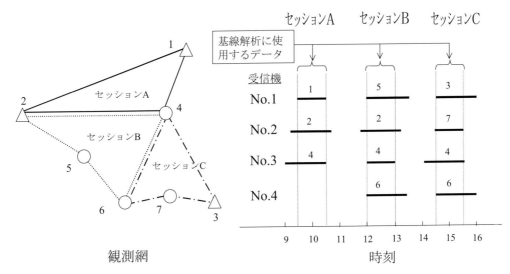

図 5.25　セッション計画の例

(1)　衛星観測条件の確認

　　搬送波位相測位を行うためには、少なくとも 4 個以上の GPS 衛星から連続して電波を受信することが必要である。4 個以上衛星を受信できる時間帯を見つけるには、観測計画ソフトと軌道情報が必要になる。測量用 GNSS 受信機の基線解析ソフトウエアには、必ず観測計画立案のためのプログラムが付属している。また、軌道情報は衛星電波を受信すると受信機のメモリーに記録されるので、それを利用すればよい。観測日と場所が決まったらこのプログラムと軌道情報により、観測する衛星番号や上空の配置、時間帯毎の観測可能衛星数等を確認する。

(2)　観測点の選点

　　GNSS 測量ではいかに衛星を安定して観測できる場所、時間帯を選定するかが重要である。その意味で選点は極めて重要であるが、従来の測量とは考え方が大きくことなる。GNSS の場合に考慮する条件は、

　　①上空視界が確保できること、②衛星との電波経路の障害物が少ないこと、③GNSS 受信障害となるような外来雑音電波の少ないこと、④同時観測する他の測点の状況を考慮することである。

(3)　観測

　　図 5.18 で示したように三脚、整準台を用いて GNSS アンテナを測点上に固定して、アンテナと受信機をケーブルで結び GNSS 衛星電波を受信する。各測点で同時間帯に観測することが重要であり、各点で共通して観測した時間が規定時間以上となるようにする。各測点の観測状況は GNSS 観測記録簿に測点名、アンテナ高、観測時刻などを記入する。

（4）観測値の点検

観測値は基線計算終了後、次のいずれかの方法で行う（**図 5.26**）。

①基線ベクトルの閉合点検：異なるセッションの組合せによる最少辺数の多角形を選定し、基線ベクトルの環閉合差を計算する。同一のセッションだけの解析結果で環閉合差を計算すると数学的に完全に閉合する性質があるため、必ず異なるセッションの組合せを選ぶ。

②基線ベクトルの比較：重複する基線ベクトルの較差を比較する。

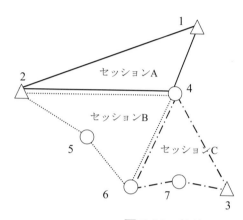

①基線ベクトルの閉合点検
・2〜5〜6〜4〜2の環で基線ベクトル各成分の環閉合差を点検
・ただし、6〜4はセッションCを4〜2はセッションAの値を用いる

②重複基線ベクトルの比較
・セッションAとBで2〜4の基線ベクトル各成分を比較
・セッションBとCで4〜6の基線ベクトル各成分を比較

図 5.26　基線ベクトルの点検方法

5.5.2　応用測量

周辺に建物や樹木などの障害物が少なく、GNSS 衛星の観測条件が良好な場所では、土木・建築工事の応用測量で RTK 測位が利用される。リアルタイムにセンチメートル精度で三次元位置が出力できることから、地形測量、測設（目標点への誘導）で利用されている。

（1）地形測量

RTK 測位では GNSS アンテナを対象物形状に沿って移動しながら連続観測することで、平面測量を実施できる（**図 5.27**）。一方、大規模な造成工事などの土工事では、工事区域の形状が原地盤形状あるいは計画形状に対して現在どうなっているか工事の進捗度を把握するための計測を定期的に行う。その手法の一つとして、工事区域をたとえば 10m 間隔の正方メッシュに区切り、その格子点の高さを測って原地盤高との差からそのメッシュの施工済土量（切土、盛土）を計算し、区域全体で集計して全土量を算出する方法がとられる（メッシュ法）。RTK 測位のシステムはこのメッシュ格子点を携帯端末の画面上で探索して計測できるため、高速で作業ができる。また、システムを車両に搭載しランダムに地形データを計測した後、格子点高さに変換する方法もある。

(2) 測設

　設計座標を持つ点を現地に杭などで設置することである。RTK 測位による現在位置と目標点の位置を携帯 PC に表示し、画面を見ながら目標点に近づいて設置を行う。

　土木・建築工事では構造物の基礎杭や仮設構造物の位置を現地に設置する作業にも利用されている。RTK 測位の精度は 20mm 程度であるので、本体構造物の墨出しには精度が不足するが、基礎杭や仮設杭の位置出しには十分な精度である。この場合、位置出しする杭の平面座標を入力すると RTK 測位による現在位置（座標）との差を画面で確認することにより目標点まで誘導される（図 5.28）。

(3) 海上測量と海上工事における利用

　RTK 測位と音響測深器（ソナー）を連動させて海底地形を測る深浅測量が一般化している。また、海上構造物の位置決めにも RTK 測位が利用されている。

　海上工事における作業船の位置出しなどの測量は、従来は電波測位儀や光波測距儀を用いて陸地から船の位置を測っていたが、観測距離や精度に制限があるほか、天候に大きく左右されるなど問題があった。RTK 測位の実用化によりこれらの問題は解決され、現在では、GNSS は海上工事に不可欠な技術となっている。高さの情報をリアルタイムに取得できるメリットは大きく、潮汐に関係なく絶対高さで計測できる。

　表 5.8 に GNSS 測位方式と用途について示すが、警戒船や土運搬船の運航管理には

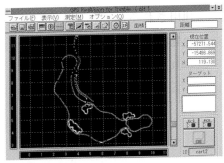

図 5.27　RTK 測位による平面測量の例

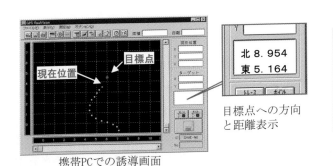

携帯PCでの誘導画面

目標点への方向
と距離表示

測設状況

図 5.28　RTK 測位による測設の例

表 5.8　GNSS の海上工事における利用

測位方式	精　度	用　　　　途
単独測位	約 10m	通船、警戒船
ディファレンシャル測位	約 1~2 m	土運船運航管理
RTK 測位	数 cm	深浅測量、地盤改良 浚渫工事、ケーソン据付 杭打ち工事、捨石均し工事　　など

単独測位やディファレンシャル測位が用いられている。RTK 測位は深浅測量、ケーソン据付、杭打ち工事、捨石均し工事など要求精度の高い工種に適用されている。

5.5.3　GNSS 測量の展開

（1）電子基準点

　電子基準点とは国土地理院が全国に約 1,300 点配備している GNSS 連続観測局である（**図 5.29**）。GNSS 電波を連続して受信している電子的な基準点であり、基本測量や公共測量に利用される。また、連続観測によって地殻の変動検出、地震および火山活動の監視に利用されている。

　GNSS 観測による従来の基準点測量では、既知点である基準点と新点との双方に GNSS 受信機を設置して観測する必要があった。しかし、電子基準点を利用すれば新点に GNSS 受信機を設置して観測するだけで基準点測量を実施できる。電子基準点は連続して観測を行っているので、該当する時間帯の電子基準点の観測データをインターネット等で入手して基線解析を行えばよい。

図 5.29　電子基準点
（国土地理院ホームページより）

　さらに、RTK 測位も電子基準点を基準局として実施できる。これは後述するネットワーク型 RTK 測位と呼ばれるものであり、電子基準点の観測データは配信機関を通じてリアルタイムに配信されている。利用者は携帯電話等でこのデータを受信すれば移動局の GNSS 受信機を用意するだけで RTK 測位による測量が可能である。

(2) ネットワーク型 RTK 測位

　RTK 測位では基準局から移動局までの距離が十数 km を超えるような長い場合、初期化に要する時間が通常より長くなる、測位誤差が大きくなるなどの現象が生じる。これは基準局と移動局の間の距離が大きくなると、各々の上空での電離層や対流圏の状態の差が無視できない量となることに起因する。電子基準点の間隔は 20km～30km であるので、電子基準点を基準局とする RTK 測位では安定した測位ができない場合が出てくる。

　そこで、近年、複数の電子基準点での GNSS 観測データを処理することにより、それらの電子基準点で囲まれる領域の電離層遅延等の補正を行ったデータを提供して、領域内であれば安定した測位を実現する技術が開発され、運用されている。これをネットワーク型 RTK 測位と呼んでいる。

　ネットワーク型 RTK 測位の概略の仕組みは次のとおりである。**図 5.30** に示すように実基準点 3 点で囲まれた領域内に移動局があり、その近傍に仮想基準点 V を考える。V の位置は移動局が単独測位によって測定した値をとることが多い。仮にこの仮想基準点に本当の基準点が置かれていたとした時、その受信機によって測定されるであろう観測量を、周辺の複数の実基準点による観測量（**図 5.30** では Φ_A, Φ_B, Φ_C で示す）から推定して観測量を作成し、移動局へ放送して基線解析を行う方式である。仮想観測量（**図 5.30** では Φ_V で示す）としては、受信した各衛星電波の L1 波、L2 波の搬送波位相積算値、擬似距離であり、これらは電離層と対流圏における電波遅延に対して線形補間（通常は 1 次補間）を行った値である。

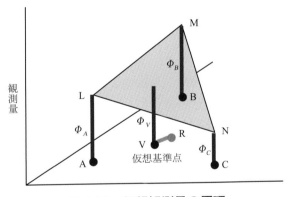

図 5.30　仮想観測量の原理

　ネットワーク型 RTK 測位として、ここでは VRS 方式と FKP 方式について説明する。

・VRS 方式

　VRS（Virtual Reference Station）方式では、次の手順で RTK 測位を行う（**図 5.31**）。①各基準点を結んだ計算センターで連続観測量をリアルタイムに収集する。②移動局で携帯電話により単独測位による概略位置（V）をセンターに送信する。③計算センターでその位置（V）に対応した仮想観測量を作成する。④移動局で携帯電話により仮想基準点の各仮想観測量を受信する。⑤これらのデータを GNSS 受信機に取込んで測位計算を実施する。このように、VRS 方式では移動局と計算センターとの間で

双方向の通信システムが必要となる。

・FKP 方式

FKP（Flachen Korrectur Parameter）方式は、仮想基準点（V）での仮想観測量を作成するための面パラメータを周辺の基準点の観測データから計算センター側で生成して移動局に送り、移動局はその面パラメータを用いて仮想観測量を作成する方式である。面パラメータとは**図 5.30** の LMN の面を定義するパラメータである。

FKP 方式では、計算センターと移動局間は片道通信でよく、放送形式をとることもできる。

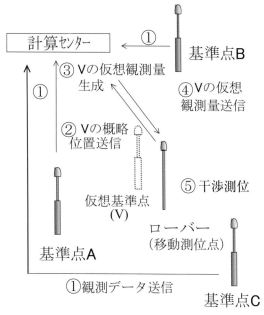

図 5.31　VRS 方式のしくみ

5.6　準天頂衛星システムの概要

準天頂衛星システム QZSS（Quasi-Zenith Satellite System）は、わが国の衛星測位システムであり、日本およびその近海において常に天頂付近に 1 機の衛星が配置するように、地上から見て 8 の字となる軌道を持つ複数の準天頂衛星で構成される。2010 年 9 月に準天頂衛星「みちびき」の 1 号機が打ち上げられ各種の利用実証実験が実施されたが、2017 年度に追加の 3 機（準天頂軌道衛星 2 機、静止衛星 1 機）が打ち上げられ、2018 年 11 月から 4 機体制のサービスが開始された。**図 5.32** に準天頂衛星の軌道を示す。

QZSS の機能には、衛星測位サービス、測位補強サービス、メッセージサービスがある。衛星測位サービスは、GPS と同じ周波数・信号を配信することにより GPS と一体で測位できるサービスであり、GPS を補完する機能である。また、常に天頂付近に 1 機位置するため衛星電波を受信しやすいこと、衛星が高仰角であるため衛星電波が建物の壁面等で反射して届くマルチパスの影響が少なくなることから安定した測位に大きく寄与する。

測位補強サービスは QZSS の衛星経由で補正情報を配信するサービスである。電離層などの誤差補正情報を準天頂衛星経由で送信し、水平誤差 1m を実現するサブメータ級測位補強サービス SLAS（Sub-meter Level Augmentation Service）と、電子基準点から計算した高精度測位情報を準天頂衛星経由で送信し、センチメータ級の測位精度を実現するセンチメータ級測位補強サービス CLAS（Centimeter Level Augmentation

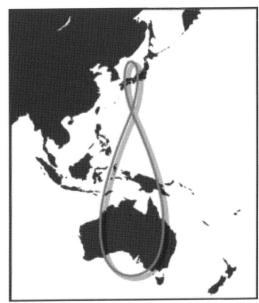

図 5.32　準天頂衛星「みちびき」の軌道
出典：内閣府　みちびきウェブサイト（qzss.go.jp）

Service）とがある。

　QZSS は 2023 年度を目途として 7 機体制での運用が予定されている。

【演習 5.4】

(1)　基線ベクトルの点検方法について述べよ。

(2)　電子基準点について説明せよ。

(3)　ネットワーク型 RTK 測位について説明せよ。

参考文献

1 ）重松文治、佐田達典：GPS の解説、GPS フロンティア、（社）日本測量協会、2004

2 ）土屋　淳、辻　宏道：新・GPS 測量の基礎、（社）日本測量協会、2002

3 ）安田明生：GPS の測位原理、GPS シンポジウム '99、日本航海学会、1999

4 ）中村英夫、清水英範：測量学、技報堂出版、2000

5 ）Pratap Misra and Per Enge：精説 GPS、正陽文庫、2004

6 ）（社）日本測量機器工業会：最新測量機器便覧、山海堂、2003

7 ）飯村友三郎、中根勝見、箱岩英一：TS・GPS による基準点測量、東洋書店、1998

8 ）西修二郎、今給黎哲郎、土屋　淳：VRS 方式によるリアルタイム測位、測量、2001．7

9 ）国土地理院測量行政懇談会報告書、https://www.gsi.go.jp/common/000198958.pdf

第6章
リモートセンシング

6.1 リモートセンシングの概要
6.1.1 リモートセンシングの概要

　「リモートセンシング」は、日本語で「遠隔探査」と呼ばれる技術である。具体的には、対象物を非接触で観測する技術を指し、広義には写真撮影や構造物の非破壊試験もその範囲に入る。その一方で、一般に使われている「リモートセンシング」は、人工衛星などから地球を観測する技術を指すことが多い。特に、空間情報工学の一翼を担うリモートセンシングには、GIS で扱われる広域的な情報を収集することが期待されている。たとえば、我々に最も身近なリモートセンシングの観測データとして挙げられるのは、天気予報などで目にする気象衛星の画像である。広い範囲から雲の動きを観測することによって、定点的な観測では得られなかった貴重な気象情報が提供されていることは周知の事実である。

　本章では、地球観測技術として重要な役割を担っているリモートセンシングを取り上げ、観測されたデータの成り立ちや特色、処理・解析の内容などを中心に、データ利用者の視点から詳細を述べていく。

6.1.2 リモートセンシングの歴史

　リモートセンシングの歴史は、1972 年の Landsat-1 の打ち上げに始まったといって良い。その後、冷戦時代の軍事技術開発やそれらの民生転用など、さまざまな社会的な影響を受けるとともに、コンピュータ機器の進展によって変化に富んだ歴史を営んできている。ここでは、Landsat に始まるリモートセンシングの歴史を第 1 世代～第 4 世代に区分した上で取りまとめるとともに、今後の展開についても整理する。

　①第 1 世代（1970 年代）

　リモートセンシングの名前を一般的なものしたのは ERTS-1（Earth Resources Technology Satellite、後の Landsat-1）の登場であった。空間分解能 80m の MSS（Multi-Spectral Scanner）を搭載した Landsat-1 は地球観測の先駆的な役割を担った。それまでのリモートセンシングは、アナログ写真を撮るのと同じ原理で観測したものがほとんどであったが、Landsat-1 の運用では、コンピュータで処理可能な CCT（Computer Compatible Tape）カウント値としてデータが配布されるシステムが構築された。これによって、さまざまな分野の人々にデータが普及されることになり、森林、農業、土地利用などにおけるリモートセンシングデータの適用可能性が示されることになった。

　②第 2 世代（1980 年代）

　1980 年代に入ると、Landsat シリーズは 4 号の打ち上げを成功させた。この衛星に

はTM（Thematic Mapper）といったセンサが搭載され、七つのバンド構成で空間分解能30mのデータを観測し始めた。一方、フランスでは、地球観測衛星SPOTの開発・打ち上げが成功し、10mといった高い空間分解能のデータを受信し始めた。得られる画像はより詳細なものとなるとともに、観測波長帯も大幅に改善されたことから、地質・資源の分野においても画像判読やスペクトル解析などを通じてリモートセンシングデータが利用されるようになった。

③第3世代（1990年代）

1990年代になると、さまざまな衛星が打ち上げられ、リモートセンシングデータも多様化の様相を見せ始める。たとえば、JERS-1（Japanese Earth Resources Satellite-1）やERS-1（European Remote sensing Satellite-1）などに搭載された合成開口レーダ（Synthetic Aperture Radar: SAR）が次々と観測を開始し、これまでの写真に近い光学式のリモートセンシングデータとは全く異なる性状のデータが得られるようになったのはこの時期である。また、多くの国々から公募された多種類のセンサを搭載した大型プラットフォーム衛星ADEOS（ADvanced Earth Observing Satellite）が打ち上げられ、地球環境に関する貴重なデータを受信した。

④第4世代（1990年代後半～）

1990年代後半に入ると、アメリカ合衆国の国策が反映され、高い空間分解能のセンサを搭載した商用衛星が開発・打ち上げされた。その一因は冷戦構造の崩壊にあると言われている。軍事技術として確立されてきたセンサ開発技術や打ち上げ技術が民生転用された時期に当たる。IKONOSやQuickBirdといった商用衛星が運用され、誰であっても高い空間分解能のデータを得ることが可能となった。また、多くの国々が参加したEOS計画の下で開発されたTerraが打ち上げられ、我が国のサイエンスチームが開発したセンサASTER（Advanced Space Thermal Emission and reflection Radiometer）が地表面を観測し始めたのも1999年であった。さらに、ハイパースペクトルと呼ばれる超多バンドセンサHyperionなど、これまでの衛星観測では得ることのできなかったデータが提供され始めている。

⑤リモートセンシングの近況と今後

2006年1月には我が国の地球観測衛星ALOS（Advanced Land Observing Satellite）が打ち上げられ、貴重なデータを観測してきた。ALOSは2011年5月に運用を終了したが、2014年5月にはALOS-2が打ち上げられ、現在運用中にある。ALOS-3およびALOS-4（いずれも2020年度打ち上げ予定）の開発も進められており、充実した地球観測の体制が整いつつある。また、商用衛星の運用も活発になってきており、データ利用者の選択肢が飛躍的に増えてきている。

6.1.3　リモートセンシングデータの収集

（1）リモートセンシングデータの収集に関わるシステム

リモートセンシングデータの収集には、いくつかのシステムが介在している。**図6.1**は人工衛星からのリモートセンシングデータ収集の概念図である。大別すると、対象物を観測する機能が集約された観測システム、人工衛星の動きを監視する追跡・管制システム、観測されたデータを受信し、データ利用者に提供する地上データ処理システムがある。

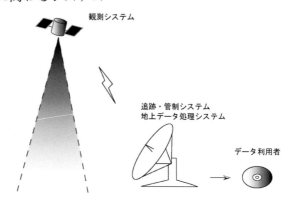

図6.1　リモートセンシングデータの収集に関わるシステム

観測システムは、データを取得するセンサやそれらを搭載したプラットフォーム、さらにはプラットフォーム上でのデータの処理や記録、地上への送信などを受け持つサブシステムを有している。

地上データ処理システムには、データの受信に始まり、処理・保管などデータベースに関わるサブシステムや、データ利用者からの検索・注文、データの配布などを担うシステムも含まれている。

（2）データ配布機関

リモートセンシングデータの収集に関わるシステムに示したように、現実問題として観測システムの開発・打ち上げからデータ取得までを技術者や研究者個人が独自に実施することは難しい。実際、人工衛星の打ち上げ・運営には、国などの公共機関や企業体などが携わっていることが多く、観測されたデータの配布も関連団体などの公益法人が実施するスタイルとなっている。ここでは、主なデータ配布機関を取り上げる。

①United States Geological Survey（USGS）

USGSはアメリカ合衆国の科学研究機関である。その名称をアメリカ地質調査所と訳されるが、対象とする研究範囲は幅広く、国内の自然景観とそれを構成する自然資源、自然災害などとなっている。地球観測衛星データを含むさまざまなデータの配布も担っており、EarthExplorerといったWebサイトからLandsatシリーズの観測データなどがダウンロード可能である。

②リモート・センシング技術センター（RESTEC）

宇宙航空研究開発機構（Japan Aerospace Exploration Agency: JAXA）の地球観測センターで実施されているデータの受信および処理に関する業務協力を行っており、さまざまなリモートセンシングデータの収集・配布を実施している。

③その他

このほかにも、高空間分解能衛星などの商用衛星のデータを販売する企業も非常に多くなってきており、データ利用者へのコンサルティングなども実施されている。

6.1.4　リモートセンシングデータの処理環境

リモートセンシングデータとアナログ写真との違いの一つとしては、リモートセンシングデータが直接的にデジタルで観測されているといった点が挙げられる。したがって、リモートセンシングデータの処理にはコンピュータ機器を利用することが不可欠である。第1章にも記述があったように、コンピュータ機器を用いた処理環境はハードウェア・ソフトウェア・ヒューマンウェアといった面から整理できる。ここではデータ利用者の視点に立った上で、リモートセンシングデータの処理環境についてハードウェアとソフトウェアの二つの面から説明する。

①ハードウェア

第1世代のリモートセンシングデータが普及し始めた1970年代～1980年代は、コンピュータの処理能力も低く、リモートセンシングデータの処理に特化した高額な装置が使用されてきた経緯がある。その影響もあって、データを扱える機関も限定され、広く一般に利用されることが難しい面もあった。

その一方で、現在では処理装置の高速化、記憶装置の大容量化、表示装置の高詳細化、装置全般の低廉化などが飛躍的に進み、代表的なデータ処理については特殊な装置を必要としなくなってきている。扱うデータの量や処理内容にもよるが、一般的なパーソナルコンピュータであれば、十分に利用可能である。主なハードウェアを整理すると、画像入力装置、画像処理装置、画像表示装置、画像出力装置に区分される。

②ソフトウェア

データの処理については、ハードウェアに加えてソフトウェアも必要不可欠である。処理の目的にもよるが、データを表示させる、簡単な処理を実施するなどであれば、市販されている描画ソフトで十分に対応できる。その一方で、より高度な利用を想定すると、GISデータの一つとして地図座標系にリモートセンシングデータを一致させる、分光特性を利用した解析ができる、などの条件を満たすことが必要となり、専用ソフトウェアや独自のプログラム開発が必要となってくる。専用ソフトウェアについては、さまざまなものが開発され、販売されているが、フリーウェアとしてインターネット上に公開されているものも少なからずある。

なお、本書では、Purdue大学で開発されたフリーウェアの解析ソフトMultiSpecを取り上げ、付属のCD-ROMに格納されたリモートセンシングデータと基本操作マニュアルを用いて各自のパーソナルコンピュータ上で本文中の課題が行えるよう配慮した。

6.2 リモートセンシングの基礎

　リモートセンシングデータを扱うには、その特性を十分に理解する必要がある。最近では、スマートフォンなどの普及によってデジタルの画像が簡単に入手できるようになっているが、リモートセンシングデータとの違いを明確にすることも大切である。したがって、データ利用者はリモートセンシングデータがどのような原理にもとづいて観測されているのか、どのような観測方式で得られたものであるのか、その結果、データにはどのような特性があるのか、といった点を理解していくことが必要となってくる。本節ではリモートセンシングデータが観測される原理を説明するとともに、観測方法に関連の深いプラットフォームについて述べた上で、リモートセンシングデータの特性を整理し、どのような種類のリモートセンシングデータが収集されているのかについて述べる。

6.2.1　分光特性

　リモートセンシングは遠隔探査と呼ばれるように、対象物に直接触れてその特性を把握することはない。では、どのようにして対象物の特性を調査しているのであろうか。実は、この原理を我々の目に置き換えてみると理解しやすい。我々は草木を見る場合に、青々とした緑色を感じればその植物が元気であると判断し、黄色や茶色に見えれば枯れていると判断している。つまり、草木に直接触ることなく、植生の色を見てその状態を推定していることになる。リモートセンシングの観測もこの原理を拡張した考え方によって成り立っている。

（1）波長帯ごとの反射・放射

　地球上の物体は、太陽からの光（電磁波）を受け、反射・放射する。たとえば、目に見える範囲（可視域）の波長帯であると、対象物の色が異なって見える、ということとは、目に入ってくる光の強さに波長帯によった強弱があることを意味する。青々とした植物からは緑の波長帯の電磁波が強く反射され、赤色などの波長帯の電磁波は吸収されているといった現象が起きていることになる。

（2）分光特性

　人間の目では可視域のみの情報を捉えているので、同じ色合いの物体は多くあるように映るが、リモートセンシングで扱う波長帯は**図 6.2** のように可視域より

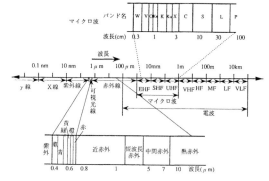

図 6.2　リモートセンシングで扱う電磁波の波長帯　「改訂版図解リモートセンシング」JARS、2004 年

も幅広く、電磁波の特性をさまざまな面から得ることができる。この波長に依存した電磁波の特性は物質固有のものである。これを分光特性と呼ぶ。分光特性は、物質を構成する原子・分子と電磁波との相互作用によって生み出される。原子・分子の組成は対象物の固有のものであり、電磁波の吸収・散乱などの特性（分光特性）もユニークになる。したがって、直接触れなくても物質からの電磁波の波長帯ごとの反射・放射を見ることによって対象物が認識できたり、その状態を把握できたりする。

6.2.2　リモートセンシングデータの成り立ち

　リモートセンシングデータの観測で中心となるのはセンサと呼ばれる機器である。センサの特徴を理解することによって、リモートセンシングデータの成り立ちが明らかになる。ここでは、観測対象となる電磁波の波長帯ごとにセンサの特徴を整理し、リモートセンシングデータの成り立ちをまとめていく。

（1）光学センサ（可視～中間赤外域）

　光学センサは、太陽光からの電磁波と対象物との相互作用によって生じた結果を観測するものとして位置づけられる。特に、可視域の波長帯は人間の目で認識できる波長帯であり、広い意味ではそこでの電磁波の挙動を撮影可能な市販のデジタルカメラも光学センサの一部といえる。

　ここでは、可視域～中間赤外域を観測対象とする光学センサの基本原理を次の三つの視点から整理する。いずれもセンサの性能を表す重要な項目であり、観測されたリモートセンシングデータの特徴を決定づけるものである。

　a）スペクトル分解能

　①分光反射曲線

　波長ごとの反射の状態を可視域～中間赤外域の波長帯で見ると、図6.3のようなグラフで表せる。図6.3では横軸に波長帯をとっており、縦軸にはその波長ごとの反射率（入射光束に対する反射光束の割合）がプロットされている。対象物として植生と土、水を取り上げているが、それぞれの曲線が全く異なったパターンとなっていることがわかる。この曲線を分光反射曲線と呼ぶ。

　人間の目で識別できる波長帯は0.4μm～0.7μmであり、波長の短い方から紫、藍、青、緑、黄、橙、赤の順に目に映る。ここで図6.3を見ると、

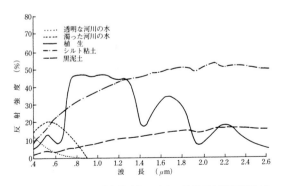

図6.3　分光反射曲線の例　「改訂版図解リモートセンシング」JARS、2004年

植生の分光反射曲線は 0.5μm～0.52μm 付近、つまり、緑色の波長帯で一度ピークを迎えていることがわかる。これが、植物が緑色で目に映る理由である。その一方で、植生は近赤外域（0.7μm～）で可視域とは比べものにならないほど高い反射率を示している。可視域では植生の葉のもっている色素（葉緑素：クロロフィル）が赤と青の波長帯近傍を選択的に吸収し、近赤外域では葉の細胞構造によって強い反射が起こるといわれている。このように、対象物の持つ固有の分子構造などによって分光反射曲線が決定される。なお、対象物固有の分光反射曲線を分光反射特性と呼ぶ場合もある。

②バンドとは

人間の目では、分光反射曲線に沿って得られる波長ごとの反射光の強さを錐体細胞と呼ばれる視細胞が検出し、色の情報として脳に信号を送ることによってカラーの像を認識している。一方、センサは分光反射曲線のようなアナログのパターンをどのような原理でデジタルデータとして観測しているのであろうか。

図6.4 は植物の分光反射曲線をイメージしたグラフである。図のように、人間の目は可視域と呼ばれる波長帯での反射率を一度に取り込み、視細胞で色の情報を認識している。センサにおいて視細胞の一部の役割を担っているのは、バンドと呼ばれる部分である。バンドのイメージは**図6.4** のようなものであり、波長帯ごとの反射率の大きさのみを観測している。したがって、一つのバンドから得られたデータは反射率の強弱のみが観測されていることになり、色の情報は持っていないことになる。その一方で、このバンドを図のように複数の波長帯に配した上で、一度に観測すれば、それぞれの波長帯での反射率が受信でき、得られた複数バンドのデータをカラー合成表示することによって色情報も得ることが可能となる。このように、波長帯を観測しているセンサのバンド数とそれぞれのバンドが担当する波長幅をスペクトル分解能と呼ぶ。なお、複数のバンドを有しているセンサをマルチスペクトルのセンサという。

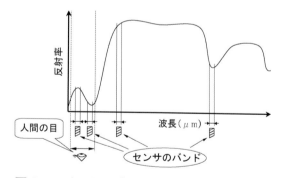

図6.4 バンドの考え方 「ジオインフォマティックス入門」理工図書、2002 年

b）空間分解能

①標本化

リモートセンシングによって得られた情報は画像化できることから衛星写真とも呼ばれることがある。しかし、アナログの写真であれば地上への送信やコンピュータ処理には適用できない。そこで、センサは写真のようにして得られた反射・放射の強弱

を小さなチップのように分割し、デー
タ化している。これを標本化と呼ぶ。
図6.5 は標本化の概念である。一つの
像として得られた情報を小さな領域単
位で分割していることがわかる。この
小さな領域を画素と呼ぶ。画素数が多
ければ、同じ像を細かく分割できるこ

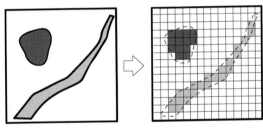

図6.5　標本化の概念

とになり、対象物の詳細を表現できることになる。

　②空間分解能

　リモートセンシングの場合、たとえば太陽同期準回帰軌道衛星であれば対象物とセ
ンサとの距離が約500km～900kmであることが多く、地形の起伏に対して十分長い
距離を保っていることから、1画素に含まれる範囲がほぼ一定となる。そこで、標本
化とリサンプリングによって決定された画素の一辺の長さ（実際の空間に占める長さ）
をセンサの空間分解能と呼ぶ。空間分解能はセンサの空間的な識別能力を表し、たと
えばLandsat TMであれば30m、高空間分解能衛星World View-4であればパンクロマ
チック・直下視で0.31mといった具合である。

　c）量子化

　①量子化とは

　センサから得られた反射率そのものも画素単位でデータとして蓄積していく必要が
ある。つまり、バンドごとに得られた1画素内の反射の大きさを数値として記録して
いくことになる。直接的に反射率が観測されればよいが、データ量の問題などから通
常は反射の大きさを数段階で分割し、整数値（画素値）として記録している。この反
射強度の整数化を量子化という。

　②量子化レベル

　量子化の段階数は、通常ビットとい
う単位で表される。たとえば、7ビッ
トであれば$2^7＝128$段階（0～127）で
反射強度の取りうる範囲を分割する。
図6.6 に示すように、量子化のビット
数が小さければ、グラデーションのよ
うに連続しているはずの実際の反射率
が数段階の値で表現されることにな
り、情報の欠損が多くなる。逆に、ビッ
ト数が大きくなれば反射率の強弱の微

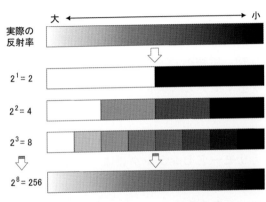

図6.6　量子化レベルの考え方

細な違いも表現できるようになるが、得られるデータ量が増大する。量子化する際のビット数は量子化レベルと呼ばれ、センサの重要なスペックの一つである。

d）センサのスペックとデータ量

リモートセンシングデータには広い範囲が観測されているため、そのデータ量が大きくなることが多い。したがって、コンピュータ処理に適用するには常にそのデータ量を把握することが重要となる。

ここで一例として、空間分解能 30m、量子化レベル 8 ビット、観測幅 60km、5 バンドのセンサが観測している 1 シーンのデータ量を計算してみる。ただし、ここでは 1 シーンの大きさを観測幅×観測幅の矩形とし、データに圧縮処理は実施されていない場合を想定している。

①画素数の計算

1 シーンの観測幅が 60km であり、その距離を空間分解能 30m で観測している。空間分解能は上述した考え方から 30m/pixel（pixel＝画素）と書き直すこともできることから、1 シーンでの観測幅方向の画素数は、

$$60（km）÷30（m/pixel）＝2,000（pixel）$$

条件より、この 1 シーンは観測幅×観測幅の矩形であることから、1 バンドの全画素数は、

$$2,000（pixel）×2,000（pixel）＝4,000,000（pixel）$$

さらに、今回は 5 バンドのデータになるので、全画素数は

$$4,000,000（pixel）×5（band）＝20,000,000（pixel）$$

となる。

②データ量への換算

ここで、1 画素の持つ情報量に注目する。量子化レベル 8 ビットとは、$2^8＝256$ 段階の情報量を持つことを意味している。ここで、情報量の一単位を表すバイト（byte）を用いれば、通常 8 ビット＝1 バイトであることから、1 画素が 1 バイトのデータ量を持つことになる。したがって、1 シーンのデータ量は、

$$20,000,000（pixel）×1（byte）＝20,000,000（byte）$$

となる。ここで、データ量の換算では、

$$2^{10}（byte）＝1,024（byte）＝1（Kbyte）$$

同様に、

$$2^{10}\,(\mathrm{Kbyte}) = 1{,}024\,(\mathrm{Kbyte}) = 1\,(\mathrm{Mbyte})$$

であることから、1 シーンのデータ量は

$$20{,}000{,}000\,(\mathrm{byte}) \div (2^{10}\cdot 2^{10}) \fallingdotseq 19\,(\mathrm{Mbyte})$$

となる。つまり、このセンサで観測されたデータであれば、650Mb の CD-R に約 34 シーンを納めることが可能といえる。

(2) 光学センサ（熱赤外域）

　熱赤外域の光学センサにおいても標本化・量子化・スペクトル分解能の考え方は同様であるが、その観測において重要な基本原理がある。熱放射の観測から対象物の温度を観測しようとするものであり、ヒートアイランド現象の分析などさまざまな面で適用が期待されている。

　①熱放射の原理

　物体の熱に依存した電磁波の放射を熱放射と呼ぶ。この熱放射の特性は対象物の構成要素などによって異なることから、温度との関係をみるには基準が必要となる。この基準として、入射する電磁波を反射・透過しない特性をもつ黒体が定義されている。リモートセンシングでは、バンドごとに対象物の放射輝度（分光放射輝度）が得られるが、これと黒体の放射輝度との比を放射率（分光放射率）と定義している。対象物の温度は、リモートセンシングから得られた放射輝度と対象物固有の放射率をプランクの放射法則に適用することによって得られることになる。

　②温度放射率分離

　海域など水面を対象とした場合には放射率が一定（$\fallingdotseq 1$）と見なせることから、熱赤外域の観測データは水表面温度の計測に利用されている。その一方で、地表面を観測する場合などは観測対象がさまざまになる関係で、放射率が波長帯ごとに異なることが多い。そこで、温度と放射率とを分離するアルゴリズムを構築する必要がでてくる。最近では、ASTER データにおいて分光放射率の波長依存性に統計的な仮定を設定した上で計算する方法などが適用されている。なお、観測対象と等しい放射輝度の黒体の温度を観測対象の輝度温度と呼ぶ。

(3) マイクロ波レーダ

　観測する波長帯がさらに長くなると、マイクロ波の領域になる。ここでは、地球観測衛星で光学センサとともに一般に採用されている SAR（Synthetic Aperture Rader）をマイクロ波リモートセンシングの代表的なセンサとして取り上げ、マイクロ波の特性を整理するとともに、SAR の原理や特徴についてまとめる。

①マイクロ波の特性

SARで対象となるマイクロ波は、1mm〜1mの波長を持つ電磁波である。電磁波は波長と同じ大きさの対象物や構造に対して強く反応する特徴があり、センサ（レーダ）がどの程度の波長のマイクロ波を採用しているかによって、対象物から観測された後方散乱（レーダ方向への散乱成分）が全く異なる性状を示す。マイクロ波を扱う場合のバンド名とそれぞれの波長・周波数を**表6.1**に示す。たとえば、樹木が対象物の場合、Cバンド（波長：3.75cm〜7cm）では葉や枝と、Lバンド（波長：15cm〜30cm）では枝や幹との散乱の占める割合が大きくなることが知られている。

電磁波と対象物との相互作用は、基本的に反射・透過・散乱・吸収・放射などの現象で説明されるが、マイクロ波では対象物の表面が極めて滑らかな平面であれば**図6.7**のように鏡面反射し、対象物の誘電率（特に含水率）に応じて透過する。つまり、後方への散乱はなく、結果として得られた後方散乱強度はごく小さい値となる。一方、実際の地表面には少なからず凹凸がある。すると、マイクロ波は地表面への入射角と地表面の粗度に応じた表面散乱を起こす。**図6.8**に入射角・地表面粗度と後方散乱強度との関係を示す。なお、「滑らかさ・粗さ」はマイクロ波の波長によって定義が異なってくる。

また、透過したマイクロ波は**図6.9（a）**のように対象物内の誘電率の違いによって体積散乱を起こす。さらに、実際の地表面には建物や樹木など立体構造をもつものも多く、そこでは**図6.9（b）**のようにマイクロ波の入射方向に依存したさまざまな挙動を示すことになる。

SARで観測されたデータには、以上のような対象物との相互作用を

表6.1　マイクロ波のバンド名と周波数

バンド名	波長（mm）	周波数（GHz）
Ka	7.5〜11	26.5〜40
Ka	11〜16.7	18〜26.5
Ku	16.7〜24	12.5〜18
X	24〜37.5	8〜12.5
C	37.5〜75	4〜8
S	75〜150	2〜4
L	150〜300	1〜2
P	300〜1,000	0.3〜1

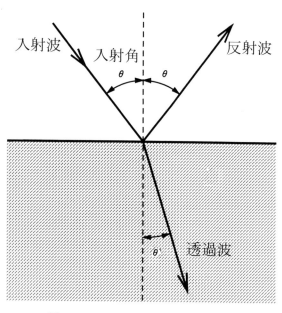

図6.7　マイクロ波の反射と透過

経てレーダ方向に戻ってきたマイクロ波が後方散乱強度として観測されていることに注意を要する。

②SAR の観測原理

SAR と光学センサとの違いは、SAR では自らマイクロ波を照射し、その散乱成分を観測するところにある。つまり、マイクロ波を送信するプロセスが加わっている。しかし、人工衛星や航空機に搭載することを考えると、プラットフォーム上ではそれほど大きな電力を確保することはできない。加えて、空間分解能を決定するアンテナのサイズについても大きなものは搭載できない。そこで、観測の方式に工夫を凝らす必要がでてくる。この工夫を合成開口方式と呼ぶ。

合成開口方式とは、レーダそのものが移動しながらパルス波を次々と送信し、それぞれが地上で散乱されたものを順次受信する方式を指す。図6.10 は SAR の観測方式を表した模式図である。レーダが移動することで、地上の1点はマイクロ波の照射範囲に入ってからそこを抜け出るまで連続的に観測されることになる。照射範囲に入っている間に送信されたパルス波によって、地上の1点について複数の散乱情報が記録されていく。記録されたデータは、コンピュータ処理を通じてそれ

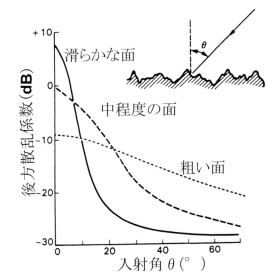

図6.8　地表面の粗度とマイクロ波の入射角による後方散乱の変化

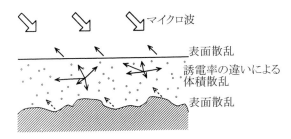

(a)　沖積層での散乱モデル

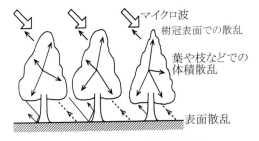

(b)　樹林帯での散乱モデル

図6.9　マイクロ波の散乱　「合成開口レーダ画像ハンドブック」朝倉書店、1998 年

ぞれの地点ごとに圧縮・合成され、画像データが生成される。ここで重要な点は、ある地上の1点がマイクロ波を受けている間にレーダの移動した距離が、合成・圧縮処理によってアンテナ長（合成開口長：図6.10 の L）と見なせることであり、小さな電力ながら大アンテナでの観測が仮想的に可能となる。これが合成開口方式の名前の

由来でもある。

　SARの特徴は次のように整理できる。

・雲を透過して地表面を観測できる昼夜全天候型の観測方式である。

・マイクロ波の照射方向（これをレンジ方向と呼ぶ）の対象物の位置は、マイクロ波の往復する時間によって決定する。マイクロ波の往復する時間によって決定する。マイクロ波の往復時間が短い対象物はレーダに近く、時間が長くになるに連れて遠くにあると記録される。

　マイクロ波の往復時間はレーダと対象物との距離（これをスラントレンジと呼ぶ）に置き換えられ、その差によってレーダに近い対象物から遠い対象物までの画像上での位置が決定される。したがって、地形の起伏がある場合は得られた画像に**図6.11**のようなフォアショートニングやレイオーバ、影（レーダシャドウ）などが生じる。その結果、地形の強調効果が得られることから地形・地質の分野でSAR画像が広く利用されてきた面がある。その一方で、レイオーバや影の生じている斜面ではその地点についてのデータが観測されていない。厳密には周囲からのさまざまな散乱が発生しているためデータは記録されているが、その地点の対象物そのものの情報ではないことに注意を要する。

図6.12は同一地域のJERS-1　SARデータとLandsat　TMデータ（Band2）を比較したものである。SAR画像では、画像右側のレーダ方向に山が倒れたように観測されていることがわかる。

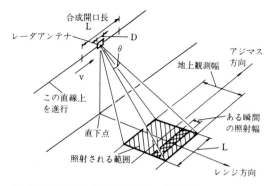

図6.10　SARの観測概念　「新編リモートセンシング用語辞典」ERSDAC、1996年

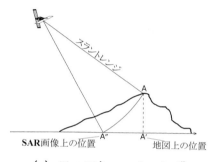

(a)　フォアショートニング

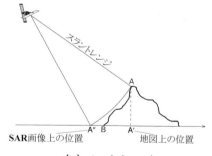

(b)　レイオーバ

(c)　レーダシャドウ

図6.11　SARの観測で生じる地形歪み
「合成開口レーダ画像ハンドブック」朝倉書店、1998年

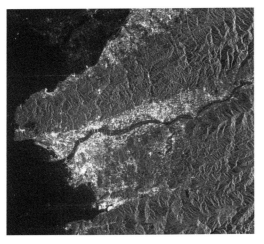

（a）JERS-1 SAR データ（© JAXA）　　（b）Landsat TM データ（Band2）
（データ提供：JAXA）

図 6.12　SAR データと光学センサデータとの比較

③SAR による三次元計測

　SAR データに格納された位相情報を適用することで、インターフェロメトリと呼ばれる干渉処理が可能となり、地形・地盤などのわずかな変動を広域的にモニタリングできるという特徴がある。この技術を総称して InSAR（Interferometric SAR）と呼ぶ。

　図 6.13 に InSAR の原理を示す．InSAR では、地形・地盤の変動が起こる前後で観測されたデータを使用し、その変動量を計測する。図 6.13 のように、変動前に S_1 の衛星の位置から観測した点 P と、変動後に S_2 から観測した点 P' を考える。求めたい変動量 PP' は、スラントレンジ S_1P と S_2P' との差から得ることになるが、干渉処理では図 6.13 の太線で表した位相差（マイクロ波の一波長内での差）として計算される。

　計算の過程では、S_1 と S_2 とでの軌道の違いによる差、地形（高低差）による影響を位相差から取り除いた上で、変動による位相差を得ることになる。軌道の差と地形の影響を取り除くと、S_1 と S_2 との距離（基線長と呼ぶ）よりもスラントレンジが充分に大きければ S_1P と S_2P' とは平行と見なすことができ、図 6.13 の拡大図のような関係となる。実際に知る必要があるのは水平方向の移動量（D_x）と垂直方向の移動量（D_z）

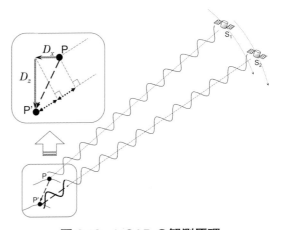

図 6.13　InSAR の観測原理

である。一方で、SARではマイクロ波の照射方向での変動をとらえており、厳密には図のようにD_xとD_zとが合成された形で現れることに注意を要する。また、得られる位相差は画像上に面的に表現されるが、実際には衛星の進行方向（アジマス方向）の変動をとらえることが難しいといった特徴もある。

図6.14はALOS-2 PALSAR-2での InSARの結果の例である。約7ヶ月の間に最大16cm程度の衛星方向（レーダ方向）に近づく変位が確認できる。

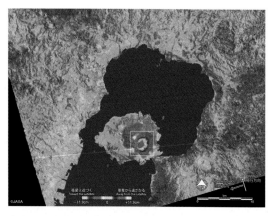

(a) 干渉画像（前：2015年1月4日夜、後：2015年8月16日夜）

(b) 干渉画像の鳥瞰図

図6.14　PALSAR-2による InSARの結果の例（桜島の観測結果）

6.2.3　プラットフォーム

センサを搭載する機器をプラットフォームと呼ぶ。プラットフォームの特性によってリモートセンシングデータの特徴も決定づけられる。

①航空機

航空機は、飛行高度が1〜2kmであり、対象物との距離が比較的近い。したがって、センサそのものがそれほど高スペックでなくても、空間分解能の高いデータを収集することが可能である。加えて、レーザ光なども地表面に到達可能となり、レーザプロファイラ（LiDAR: Light Detection And Ranging）などの測定器も利用可能である。その一方で、一度に観測できる幅は狭くなる傾向にあり、必要によっては複数の飛行航路（パス）で観測されたデータをつなぎ合わせる処理（モザイク処理）を必要とすることもある。また、得られた画像データの中心と端では、センサと対象物との間の大気の厚さが大きく異なることから、補正処理を必要とするケースもある。

②人工衛星

地球観測衛星と呼ばれる人工衛星の高度は約500〜900kmである。したがって、航空機と比較すると遠方からの観測となることから、一度に対象とする範囲を広く取ることが可能である。Landsat OLSを例に取ると、185kmの観測幅を数秒で取得可能である。人工衛星から観測したデータの特徴となる「広域性」と「同時性」はこのよう

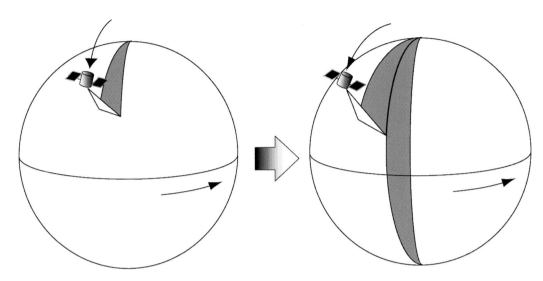

図 6.15　地球観測衛星の軌道と周期性

なプラットフォームの特性によって成り立っている。

　また、地球観測衛星の多くは準回帰軌道という軌道で観測している。これは、赤道を横切り、南極と北極の上空を通過する軌道である。したがって、地球の自転方向とほぼ垂直を成すことから、**図 6.15** のように毎周回ごとに地球上の異なった箇所をスキャンしていくことになり、地上のある地点から見れば周期的に観測されていることになる。リモートセンシングデータが「周期性」をもつ理由はこの軌道の取り方にある。

　③その他のプラットフォーム

　その他のプラットフォームとして、UAV（Unmanned Aerial Vehicle：通称「ドローン」）の利用が盛んになってきている。UAV は、誰もが入手でき、かつ、あらかじめ立てた飛行計画にもとづいて自動的に観測できるといった特徴がある。飛行高度は数百 m 程度以下であり、1 回の飛行時間も数十分であることが多く、一度に観測できる範囲には制限があるものの、データ利用者自らがデータ観測できる点は人工衛星や航空機からの観測にはなかった点である。ただし、国内の場合、飛行場所や飛行高度などに関して、あらかじめ国土交通大臣の許可を受ける必要があるケースのあることに注意を要する。

6.2.4　種々のリモートセンシングデータ

　前項で述べてきたように、リモートセンシングデータの特性はセンサのスペックとプラットフォームの特徴によってその大半が決定される。したがって、どのような衛星とセンサで観測されたデータが利用可能であるのかを把握しておくことが大切となってくる。**表 6.2〜表 6.4** は、主な地球観測衛星と搭載された主要なセンサのスペッ

クを整理したものである。以下にその詳細を詳述する。

(1) 光学センサデータ

① Landsat シリーズ

リモートセンシングの第 1 世代から観測を続けている Landsat シリーズでは、主に可視域～近赤外域の光学センサとして MSS と TM、ETM＋（Enhanced Thematic Mapper Plus）、OLS（Operational Land Imager）といったセンサが約 50 年間にわたって観測を続けている。**表 6.2** においてセンサのスペックを比較すると、スペクトル分解能、空間分解能、量子化レベルのいずれにおいても TM、ETM＋、OLS と高性能化が図られていることがわかる。また、TM と ETM＋には $10.4\mu m$～$12.5\mu m$ の波長帯である熱バンドが搭載されており、特に、ETM＋の空間分解能は 60m と、熱バンドとしては高い値を有している。一方、Landsat-8 では複数の熱バンドを有する TIRS（Thermal Infrared Sensor）が搭載された。なお、2003 年 5 月 31 日に、Landsat-7 の ETM＋に不具合が生じ、以降はフルシーンの中心 22～35km 部分のみ正常に観測されている状態である。

② SPOT シリーズ

リモートセンシングの第 2 世代から高い空間分解能のデータを観測し続けてきた SPOT シリーズには、可視域から近赤外のセンサが搭載されてきている。SPOT-4 以降では中間赤外バンドが追加されるとともに、一度に広い観測範囲を網羅する VEGETATION も搭載されている。また、ポインティング機能による立体視観測も SPOT が先駆けて具備してきた観測方法であり、SPOT-5 では HRS といった衛星進行方向での立体視専用センサも搭載された。SPOT-6 および SPOT-7 からは商用衛星として運用されている。フランス国立宇宙研究センターが打ち上げた Pleiades-1A および Pleiades-1B と同様の軌道を採用しており、4 衛星によるコンステレーション（Satellite constellation）を構成している。衛星コンステレーションとは、複数の衛星を同一の軌道で運用することであり、地球観測衛星ではリモートセンシングの特徴である「周期性」の周期を短くし、時間あたりの観測頻度を高くする効果がある。

③我が国の光学衛星

我が国の地球観測衛星の歴史は、1987 年に打ち上げられた MOS-1（Marine Observation Satellite-1）から始まる。1992 年には可視域から中間赤外域までに 8 バンドを有する OPS（Optical Sensors）を搭載した JERS-1 が運用を開始する。不慮の事故によって 1996 年打ち上げの ADEOS、2002 年の ADEOS-II は短命に終わったが、その開発経緯で得られた技術が 2006 年打ち上げの ALOS（Advanced Land Observing Satellite）の PRISM（Panchromatic Remote-sensing Instrument for Stereo Mapping：パンクロマチック立体視センサ）や AVNIR-2（Advanced Visible and Near Infrared Radiometer

表6.2　地球観測衛星と搭載センサ（光学センサ）―その1―

衛星名	軌道要素	搭載センサ					
		センサ名	観測波長帯 （μm）	空間 分解能（m）	量子化 ビット数	観測幅 （km）	備考
Landsat-1 Landsat-2 Landsat-3	高度：917km 回帰日数：18日	MSS	0.50〜0.60 0.60〜0.70 0.71〜0.80 0.80〜1.10	80	6	185	
			10.4〜12.5	240			Landsat-3のみ
		RBV	0.475〜0.575 0.580〜0.680 0.690〜0.830	80	―		
		RBV	0.505〜0.750	40	―	96	Landsat-3のみ
Landast-4 Landsat-5	高度：705km 回帰日数：16日	MSS	0.50〜0.60 0.60〜0.70 0.71〜0.80 0.80〜1.10	80	6	185	
		TM	0.45〜0.52 0.52〜0.60 0.63〜0.69 0.76〜0.90 1.55〜1.75	30	8		
			10.4〜12.5	120			
			2.08〜2.35	30			
Landsat-7*	高度：705km 回帰日数：16日	ETM+	0.45〜0.52 0.53〜0.61 0.63〜0.69 0.75〜0.90 1.55〜1.75	30	8	185	
			10.4〜12.5	60			
			2.09〜2.35	30			
			0.52〜0.90	15			パンクロマチック
Landsat-8*	高度：705km 回帰日数：16日	OLS	0.43〜0.45 0.45〜0.51 0.53〜0.59 0.64〜0.67 0.85〜0.88 1.57〜1.65 2.11〜2.29	30	12	185	
			0.50〜0.68	15			パンクロマチック
			1.36〜1.38	30			
		TIRS	10.6〜11.19	100			
			11.5〜12.51				
SPOT-1 SPOT-2 SPOT-3	高度：822km 回帰日数：26日	HRV	0.50〜0.59 0.61〜0.68 0.79〜0.89	20	8	60	
			0.51〜0.73	10	6		パンクロマチック
SPOT-4	高度：822km 回帰日数：26日	HRVIR	0.50〜0.59 0.61〜0.68 0.79〜0.89 1.58〜1.75	20	8	60	
			0.61〜0.68	10			パンクロマチック
		VEGETATION	0.43〜0.47 0.61〜0.68 0.79〜0.89 1.58〜1.75	1,150	10	2,250	
SPOT-5	高度：822km 回帰日数：26日	HRG	0.50〜0.59 0.61〜0.68 0.79〜0.89	10	8	60	
			1.58〜1.75	20			
			0.61〜0.68	2.5/5			パンクロマチック
		HRS	0.48〜0.70	10		120	立体視観測
		VEGETATION	0.43〜0.47 0.61〜0.68 0.79〜0.89 1.58〜1.75	1,150	10	2,250	
SPOT-6/7*	高度：694km 回帰日数：26日	NAOMI	0.455〜0.455 0.530〜0.590 0.625〜0.695 0.760〜0.890	8	12	60	
			0.455〜0.745	1.5			パンクロマチック

表 6.2　地球観測衛星と搭載センサ（光学センサ）―その 2―

衛星名	軌道要素	搭載センサ					
		センサ名	観測波長帯 (μm)	空間分解能 (m)	量子化ビット数	観測幅 (km)	備考
ALOS	高度：691.65km 回帰日数：46 日	PRISM	0.52～0.77	2.5	8	70	パンクロマチック
		AVNIR-2	0.42～0.50 0.52～0.60 0.61～0.69 0.76～0.89	10			
ALOS-3 （2020 年打上げ予定）	高度：669km 回帰日数：35 日	WISH	0.40～0.45 0.45～0.50 0.52～0.60 0.61～0.69 0.69～0.74 0.76～0.89	3.2	11	70	
			0.52～0.76	0.8			パンクロマチック
Sentinel-2A*	高度：786km 回帰日数：10 日	MSI	0.4427（0.044）	60	12	290	観測波長帯欄は、各バンドの中心波長帯とバンド幅(括弧内)を示す。
			0.4924（0.094） 0.5598（0.045） 0.6646（0.038）	10			
			0.7041（0.019） 0.7405（0.018） 0.7828（0.028）	20			
			0.8328（0.147）	10			
			0.8647（0.044）	20			
			0.9451（0.026） 1.3735（0.075）	60			
			1.6137（0.143） 2.2024（0.242）	20			
Terra*	高度：705km 回帰日数：16 日	ASTER	0.52～0.60 0.63～0.69 0.76～0.86	15	8	60	
			0.76～0.86				後方視
			1.600～1.700 2.145～2.185 2.185～2.225 2.235～2.285 2.295～2.365 2.360～2.430	30			
			8.125～8.475 8.475～8.825 10.25～10.95	90	12		

※搭載センサは各衛星の主な画像センサを一部抜粋して掲載している。
※ * は 2019 年 10 月現在で運用中の衛星を表す。

type 2）に反映された。また、2020 年には、先進光学衛星 ALOS-3 の打ち上げも予定されており、搭載される WISH（WIde-Swath and High-resolution optical imager）は**表 6.2**のように商用衛星に引けを取らない空間分解能、量子化レベル、バンド数となっている。

④ Terra

Terra に搭載されたセンサとして、ここでは経済産業省が開発した ASTER を取り上げる。ASTER は、地質・資源分野の利用者のニーズに対応するために開発されており、**表 6.2**のように可視域に加えて地質の判別に重要な中間赤外域に 6 バンドを有するセンサを搭載している。近赤外域には直下視に加えて後方視のバンドが備えられており、立体視観測ができる。また、高い空間分解能の多バンド熱赤外観測ができるといった特徴もある。

（2）SAR データ

SAR データを観測している主な衛星と搭載されている SAR の諸元を**表 6.3**に示す。

①ヨーロッパ諸国の SAR 搭載衛星

　欧州宇宙機関が打ち上げ・運用した ERS シリーズや ENVISAT は衛星 SAR 観測の先駆けであった。いずれも C バンドでの観測であり、衛星からの多偏波による観測も可能とした。なお、偏波とは、照射するマイクロ波の振幅の向きを意味しており、H とは水平偏波を、V とは垂直偏波を指す。つまり、「HV」であれば水平偏波を照射して、対象物からの垂直偏波を受信することを意味する。2014 年に打ち上げられた Sentinel-1a は Dual、Single というように偏波観測に複数のオプションを有する。また、波長のやや短い X バンドの SAR 搭載衛星として、COSMO-SkyMed や TerraSAR-X が運用されている。いずれも複数機での運用（衛星コンステレーション）に特徴があり、特定の領域を一日に何度も観測できる。

②RADARSAT シリーズ

　RADARSAT シリーズは C バンドの SAR を搭載したカナダの衛星である。雲に覆われることの多い周辺海域において流氷の動向を観測し、船舶の航路を確定することなどに観測データが利用されることを想定しており、研究利用の他に実利用と商用利用の拡大を目指している。搭載している SAR は表 6.3 にあるような多種類の観測モードを持っており、マイクロ波の入射角も 10°〜60° の可変であるため、データの利用目的に応じた観測を行うことができる。RADARSAT シリーズもまた衛星コンステレーションミッションの下で高頻度観測を実現しようとしている。

③我が国の SAR 衛星

　JERS-1 SAR から始まった我が国の SAR 衛星は、衛星観測では希少な L バンド観測を継続してきている。主に枝や幹との相互作用を捉える L バンド観測によって植生などの観測季節の違いの影響を受けにくいデータが得られることから、InSAR 処理で地震前後の変動を分析する場合などに有効である。ALOS、ALOS-2 に登載された PALSAR、PALSAR-2 では偏波観測のモードも多数備わっており、貴重なデータが蓄積されてきている。

(3)　商用衛星データ

　商用衛星の一覧を表 6.4 に示す。2000 年代以降、さまざまなプロジェクトが立ち上がり、運用する企業の合併などが繰り返されてきているが、衛星数や種類といった点では群雄割拠の様相を呈している。特に衛星コンステレーションを構築する流れが強まってきており、高頻度観測による付加価値を特徴としたデータが配布されている。国内では、国際競争力を持つ高性能小型衛星システムの研究開発が進められており、大型商用衛星に匹敵する高い性能を持つ小型地球観測衛星として ASNARO シリーズが開発・運用されている。

表 6.3　地球観測衛星と搭載センサ（SAR）

衛星名	軌道情報	搭載センサ						
		センサ名	バンド名（周波数）	偏波	観測モード	オフナディア角（°）	空間分解能（m）	観測幅（km）
ERS-1 ERS-2	高度：777km 回帰日数：35日	AMI	Cバンド（5.3GHz）	VV	Image mode	23	30	99
					Wave mode	23	—	5×5
					Wind Scatterometer	29.3	50,000	500
ENVISAT	高度：800km 回帰日数：35日	ASAR	Cバンド（5.3GHz）	VV or HH	Image mode	15～45	30	～100
					Wave mode	15～45	30	5×5
					Wide Swath mode	17～43	150	400
					Global Monitoring mode	17～43	1,000	400
				HH/HV or VV/VH or HH/VV	Alternating Polarisation mode	15～45	30	～100
Sentinel-1* ［a、b の2機で運用］	高度：693km 回帰日数：12日	C-band SAR instrument	Cバンド（5.405GHz）	Dual HH＋HV, VV＋VH Single HH, VV	Stripmap	18.3～46.8	5	80
					Interferometric Wide Swath	29.1～46.0	5×20	250
					Extra Wide Swath	18.9～47.0	6	410
				HH, VV	Wave	21.6～25.1 34.8～38.0	5×20	20×20
COSMO-SkyMed* ［4機で運用］	高度：619.6km 回帰日数：16日	SAR-2000	Xバンド（9.6GHz）	One polarization selectable among HH, VV, HV or VH	Spotlight	20～59	≤1	10×10
					HIMAGE (Stripmap)		3～15	40
					WideRegion(ScanSAR)		30	100
					HugeRegion(ScanSAR)		100	200
				Two polarization selectable among HH, VV, HV, or VH	Ping Pong (Stripmap)		15	30
TerraSAR-X* ［Tandem-X とタンデム飛行］	高度：514km 回帰日数：11日	TerraSAR-X SAR instrument	Xバンド（9.65GHz）	HH, VV, HV, VH (Single or Dual)	Spotlight HS	20～55	1×2	5×10
					Spotlight SL		1×2	10
					Experimental Spotlight		1	5×10
					Stripmap	20～45	3	1500×30
					ScanSAR	20～45	16	1500×100
RADARSAT	高度：793～821km 回帰日数：24日	SAR	Cバンド（5.3GHz）	HH	Fine	10～60	8	50
					Standard		30	100
					Wide		30	130～165
					ScanSAR narrow		50	300
					ScanSAR wide		100	500
					Extended High		18～27	75
					Extended Low		30	170
RADARSAT-2*	高度：798km 回帰日数：24日	SAR	Cバンド（5.405GHz）	［Single/Dual Polarization 選択］ 送信：H and/or V 受信：H and/or V	Fine	10～60	8	50
					Wide Fine		8	150
					Standard		25	100
					Wide		25	150
					ScanSAR Narrow		50	300
					ScanSAR Wide		100	500
					Ocean Surveillance		30	100
				送信：H and V（交互）受信：H and V	Fine Quad-Pol		12	25
					Wide Fine Quad-Pol		12	50
					Standard Quad-Pol		25	25
					Wide Standard Quad-Pol		25	50
				HH	Extended High		25	75
					Extended Low		60	170
				送信：H or V 受信：H or V	Spotlight		1	18
					Ultra-Fine		3	20
					Wide Ultra-Fine		3	50
					Extra-Fine		5	125
					Multi-Look Fine		8	50
					Wide Multi-Look Fine		8	90
					Ship Detection		可変	450
RADARSAT Constellation*	高度：586～615km 回帰日数：24日	SAR	Cバンド（5.405GHz）	HH, VV, HV, VH, Compact Polarimetry	Low Resolution 100 m	19～53	100	500
					Medium Resolution 50 m		50	350
					Medium Resolution 30 m		30	125
					Medium Resolution 16 m		16	30
					High Resolution 5 m		5	30
					Very High Resolution 3 m		3	20
					Low Noise		100	350
					Ship Detection		可変	350
					Spotlight		1×3	20
					Quad-Polarization		9	20
JERS-1	高度：564km 回帰日数：44日	SAR	Lバンド（1.275GHz）	HH	—	—	18	75
ALOS	高度：691.65km 回帰日数：46日	PALSAR	Lバンド（1.270GHz）	HH or VV	高分解能	8～60	7～44	40～70
				HH＋HV or VV＋VH	高分解能	8～60	14～88	40～70
				HH or VV	広観測域	18～43	100	250～350
				HH＋HV＋VH＋VV	多偏波（実験モード）	8～30	24～89	20～65
ALOS-2*	高度：628km 回帰日数：14日	PALSAR-2	Lバンド（1.2575GHz）	SP	スポットライト	8～70	3×1	25×25
				SP or DP	高分解能		3	50
				SP or DP or CP or FP	高分解能		6	50（FP:30）
							10	70（FP:30）
				SP or DP	広域観測		100	350

※ ALOS-2／PALSAR-2 の観測モード欄の表記は、SP: HH or HV or VV、DP: HH＋HV or VV＋VH、FP: HH＋HV＋VH＋VV、CP: compact pol.（試験モード）を示す。
※ ＊は 2019 年 10 月現在で運用中の衛星を表す。

表6.4　商用衛星と搭載センサ―その1―

衛星名	軌道要素	搭載センサ				
		観測波長帯（μm）	空間分解能（m）	量子化ビット数	観測幅（km）	備考
IKONOS	高度：約680km 回帰日数：11日	0.45〜0.90	0.82	11	11.3	パンクロマチック
		0.45〜0.52 0.52〜0.60 0.63〜0.69 0.76〜0.90	3.3			
OrbView-3	高度：470km 回帰日数：約3日	0.45〜0.90	1	11	8 km	パンクロマチック
		0.45〜0.52 0.52〜0.60 0.63〜0.69 0.76〜0.90	4			
QuickBird	高度：450km	0.45〜0.90	0.61	11	スナップショット：17×17 エリア（標準）：32×32 ステレオ視：15×15	パンクロマチック
		0.45〜0.52 0.52〜0.60 0.63〜0.69 0.76〜0.89	2.5			
GeoEye-1[*]	高度：681km 回帰日数：3日以内	0.450〜0.800	0.41	11	Nominal swath width: 15.2 Single-point scene: 15×15 Contiguous large area：300×50 Contiguous 1° cell size areas： 100×100	パンクロマチック
		0.450〜0.510 0.510〜0.580 0.655〜0.690 0.780〜0.920	1.64			
WorldView-1[*]	高度：496km 回帰日数：1.7日（空間分解能1 m以内）、5.9日（空間分解能0.51m）	0.45〜0.90	0.5	11	17.6	パンクロマチック
WorldView-2[*]	高度：770km 回帰日数：1.1日（1 mグリッド以内）、3.7日（オフナディア角20°以内）	0.450〜0.800	0.46	11	16.4	パンクロマチック
		0.400〜0.450 0.450〜0.510 0.510〜0.580 0.580〜0.625 0.630〜0.690 0.705〜0.745 0.770〜0.895 0.869〜1.040	1.85			
WorldView-3[*]	高度：617km 回帰日数：1.0日以内（1 mグリッド）、4.5日（オフナディア角20°以内）	0.450〜0.800	0.31	11	13.1	パンクロマチック
		0.400〜0.450 0.450〜0.510 0.510〜0.580 0.580〜0.625 0.630〜0.690 0.705〜0.745 0.770〜0.895 0.869〜1.040	1.24			8 Multispectral Bands
		1.195〜1.225 1.550〜1.590 1.640〜1.680 1.710〜1.750 2.145〜2.185 2.185〜2.225 2.235〜2.285 2.295〜2.365	3.7			8 SWIR Bands
		0.405〜0.420 0.459〜0.509 0.525〜0.585 0.635〜0.685 0.845〜0.885 0.897〜0.927 0.930〜0.965 1.220〜1.252 1.365〜1.405 1.620〜1.680 2.105〜2.245 2.105〜2.245	30	14		12 CAVIS Bands
WorldView-4	高度：617km 回帰日数：約2日	0.450〜0.800	0.31	11	13.1	パンクロマチック
		0.450〜0.510 0.510〜0.580 0.655〜0.690 0.780〜0.920	1.24			

表 6.4　商用衛星と搭載センサ―その 2―

衛星名	軌道要素	搭載センサ				
		観測波長帯 (μm)	空間分解能 (m)	量子化ビット数	観測幅 (km)	備考
ASNARO-1*	高度：約504km 回帰日数：11日	0.450〜0.860	0.5	12	10	パンクロマチック
		0.400〜0.450 0.450〜0.520 0.520〜0.600 0.630〜0.690 0.705〜0.745 0.760〜0.860	2.0			
RapidEye* [5機で運用]	高度：630km 回帰日数：1日 (衛星直下：5.5日)	0.440〜0.510 0.520〜0.590 0.630〜0.685 0.690〜0.730 0.760〜0.850	6.5	12	77	
SkySat [1〜15]* [15機で運用]	高度：475〜575km 回帰日数：約1日 (衛星直下：4〜5日)	0.450〜0.900	0.86 [1, 2] 0.72 [3〜13]	12	8 [1, 2] 6.6 [3〜13]	パンクロマチック
		0.450〜0.515 0.515〜0.595 0.605〜0.695 0.740〜0.900	1.0			
PlanetScope* [120機以上で運用]	高度：475km 回帰日数：直下で1日	0.455〜0.515 0.500〜0.590 0.590〜0.670 0.780〜0.860	3.5〜4	12	24.6 × 16.4	

※空間分解能・観測幅については直下視のものを掲載している。
※*は2019年10月現在で運用中の衛星を示す。

6.2.5　リモートセンシングデータの特徴

（1）空間分解能の違い

　空間分解能は観測対象を標本化するピッチによって決定されることは前述のとおりである。したがって、空間分解能が高ければ高いほど詳細な情報を得ることができる。その一方、観測幅を一定とすると、空間分解能が高ければ1シーン内に占める画素数は多くなり、データ量が増大する。したがって、**表 6.2** と **表 6.4** を比較するとわかるように、通常、高い空分解能のセンサの観測幅は狭くなっている。データ利用者はリモートセンシングデータを利用するスケールを念頭に置きながら、適切な空間分解能のデータを選定していくことが望まれる。

（2）スペクトル分解能の違い

　スペクトル分解能は二つの側面から整理できる。一つは、電磁波の波長帯をいくつのバンド数で観測しているかといった面である。バンド数が多ければ多いほど、分光反射曲線に近い形のデータが取得可能となる。もう一つは、一つのバンドの担当する波長帯の範囲である。一つのバンドでは、受け持つ波長帯での反射率を平均値のような一つの値として観測する。もし仮に各バンドの担当する波長帯が非常に広いとすると、**図 6.4** のような分光反射曲線のパターンが示されていたとしても、波長に依存した反射率の強弱は平均化されてしまう。したがって、一つのバンドの担当する観測波長帯も狭ければ狭いほど性能が高いと解釈することができる。

　2000年にNASAから打ち上げられたEO-1（Earth Obseving-1）にはハイパースペク

トルのセンサとして Hyperion が搭載された。このセンサは $0.45\mu m \sim 2.5\mu m$ に 220 バンドを有している。1 バンドの担当する波長帯域も絞られており、各バンドから得られたデータを波長域ごとに展開することによって対象物の分光反射特性が把握できる。また、国内でも HISUI（Hyperspectral Imager SUIte）の開発が進められており、国際宇宙ステーション（ISS）への搭載が計画されている。その一方で、データ利用者からみると、多数のバンドデータを有効に利用する技術開発も待たれる。分析目的に適したバンドデータの抽出方法や多バンドデータの効率的な利用方法などについて研究が進められている。

(3) 時間分解能の違い

　6.2.3 項において、人工衛星といったプラットフォームの特性でリモートセンシングデータには「周期性」といった特徴がもたらされることを述べた。これを別の言い方にすれば「時間分解能」と呼ぶこともできる。特に、観測対象の時間変遷を分析したい場合には、必要な時間分解能を日単位、月単位、季節単位、年単位といったように整理し、適した観測データを選定することが望まれる。

　図 6.16 は横軸に空間分解能、縦軸に時間分解能（観測周期）を配したグラフである。これまで観測されてきた主なリモートセンシングデータが衛星名・センサ名ごとにプロットされている。参考までに、図上では各利用分野の要件を空間分解能と時間分解能の範囲で示している。リモートセンシングデータの特徴を把握するには、このように多面的にセンサの仕様をみていく視点が必要である。

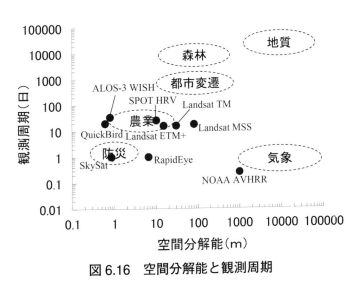

図 6.16　空間分解能と観測周期

【演習 6.1】　もし人間の目が可視域に加えて近赤外域の波長帯までの光を認識できた場合、植物はどのように目に映るか。想像して答えなさい。

【演習 6.2】　量子化レベル 8 ビット、バンド数 4、空間分解能 20m のセンサが観測幅 50km でデータを取得している。このセンサから得られる 1 シーンのデータ量は何 byte になるか。ただし、1 シーンのデータは観測幅×観測幅の大きさとし、各バンド

の空間分解能は全て等しく、観測データは圧縮処理されていないものとする。

【演習 6.3】Landsat-5 MSS データと Landsat-7 ETM ＋データの 1 シーンのデータ量を**表 6.2** から計算し、比較しなさい。ただし、1 シーンのデータは観測幅×観測幅の大きさとし、観測データは圧縮処理されていないものとする。

【演習 6.4】添付の CD-ROM に格納されている衛星データを選択し、単バンドでの画像表示やマルチバンドでの画像表示を実施した上で、市街地や森林域、水域などの地表面がどのように表示されるかまとめなさい。また、対象の特定した上で、各バンドでの最大値、最小値、平均値を求め、分光反射特性をまとめなさい。

6.3　リモートセンシングデータの処理・解析

　リモートセンシングデータを画像表示することで広域的なスペクトル情報を判読することができる。その一方で、リモートセンシングデータは地表面などの情報を有するデータとして GIS でも応用可能であり、他の地理情報とも複合的に利用することが一般的になっている。したがって、それに応じた補正処理や解析を実施することが多い。リモートセンシングデータはデジタルデータであることから、種々の処理・解析はデジタル画像を対象とした内容となる。ここでは、主な処理・解析の内容を述べる。

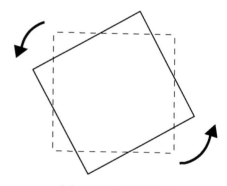

(a) 回転による歪み

6.3.1　幾何学的歪みの補正処理

（1）リモートセンシングデータに生じる歪み

　リモートセンシングデータには、観測原理にもとづく種々の幾何学的な歪みが生じている。プラットフォームを人工衛星とし、観測幅を 50km～150km 程度のものを想定すると、一般に配布されているシステム補正（バルク補正）済みデータには①人工衛星の軌道によるもの、②地球の自転によるものの二つを主な原因とするデータの変形（幾何学的歪み）が生じている。**図 6.17** のように①は回転の歪みを生じ、②はスキュー（ねじれ）の歪みを生じる。したがっ

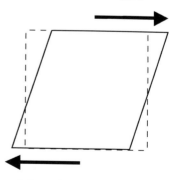

(b) スキューによる歪み

図 6.17　リモートセンシングデータに表れている歪み

て、これらを補正することによって、他の地理情報と位置的なずれがなくなり、GISでの重ね合わせが可能となる。

(2) 再配列

　歪みの補正には、画素の並び替えを実施する必要がある。具体的には、地図座標系（地図データ）との関連性を表した変換式を用いて再配列を実施する。変換式としてはさまざまなものが提案されているが、ここでは前述の回転とスキューの歪みなどに対応したアフィン変換式を示す。

$$\begin{cases} u = ax + by + c \\ v = dx + ey + f \end{cases} \tag{6.1}$$

　ここで、xとyはリモートセンシングデータ上の座標値を表し、uとvは地図座標系の座標値を示す。通常は、地図座標系とリモートセンシング画像上との対応点（GCP: Ground Control Points）を取得した上で、最小自乗法などを適用し、式（6.1）のa～fの値を得る。これより残差を計算し、GCPの妥当性を確認した上で許容残差内であればその係数a～fを採用する、といった手順を踏む。

(3) 内挿法

　再配列で示したように、変換式から得られる座標値はほとんどの場合が実数値となる。一方で、リモートセンシングデータは画素単位のラスタ型データであるため座標値そのものは整数値で表される。したがって、変換後に実数値で示された座標上の画素値を推定する内挿処理が必要となる。次の三つの手法は代表的な内挿法である。

①最近隣内挿法

　実数で表された座標値に最も近い画素値を当てはめる内挿法である。座標(x, y)の求めたい画素値が$P_{x, y}$であるときを考える。具体的には図6.18のとき、

$$P_{x, y} = P_{k, l} \tag{6.2}$$

ここで、$k = [x + 0.5]$
　　　　$l = [y + 0.5]$

ただし、[　]はガウス記号であり、整数部分を取ることを意味する。

　最近隣内挿法は、元のデータの画素値をそのまま格納するため、元データの情報が保持される。その一方で、画像としてみると処理結果に滑らかさが欠けることがある。

②共一次内挿法

　共一次内挿法は、実数として指定された座標値をもとに、周辺の4画素との距離に応じて重みを付けた上でそれぞれの画素値から平均を求めるものである。

　図6.19とき、共一次内挿法で画素値$P_{x, y}$を求めると

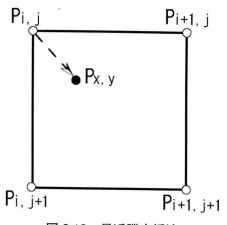

図6.18 最近隣内挿法

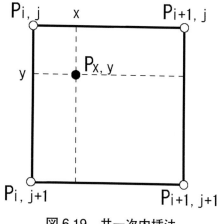

図6.19 共一次内挿法

$$P_{x,\,y} = \{(i+1)-x\}\,\{(j+1)-y\}\,P_{i,\,j} + \{(i+1)-x\}\,(y-j)\,P_{i,\,j+1}$$
$$+ (x-i)\,\{(j+1)-y\}\,P_{i+1,\,j} + (x-i)\,(y-j)\,P_{i+1,\,j+1} \tag{6.3}$$

と表せる。式 (6.3) のように共一次内挿法は重み付け平均の計算になることから、得られる画像は比較的滑らかになる。反面、元データの画素値そのものが計算され、変化してしまうため、分光特性を議論する場合には適した処理とはいえない。

③三次畳み込み内挿法

三次畳み込み内挿法では、**図6.20** のような内挿したい画素値の周囲16画素を用いて計算が行われる。実際には次のような sinc 関数 $f(x)$ を用いて計算される。

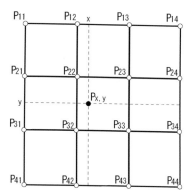

図6.20 三次畳み込み内挿法

$$P_{x,y} = [f(y_1)\ f(y_2)\ f(y_3)\ f(y_4)]\begin{bmatrix} P_{11} & P_{12} & P_{13} & P_{14} \\ P_{21} & P_{22} & P_{23} & P_{24} \\ P_{31} & P_{32} & P_{33} & P_{34} \\ P_{41} & P_{42} & P_{43} & P_{44} \end{bmatrix}\begin{bmatrix} f(x_1) \\ f(x_2) \\ f(x_3) \\ f(x_4) \end{bmatrix} \tag{6.4}$$

ここで、
$$\begin{cases} x_1 = 1 + (x - [x]),\ y_1 = 1 + (y - [y]) \\ x_2 = (x - [x]),\ y_2 = (y - [y]) \\ x_3 = 1 - (x - [x]),\ y_3 = 1 - (y - [y]) \\ x_4 = 2 - (x - [x]),\ y_4 = 2 - (y - [y]) \end{cases}$$

また、$f(x) = \dfrac{\sin(\pi x)}{\pi x} \approx \begin{cases} 1 - 2|x|^2 + |x|^3 & (0 \le |x| < 1) \\ 4 - 8|x| + 5|x|^2 - |x|^3 & (1 \le |x| < 2) \\ 0 & (2 \le |x|) \end{cases}$

　三次畳み込み内挿法は平均化に伴う画像の滑らかさが得られるとともに、鮮鋭化の効果もある。画素値そのものは改変されてしまい、共一次内挿法と同様に分光特性の分析には適さない。

　図6.21に、アフィン変換によって得られた幾何学的歪みの補正処理結果を示す。

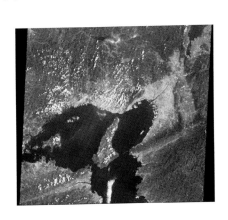 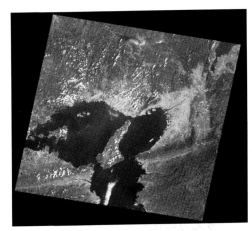

　　　　　(a)　補正前　　　　　　　　　　　　　(b)　補正後

図6.21　幾何学的歪みの補正処理（データ提供：JAXA）

6.3.2　放射量補正処理

　リモートセンシングの観測では、観測対象の分光特性を把握することになっているが、実際のデータには太陽や大気などのさまざまな環境条件の影響が反映されている。これらの他からの影響を放射量の歪みと呼ぶ。放射量の歪みは、主にセンサに起因するものと、太陽高度によるもの、大気の影響によるものに区分される。ここではデータ利用者が実施することの多い大気による放射量の歪みに対する補正処理について概説する。

　可視域～中間赤外域での観測を例とすると、光源となる太陽光が地表面に到着する間に、大気の層で吸収や散乱が発生する。地表面からの反射波も衛星に届くまでに大気の層を通過することから、同様の現象が発生する。吸収による反射波の減衰・散乱光の入射など、センサの観測したデータはさまざまな大気の影響を受け、放射量が変化していることになる。

　大気補正の代表的な方法としては、放射伝達方程式にもとづいた大気の吸収・散乱モデルに対してデータ観測時の大気の状態（水蒸気濃度、エアロゾル濃度、視程など）

をパラメータとして与えることで、吸収・散乱による変化量を推定するものがある。代表的な補正コード（補正プログラム）として MODTRAN や 6s などが一般に公開されており、これらでは各センサでの土地被覆ごとの分光特性テーブルが備えられている。この他の方法としては、リモートセンシングによる観測と同期させて反射率の地上計測などを実施し、得られた結果から大気の影響を除去する方法などもある。

6.3.3 モザイク処理

　地球観測衛星から得られたリモートセンシングデータには広域性といった特徴があるものの、固定された観測幅でのデータ取得であるとともに、人工衛星の軌道がほぼ一定であるため、注目したい領域がシーン間にまたがってしまうことがある。このような場合、複数のシーンを接合し、一つの画像データとする処理が必要となる。これをモザイク処理と呼ぶ。

　モザイク処理を実施する場合、観測日や観測季節といった条件の異なるシーンを接合しなければならないケースが出てくる。このような場合には、接合するシーン間で画像上の色調、コントラストが連続しなくなることが多い。そこで、通常は、いずれかのシーンを濃度変換し、基準となるシーンに色調などを整える処理を実施する。濃度変換については、2シーン間の重複部分について画素値を抽出した上で、統計的な標準化の考え方に従って平均値・分散を等しく変換する処理や、得られたヒストグラムの形状を合わせる処理などが適用される。

　図 6.22 は、南アメリカ大陸北部の JERS-1 SAR データのモザイク画像である。L バ

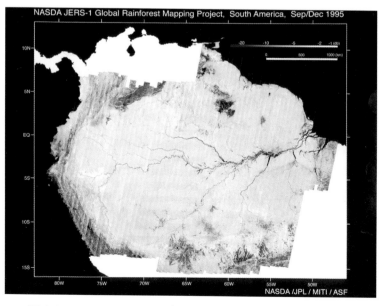

図 6.22　JERS-1 SAR データモザイク画像（© JAXA）

ンドでのSARの観測では森林域で後方散乱が大きく、水面や裸地で後方散乱が小さくなくことからそのコントラストによってアマゾン川の水系を判読できるとともに、熱帯雨林の伐採の状況も把握できる。図6.22で縦方向に帯のように表れているのが人工衛星の1軌道（パス）の観測幅にもとづいたデータ群であり、複数の時期の観測データが接合されることによって一枚の画像が成り立っていることを確認できる。また、図6.23は図6.22の拡大図であ

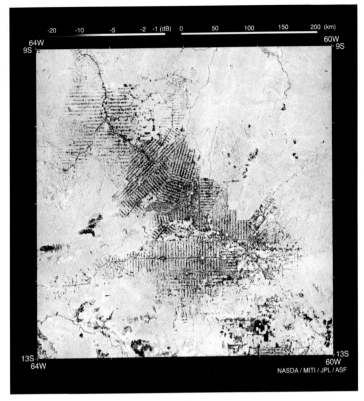

図6.23　モザイク画像から得られた森林伐採（© JAXA）

り、アマゾン川の支流に沿って約300km四方といった大規模な森林伐採によって表れたフィッシュボーンと呼ばれる伐採パターンが、モザイク処理の結果によって詳細に捉えられている。

6.3.4　画像間演算

　リモートセンシングデータは、分光特性がバンドごとに格納されている。言い換えれば、同じ対象物を波長帯ことに観測したデータが層状（レイヤー構造）を成しているということになる。したがって、バンド間のデータ同士で演算することによって分光特性が強調され、対象物の状況をより深く知ることが可能となる。また、GISでの利用では、他の画像データと層状を成すことによって、リモートセンシングデータからの情報抽出も可能となってくる。

　ここでは、画像間演算のうち、代表的なバンド間演算と、リモートセンシングデータ間での演算、さらに他の地理データ（画像データ）との演算について概説する。

(1) バンド間での演算

　一つのリモートセンシングデータ内で各バンドに観測された画素値を対象とした演

算になる。代表的なものとして、植生指標の演算が挙げられる。なかでも最もよく利用されているのが、正規化植生指標（Normalized Difference Vegetation Index: NDVI）と呼ばれるものである。具体的には次のような式によって得られる。

$$NDVI = \frac{NIR - R}{NIR + R} \tag{6.5}$$

ここで、NIR は近赤外バンドでの反射率を、R は赤色域での反射率を表す。**図6.3**を見直すと、上式の分子は植生の吸収がある赤色波長帯域と、強い反射のある近赤外域での反射率の差を表しており、植生の活性度が高ければこの差は大きくなる。これをレッドエッジと呼ぶ。分母の項は、分光反射曲線に表れている大気や太陽高度の影響を緩和するための正規化の役割をなしている。

NDVIは、その処理そのものが簡便であることから、植生域の抽出処理で閾値として参照されることが多い。また、特定樹種の葉面積指数（Leaf Area Index: LAI）と相関が高く、植生の生態学的特徴を把握しようとするアプローチにも適用されている例が見られる。

(2) リモートセンシングデータ間での演算

リモートセンシングデータ間での演算では、観測時期の違いにもとづいた差分が得られるため、時間軸での変遷の分析に利用されるケースが多い。観測時期の選定によっては、次の2点での情報抽出が可能となる。

①季節変化の抽出

演算するデータの観測時期の違いが数十日〜数ヶ月程度であるとき、季節変化を対象とした変化抽出が可能となる。特に、農業の分野では作物の生育状態がリモートセンシングデータの分光特性に表れることから、前述のNDVIの変化などから収量予測や作付面積の推定などに適用できる。

②経年変化の抽出

観測時期の違いが年単位になると、データ間に土地利用状態にもとづいた土地被覆の変遷が生じやすく、造成などの開発に伴った変化抽出が可能となる。経年変化の抽出に関しては、リモートセンシングデータそのものを比較する方法と、後述する土地被覆分類結果を比較する方法が挙げられる。その一方で、リモートセンシングデータは観測時の一瞬を捉えたものであり、経年変化だけでなく、観測時や直前の気象状態などの影響も受けている。したがって、経年変化の抽出には時間分解能が高いデータを複数適用するアプローチや、地理データなどを複合的に適用するアプローチを採用していくことが望ましい。

(3) 他の地理データとの演算

地理データとの演算としては、たとえば土地利用項目ごとの画素値を抽出する処理

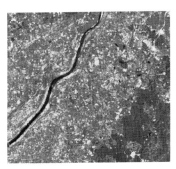
(a) LandSAT ETM ＋データ
データ提供：JAXA

白：人工的土地利用
黒：自然的土地利用
(b) 土地利用データ

(c) 演算結果

図 6.24　論理演算の例

などが挙げられる。この演算は論理演算とも呼ばれており、行政界の画像抽出などにも応用可能である。**図 6.24** には土地利用図との演算結果を示した。自然的土地利用（水域を除く）にある地域のみに注目し、そこでの分光反射特性を抽出している。

6.3.5　空間フィルタリング

空間フィルタリングは、リモートセンシング

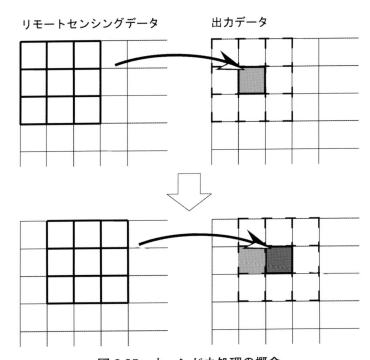

リモートセンシングデータ　　出力データ

図 6.25　ウィンドウ処理の概念

データから得られる画像上の特徴を強調することによって、必要となる情報の抽出を試みる処理である。「空間」とついているのは、リモートセンシングデータ内の隣り合う画素間での関連性に着目し、ある小さな範囲内での画素値の分布状態を処理の対象とすることを意味している。この小さな範囲をウィンドウ、処理そのものをウィンドウ処理とも呼ぶ。3 画素×3 画素のウィンドウ処理の概念を**図 6.25** に示す。ウィンドウ内に含まれた 9 画素の値を対象に演算が実施され、その結果が出力データのウィンドウの中心にあたる画素に格納される。

（1）統計フィルタ

ウィンドウ内の統計値を計算するものである。つまり、3×3のフィルタを考えると、ウィンドウ内に該当する九つの画素値をもとに統計値を計算していくことになる。

①平均値フィルタ

ウィンドウ内に含まれた画素値の平均値を計算し、ウィンドウの中心位置に出力していく処理である。平滑化やスムージングとも呼ばれるフィルタであり、画像を滑らかにする効果がある。その一方で、ウィンドウサイズを大きくするに連れて、得られる画像がぼけてくる傾向もある。

②メディアンフィルタ

ウィンドウ内の画素値群の中央値を計算する処理である。平均値フィルタと似た効果があるが、元データの画素値が保持されることから比較的エッジ部分などが保存される傾向にある。SARデータに見られるスペックルノイズのようなノイズの除去に適している。

③その他のフィルタ

その他に、最頻値や最大値、最小値、標準偏差などを計算するフィルタがある。

（2）線形フィルタ

リモートセンシングデータから得られる画像を見比べると、都市域のように場所によってコントラストの強弱が激しい画像がある一方で、海域のようにコントラストがほぼ一定の画像もある。このような画素値の空間的な分布状態の違いは空間周波数といった視点から整理できる。前述の都市域であれば、高周波成分が卓越した画像となり、海域であれば低周波成分が卓越していることになる。この空間周波数帯を対象としたフィルタは本来フーリエ変換などで実施されるが、フィルタのウィンドウサイズが小さい場合は簡略化が可能であり、線形フィルタとして表現できる。次の2例は、代表的な線形フィルタである。

①ローパスフィルタ

高周波成分を遮断し、低周波成分を抽出するフィルタである。計算方法は平均値フィルタと同様になる。

②ハイパスフィルタ

ウィンドウ内の平均値を差し引くことによって低周波成分を除去し、高周波成分を抽出するものである。コントラストの強い部分が抽出されることから、エッジを強調した画像が得られる。図6.25で示した3×3のフィルタを想定すると、次のような行列の要素をウィンドウ内の各画素値に掛け合わせた上で総和することで求まる。

$$\frac{1}{9}\begin{bmatrix} -1 & -1 & -1 \\ -1 & 8 & -1 \\ -1 & -1 & -1 \end{bmatrix} \tag{6.6}$$

（3）微分フィルタ

空間周波数の考え方と同様に、画素の並びに対する画素値の大小を一種の関数と考えると、微分の考え方を適用することによって空間的に画素値の変化の大きい部分を抽出することが可能になる。この考え方に沿ったフィルタを微分フィルタと呼ぶ。

① Prewitt フィルタ

横方向と縦方向に空間的な 1 次微分を実施したものである。実際には、微分を差分の形でフィルタに展開している。具体的には次のような横方向に対するフィルタと縦方向に対するフィルタをそれぞれ適用し、得られた値の絶対値を足し合わせるか、2 乗和の平方根を計算する。

$$横方向：\begin{bmatrix} -1 & 0 & 1 \\ -1 & 0 & 1 \\ -1 & 0 & 1 \end{bmatrix}、縦方向\begin{bmatrix} -1 & -1 & -1 \\ 0 & 0 & 0 \\ 1 & 1 & 1 \end{bmatrix} \tag{6.7}$$

② Sobel フィルタ

1 次微分フィルタでよく利用されるものである。画像上の線構造やエッジ部分が強調される。この計算も Prewitt のものと同様であり、次のような横方向と縦方向の微分を抽出するフィルタが準備されている。

$$横方向：\begin{bmatrix} -1 & 0 & 1 \\ -2 & 0 & 2 \\ -1 & 0 & 1 \end{bmatrix}、縦方向\begin{bmatrix} -1 & -2 & -1 \\ 0 & 0 & 0 \\ 1 & 2 & 1 \end{bmatrix} \tag{6.8}$$

③ラプラシアンフィルタ

2 次微分を利用したフィルタであり、以下のような行列が該当する。エッジが強調された処理結果が得られる。

$$\begin{bmatrix} -1 & -1 & -1 \\ -1 & 8 & -1 \\ -1 & -1 & -1 \end{bmatrix} \tag{6.9}$$

なお、**図 6.26** には、空間フィルタリングの適用例を示している。

(a) Landsat ETM ＋データ
データ提供：JAXA

(b) メディアンフィルタ

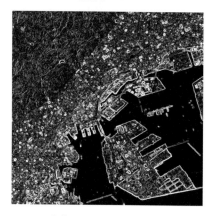

(c) Sobel フィルタ

(d) ラプラシアンフィルタ

図 6.26　空間フィルタの適用例

6.3.6　土地被覆分類

（1）土地被覆分類の考え方

　リモートセンシングは、対象物の分光特性を複数の波長帯の反射・放射を観測することによって把握している。したがって、各バンドから得られたデータを対象物ごとに比較すれば、似通った分布になることが想像できる。図 6.27 の例ように、リモートセンシングデータに観測された対象物（土地被覆状態）ごとの画素値を横軸に

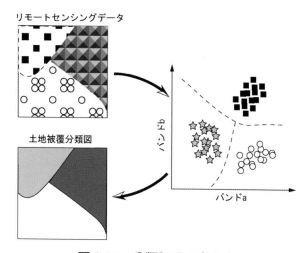

図 6.27　分類処理の考え方

バンドa、縦軸にバンドbとするグラフに展開すれば、各々のデータはグループを形成するであろう。したがって、そこに何らかの方法で図の破線のようなグループの境界線を引いてやれば、土地被覆状態ごとに領域分割された画像が得られることになる。このような考え方にもとづいて、リモートセンシングデータから土地被覆状態を分類する処理を土地被覆分類と呼ぶ。

(2) 分類処理の手順

土地被覆分類は、基本的には**図6.28**の手順で実施される。この手順は次の二つの分類手法の内容をまとめて示したものである。

①教師つき分類

リモートセンシングデータ上で分類の基準となるデータ（トレーニングデータ）をあらかじめ選択し、これらの統計量などを分類の教師として採用する方法である。

②教師なし分類

教師つき分類では、あらかじめ対象領域内の土地被覆をある程度把握しておく必要がある。その一方で、土地被覆状態が全くわからない場合は、データそのものの分布特性からクラスを推定する必要がある。教師なし分類は、ランダム抽出されたデータを対象に、統計的に似たものを自動的にグループ化していくクラスタリングといった手法が適用される。

(3) 土地被覆クラスの設定

教師つき分類を実施するには、まず対象とするリモートセンシングデータ上で分類すべきグループを設定する必要がある。これを土地被覆クラスと呼ぶ。土地被覆クラスの設定は分類精度にも影響を及ぼすことから、データの空間分解能や観測波長帯を考慮した上で、土地被覆ごとの分光特性に応じたクラスを設定する。なお、教師なし分類では、この時点で設定の必要はない。

(4) 特徴量の抽出・選定

分類処理には、マルチスペクトルに観測されたリモートセンシングのデータから、分類に適したバンドのデータを特徴量として選定していく必要がある。特に、ハイパースペクトルセンサのデータについては、処理時間の縮減やコンピュータ資源の有効利用といった観点からもバンドデータの選定は重要となる。その一方で、バンド数がそれほど多くない場合には、それらに加えて主成分分析画像、テクスチャ特徴量、植生指標などを追加することもある。

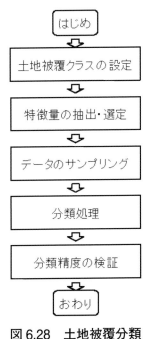

図6.28　土地被覆分類の流れ

（5）データのサンプリング

①教師つき分類の場合

　教師つきの場合は、航空写真の判読や現地調査（グランドトルース）の結果などを踏まえた上で、設定した土地被覆クラスを代表している領域を指定し、トレーニング領域と定める。さらに、土地被覆クラスごとに、トレーニング領域からトレーニングデータを抽出する。

②教師なし分類の場合

　ランダム抽出されたデータをもとに、クラスタリングを実施する。クラスタリングには、処理後にクラス数を決定する階層的な手法と、処理前にクラス数を決めておく非階層的な手法がある。いずれも、統計的に似た分布にあるデータを徐々にグループ化していく手法であり、結果として得られたクラスに対しては、画像判読などを通じて実際の土地被覆状況との関連性を検証し、土地被覆クラスをあらためて定義する。

　以上の処理によって、サンプリングされたデータから土地被覆クラスごとの平均値・分散・共分散といった統計量が得られる。これをもとに、母集団（リモートセンシングデータの全画素）に対する土地被覆クラスごとの統計量を推定し、図6.26の破線で示した境界線を設定していく。

（6）分類処理

　境界線の設定方法にはさまざまなものがある。ここでは代表的な三つの方法について述べる。

①マルチレベルスライス法

　この手法は、サンプリングデータの統計値をもとに、特徴量ごとの該当範囲を閾値として決定するものである。したがって、境界線は図6.29のように、バンドなどの特徴量を表す軸に直交する形で決定される。閾値の設定が分類精度の善し悪しに影響を及ぼすことから、入念な検討が必要になる。また、データの分布形状が特徴量の軸に対して傾きをもっている場合、分類精度が悪くなる傾向がある。

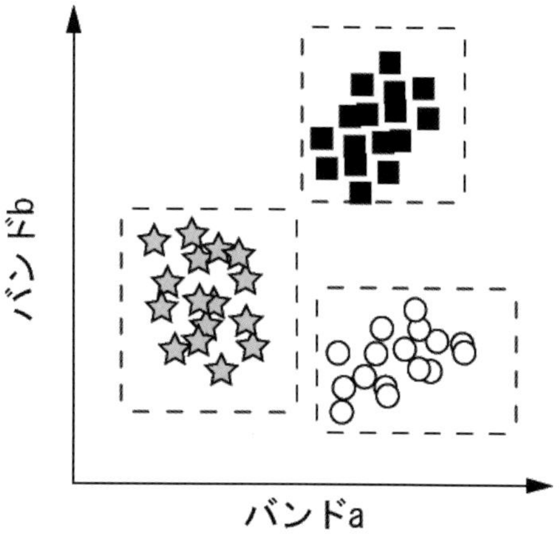

図6.29　マルチレベルスライスの概念

②ディシジョンツリー法

　リモートセンシングデータの画素値をもとに、階層的に条件を設定し、分類を実施する手法である。図6.30の例に示すように、土地被覆クラスごとの特性について、段階的に条件で絞り込んでいくことによって分類を実施する。処理時間が短いといっ

た長所があるが、**図6.30**のようなディシジョンツリー（決定木）の構成を検討することと、それぞれの条件を設定することに労力を必要とする。

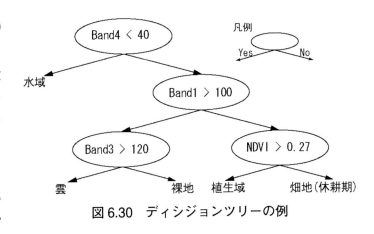

図6.30　ディシジョンツリーの例

③最尤法

サンプリングされた土地被覆クラスごとの統計量から、母集団（リモートセンシングデータの全画素）における確率密度関数を推定し、各画素を分類しようとするものである。ベイズの定理を基礎とする考え方から成り立っており、各クラスの分布には多次元正規分布が仮定されている。nバンドのデータ（n個の特徴量）で表されたある画素xが各土地被覆クラスkへ該当する尤もらしさを表す尤度$L_k(x)$は

$$L_k(x) = \frac{1}{2\pi^{\frac{n}{2}}|\Sigma_k|^{\frac{1}{2}}} \exp\left\{-\frac{1}{2}(x-\mu_k)^t \Sigma_k^{-1}(x-\mu_k)\right\} \tag{6.10}$$

で表される。ここで、Σ_kはクラスkのサンプリングデータにおける分散共分散行列（n行×n列）、μ_kはクラスkのサンプリングデータの平均値ベクトル（n列）である。実際には$\log L_k(x)$とした上で、計算を早めている。

最尤法の概念を**図6.31**に示す。サンプリングデータを最尤法に適用することによって得られた各クラスの確率密度関数は、多次元正規分布を仮定しているため、図のような山形のものになる。図中では、それぞれの山の等高線をイメージしている。この空間におい

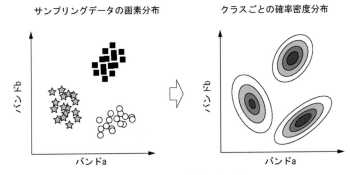

図6.31　最尤法の概念

て一つ一つの画素の値をプロットし、それぞれの"山"の上にいた場合の標高（尤度）を比較する。そして、最も標高の高い値が得られる"山"の土地被覆クラスにその画素を分類するといった流れで処理が進められる。

(8) 分類精度の検証

得られた分類結果を検証する方法としては、次の二つの方法がある。

①統計的なアプローチ

得られた分類結果は、スペクトルの特徴空間においても土地被覆クラスごとに分離できていることが望まれる。つまり、**図 6.31** のグラフにおいてクラスごとのデータ群の重なりが少なくなると分離性が高いといえる。そこで、土地被覆分類結果と元のリモートセンシングデータを画像間演算（論理演算）し、土地被覆クラスごとの画素値の統計量を計算した上で、クラス間の分離度を確認する方法がある。

②トレーニング領域、評価領域での検証

トレーニング領域として選定した場所は、グランドトルースなどを実施した領域であり、得られた分類結果でも該当するクラスに分類されていることが望ましい。そこで、実際にトレーニング領域内や分類の教師として利用しない評価用領域内があらかじめ定義されたクラスへどの程度分類されているのかを検証する方法がある。

【演習 6.5】添付の CD-ROM に格納されている衛星データを用いて NDVI を計算し、都市域や郊外地などでどのような値を示しているか調査せよ。

【演習 6.6】以下のような単バンドの画素値をもつデータに上記の空間フィルタ（ウィンドウサイズ：3×3）を用いて処理を実施した場合、どのような結果が得られるか。計算しなさい。

21	27	26	26	24	27	30	30	41
24	22	26	26	25	31	42	42	41
29	23	23	26	35	40	45	45	38
24	28	25	34	42	42	36	36	32
22	28	34	42	43	41	30	30	25
27	34	43	46	40	30	25	25	23
35	43	41	41	34	26	25	25	23
39	45	41	33	24	26	24	24	23
46	44	32	27	28	24	24	24	27

【演習 6.7】添付の CD-ROM に格納されている衛星データを用いて、土地被覆分類図を作成し、分類精度を上記の 2 点から考察しなさい。

参考文献

1）（財）資源・環境観測解析センター：資源・環境リモートセンシング実用シリーズ①　宇宙からの地球観測、p. 275、2001 年
2）大林成行：人工衛星から得られる地球観測データの使い方、p. 234、2002 年

3）田中邦一、青島正和、山本哲司、磯部邦昭：フォトショップによる衛星画像解析の基礎、p.135、2004 年

4）日本リモートセンシング研究会：改訂版 図解リモートセンシング、p. 334、2004 年

5）長谷川昌弘、今村遼平、吉川　眞、熊谷樹一郎：ジオインフォマティックス入門、p. 253、2002 年

6）沢辺頼子、松永恒雄、六川修一、梅干野晃、多バンド放射温度計を対象とした温度・放射率分離法の開発と ASTER 用温度・放射率分離アルゴリズムの評価、日本リモートセンシング学会誌、Vol. 23、No. 4、pp. 364-375、2003 年

7）飯坂譲二：合成開口レーダ画像ハンドブック、p. 208、1998 年

8）（財）資源・環境観測解析センター：新編リモートセンシング用語辞典、p. 291、1996 年

9）（財）資源・環境観測解析センター：資源・環境リモートセンシング実用シリーズ②　地球観測データの処理、p. 252、2003 年

10）村井俊治：空間情報工学、p. 216、2000 年

11）高木幹雄、下田陽久：新編 画像解析ハンドブック、p. 1991、2004 年

12）Takuhiko Murakami, Susumu Ogawa, Naoki Ishitsuka, Kiichiro Kumagai, and Genya Saito: Crop Discrimination with Multi-temporal SPOT/HRV Data in the Saga Plains, Japan, International Journal of Remote Sensing, Vol. 22, No. 7, pp. 1335-1348, 2001.

13）須﨑純一、畑山満則：空間情報学、p. 109、2013 年

第7章
デジタル写真測量

7.1 デジタル写真測量の概要

　デジタル写真測量は、撮影した写真から幾何学的情報を読み取り、2次元あるいは3次元の座標データを成果として取得する測量手法である。原理としては動物の目と同様であり、人間の目は2個あるにもかかわらず見えるものが1個となる特徴は、デジタル写真測量と大きく関連がある。すなわち、**図7.1**に示すように人間は左右の目に入ってくる画像を脳が自動的に合致（マッチング）させ、奥行きのある3次元情報として認識する特徴を持っている。片目を塞ぐと奥行き感が捉えにくくなるのは、得られる情報が3次元から2次元に変わることに起因している。デジタル写真測量では、このような動物の目をカメラに置き換え、カメラで撮影された写真に写されている物体の座標を求めることとなる。このように、デジタル写真測量における現場での作業は写真撮影が基本となるため、対象物に対して非接触での測量が可能である。そのため、災害の発生した危険な場所や文化財等の貴重な建物など、進入や接触が困難な対象物の測量に適した方法である。

　デジタル写真測量は、大別して空中から撮影して地形測量を行うための空中写真測量と、地上から撮影して建物や遺跡などの立面形状を測量するための地上写真測量とに分類される。また、特に最近は通称ドローンと呼ばれる UAV（Unmanned Aerial Vehicle）の普及により、空中写真測量を従来よりも低い撮影高度から実施する技術も発展している。また、カメラの性能も向上し、UAV に搭載可能な重量の軽いカメラでも高解像度の画像が取得できるようになった。これらの技術において根幹となる理論はすべて同一であるが、用途や対象に応じて使い分けることが必要となる。本章ではそのようなデジタル写真測量の種類に関する概略を述べた後、機材や理論、方法について詳述する。

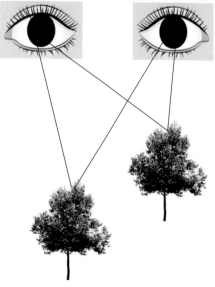

図7.1　左右の目による見え方

第7章

7.2　デジタル写真測量の種類

7.2.1　空中写真測量

空中写真測量は、**図7.2**のような専用の小型航空機に搭載された測量用航空カメラによって1,000〜3,000m程度の撮影高度より地表面を撮影し、撮影された写真から比較的広範囲に対する地形図を作成する技術である。地形図作成の際には撮影写真の他、航空機に搭載されているGNSS/IMUによって取得されるデータも用いられる。すなわち、GNSSによって取得される航空

図7.2　測量用航空機
（朝日航洋株式会社　提供）

機の位置が撮影点の3次元座標、IMUによって取得される航空機の傾きがカメラの三軸まわりの姿勢となり、それぞれ外部標定要素として処理に用いられる。国土交通省国土地理院は、この空中写真測量の技術により日本全国に対する1/25,000の地形図を整備している。また、1/2,500以上の大縮尺地形図も地方自治体等によって作成が進められるなど、空中写真測量は地形図作成の代表的手法といえる。

7.2.2　UAV写真測量

UAV写真測量は、UAV（**図7.3**）によって撮影された地表面の写真から測量を行う技術である。原理は空中写真測量とほぼ同様であるが、30〜100m程度の低空の撮影高度が適用できる点が大きな特徴である。すなわち、空中写真測量と比較するときわめて低空となるため、小規模な範囲が高解像度に取得される。これにより、1/500〜1/250程度の高精細な地形図作成のほか、各種施工現場における局所的な地形把握

図7.3　UAV

や、城郭や古墳といった文化財の3次元測量など、限られた狭い範囲の詳細な測量を行う際に有効である。UAV写真測量が普及したきっかけは、2016年に国土交通省より打ち出された施策「i-Construction」である。また、データ処理の手段としてSfM（Structure from Motion）が普及したのもUAV写真測量がきっかけであるといえる。

7.2.3 地上写真測量

地上写真測量は、**図7.4**のように主に手持ちまたは三脚で固定されたカメラを使用し、地上において対象物を撮影することにより測量を行う技術であるため、空撮を基本とする上記2種類とは趣が異なる。すなわち、撮影は人の目線に近い形で行われることとなるため、空中からは視認することのできない崖面や法面、建物の側面といった場所の測量に適している。特に、土砂崩落等の災害より立ち入ることのできない現場や、文化財指定されている構

図7.4 地上写真測量

造物のような直接触れることのできない対象物は、離れた位置から非接触での測量が可能であることから地上写真測量が適しているといえる。また、地上写真測量における写真撮影は民生用カメラでも可能となるよう研究開発が進められ、一般性や汎用性の高い測量方法となりつつある。

【演習7.1】

空中写真測量、UAV写真測量、地上写真測量がそれぞれ有用であると考えられる測定対象を2例ずつ挙げよ。

7.3 デジタル写真測量の理論

7.3.1 視差・視差差

前述のとおり、人間は左右の目に入ってくる画像から奥行きの情報を得ている。奥行きは、左右の目で同じ対象物を見た際に視差から捉え、さらに複数の対象物に対する遠近は、視差差を検知することにより把握する。**図7.5**において、人間の両目をカメラによる撮影点 O_1、O_2 とした場合、対象物 P までの距離を撮影高度 H、写真 Ⅰ、Ⅱに対する P の像点を p_1、p_2 とする。また、O_2 を通り O_1p_1 に平行な直線が、写真 Ⅱと交わる点を p_1' とする。これにより、$p_1'p_2$ は点 P が写真 Ⅰ、Ⅱに写る像点間の変位量、すなわち視差となる。

$p_1'p_2 = P_p$ とする。O_1O_2 を撮影基線、その長さ B を撮影基線長とすると、$O_2p_1'p_2 \backsim PO_1O_2$ であるため、次式が成り立つ。

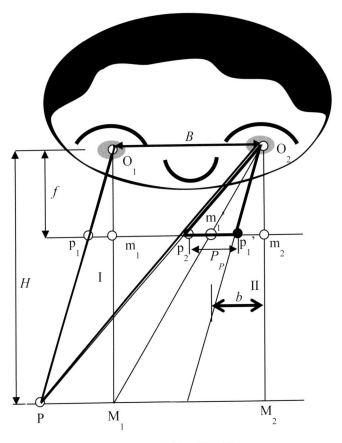

図 7.5 　視差・視差差

$$P_P : B = f : H$$

$$P_P = f\frac{B}{H} = \frac{B}{M}\left(\because \frac{1}{M} = \frac{f}{H}\right) \tag{7.1}$$

　したがって、地上主点 M_1 に対する写真 II への像点を m_1' とすると、$m_1'm_2$ は点 M_1 に対する視差となり主点基線と呼ばれ、その長さ b は主点基線長となり、次式で表される。

$$b = f\frac{B}{H} \tag{7.2}$$

　図 7.6 は撮影された写真を真上から見た模式図である。主点基線長は、写真の幅 a と重複度 P より求められる。同図のように写真 I の主点 m_1 に写真 II の m_1' を重ね、$m_1m_2 = b$ とすると、次式が得られる。

$$2x+b=\left(\frac{P}{100}\right)a$$

$$x+b=\frac{a}{2}\left(\frac{P}{100}\right)a$$

$$=2\left(\frac{a}{2}-b\right)+b \qquad (7.3)$$

$$=a-b$$

$$b=\left(1-\frac{P}{100}\right)a$$

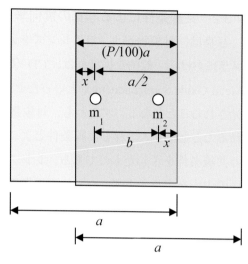

また、基準面に対して高さ h の点 Q の視差を P_Q とすると、P_Q は式 (7.1) における H の代わりに撮影点と点 Q との比高差 H-h を用いて、次式で表される。

図7.6　重複度と主点基線長

$$P_Q=f\frac{B}{H-h} \qquad (7.4)$$

$f,\ B,\ H$ は定数であるため、式 (7.1)、(7.4) より、視差の等しい点は同じ高さとなる。

つぎに、任意の 2 点間における視差の差である視差差について述べる。基準面に対して高さ h の点 Q の視差を PQ とし、基準面上の点 P の視差を PP とすると、点 Q の点 P に対する視差差 ΔP は式 (7.4) と式 (7.1) との差による求めるため、次式により得られる。

$$\Delta P=P_Q-P_P=f\frac{B}{H-h}-f\frac{B}{H}=\frac{Bfh}{H(H-h)} \qquad (7.5)$$

また、式 (7.2) より、

$$\Delta P=\frac{bh}{H-h} \qquad (7.6)$$

これにより、h は、

$$h=\frac{H\cdot\Delta P}{b+\Delta P} \qquad (7.7)$$

一方、$h<H$ の場合には、次式が成り立つ。

$$\Delta P=\frac{Bfh}{H^2} \qquad (7.8)$$

以上により、比高 h は視差差 ΔP を測ることにより、次式にて求めることができる。

$$h=\frac{H^2}{Bf}\Delta P=\frac{H}{b}\Delta P \qquad (7.9)$$

7.3.2　共線条件による写真の幾何学

　写真は、対象物がカメラのレンズを通して撮像面に写されたものである。デジタルカメラにおける一般的な撮像面は、CCD（Charge Coupled Device）や CMOS（Complementary Metal Oxide Semiconductor）といったセンサとなり、対象物はレンズを通して撮像面に受光されることとなる。すなわち、対象物、レンズ中心、撮像面上の像点が一直線で結ばれることとなり、これを共線条件とよぶ。**図 7.7** はカメラの傾きが無い理想的な状況での共線条件を示したものである。レンズ中心と撮像面との距離を画面距離とよび、撮像面の中心を主点とよぶ。なお、画面距離は焦点距離と混同して用いられるケースがしばし見受けられるが、デジタル写真測量においてはレンズ中心から撮像面までの鉛直距離を用いる必要があるため、ここでは画面距離で表現を統一する。

　図 7.7 において、対象物の位置はレンズ中心を原点とした 3 次元座標 P (X, Y, Z)、像点の位置は主点を原点とした写真座標 $p(x, y)$ でそれぞれ表す。また、画面距離 f とすると、これらの関係は次式で表される。

$$x = -f\frac{X}{Z}, \quad y = -f\frac{Y}{Z} \tag{7.10}$$

　式（7.10）において、x, y は写真上における対象物の像点の位置であるが、カメラのセンサ上で写っている点を mm 単位で読み取る。また、f はカメラの仕様から把握

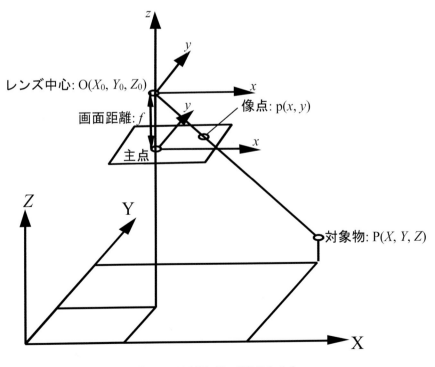

図 7.7　共線条件（傾き無し）

できる。すなわち、未知数となるのは $X,\ Y,\ Z$ であるが、未知数3個に対して式2個のため、これだけでは解くことができない。そのため、同一の対象物に対してステレオ撮影とよばれる2枚以上の写真撮影を行うことにより、式 (7.10) のセットを複数、すなわち式4個以上を導くことができるため、$X,\ Y,\ Z$ を求めることができる。**図 7.8** はカメラの傾きが無く、かつ2枚が平行の理想的な状況におけるステレオ撮影を示したものである。この場合、左右のカメラが平行であるため2つの像点における y 座標 $y_1,\ y_2$ は同値となる。なお、y_1 と y_2 の差は縦視差とよばれ、**図 7.8** は縦視差の無い状況といえる。一方、2つの像点における x 座標の差 $x_1 - x_2$ は視差あるいは横視差とよばれ、2つのカメラの間の距離 B は基線長とよばれる値である。P の実座標と写真上の像点の座標との関係は、次式にて表される。

$$\frac{x_1}{-f} = \frac{X}{Z}, \quad \frac{y_1}{-f} = \frac{Y}{Z}$$

$$\frac{x_2}{-f} = \frac{X-B}{Z}, \quad \frac{y_2}{-f} = \frac{Y}{Z} \tag{7.11}$$

以上より、ステレオ撮影された2枚の幾何関係は視差を用いて次式で表され、これらは視差方程式と呼ばれる。

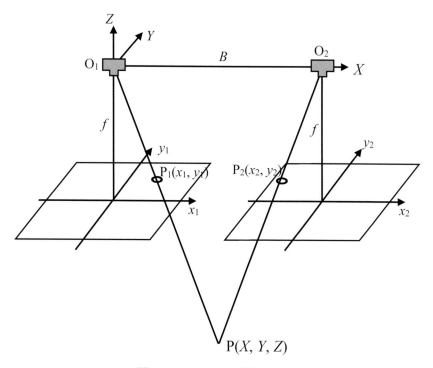

図 7.8　ステレオ撮影の幾何

$$X = \frac{x_1}{x_1 - x_2} B, \quad Y = \frac{y_1}{x_1 - x_2} B, \quad Z = \frac{-f}{x_1 - x_2} B \qquad (7.12)$$

式（7.12）より、B が与えられれば X, Y, Z が求められることがわかる。ここで、B と Z の比を表す B/Z は基線比とよばれ、基線比は Z 座標の測量精度に影響するファクタである。

【演習 7.2】

傾きの無い理想的な状態でステレオ撮影された 2 枚の写真 A, B において、測定対象物の像点の画面座標（mm）が写真 A では（1.5, 2.0）、写真 B では（−1.0, 2.0）であった。カメラの画面距離が 5mm、基線長が 10m である場合の、測定対象物の 3 次元座標を求めよ。

7.3.3　座標変換

前項で示したデジタル写真測量のモデルは、極めて理想的な状況における撮影を示したものである。すなわち、一般的な撮影状況においてはカメラに傾きが生じ、平行なステレオ撮影の実施や基線長の固定も不可能である。そのため、デジタル写真測量においては撮影した後にカメラの位置と姿勢を正確に求め、座標変換を実施する必要がある。特に、カメラの姿勢による回転変換については複雑かつ精度に大きく影響する。

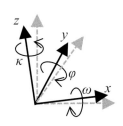

図 7.9　座標軸の
回転変換

回転変換は、x, y, z の 3 軸まわりに対して図 7.9 に示すとおり ω, φ, κ のオイラー角により示される。オイラー角は回転順序により結果が異なるが、デジタル写真測量においては κ の回転量が比較的大きくなることが多いことから、$\kappa \rightarrow \varphi \rightarrow \omega$ の順序で回転変換が行われる。図 7.10〜7.12 は各軸まわりの回転変換であるが、それぞれに対する変換式は以下のとおりである。

（1）x 軸まわり（ω）の回転

$$x_1 = x$$
$$y_1 = y \cdot \cos \omega + z \cdot \sin \omega \qquad (7.13)$$
$$z_1 = -y \cdot \sin \omega + z \cdot \cos \omega$$

$$\begin{bmatrix} x_1 \\ y_1 \\ z_1 \end{bmatrix} = \begin{bmatrix} 1 & 0 & 0 \\ 0 & \cos \omega & \sin \omega \\ 0 & -\sin \omega & \cos \omega \end{bmatrix} \cdot \begin{bmatrix} x \\ y \\ z \end{bmatrix} = R_\omega \cdot \begin{bmatrix} x \\ y \\ z \end{bmatrix} \qquad (7.14)$$

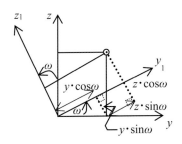

図 7.10　x 軸まわりの回転

(2) y 軸まわり（φ）の回転

$$x_2 = x_1 \cdot \cos\varphi - z_1 \cdot \sin\varphi$$

$$y_2 = y_1 \tag{7.15}$$

$$z_2 = x_1 \cdot \sin\varphi + z_1 \cdot \cos\varphi$$

$$\begin{bmatrix} x_2 \\ y_2 \\ z_2 \end{bmatrix} = \begin{bmatrix} \cos\varphi & 0 & -\sin\varphi \\ 0 & 1 & 0 \\ \sin\varphi & 0 & \cos\varphi \end{bmatrix} \cdot \begin{bmatrix} x_1 \\ y_1 \\ z_1 \end{bmatrix} = R_\varphi \cdot \begin{bmatrix} x_1 \\ y_1 \\ z_1 \end{bmatrix} \tag{7.16}$$

(3) z 軸まわり（κ）の回転

$$x_3 = x_2 \cdot \cos\kappa + y_2 \cdot \sin\kappa$$

$$y_3 = -x_2 \cdot \sin\kappa + y_2 \cdot \cos\kappa \tag{7.17}$$

$$z_3 = z_2$$

$$\begin{bmatrix} x_3 \\ y_3 \\ z_3 \end{bmatrix} = \begin{bmatrix} \cos\kappa & \sin\kappa & 0 \\ -\sin\kappa & \cos\kappa & 0 \\ 0 & 0 & 1 \end{bmatrix} \cdot \begin{bmatrix} x_2 \\ y_2 \\ z_2 \end{bmatrix} = R_\kappa \cdot \begin{bmatrix} x_2 \\ y_2 \\ z_2 \end{bmatrix} \tag{7.18}$$

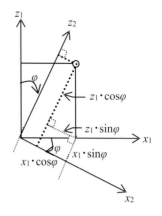

図 7.11　y 軸まわりの回転

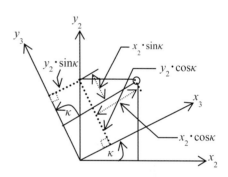

図 7.12　z 軸まわりの回転

以上の各軸まわりの回転角が、撮影時におけるカメラの姿勢となり、以下に述べる単写真標定において求められることとなる。

7.3.4　単写真標定

デジタル写真測量においては、撮影した後にカメラの位置と姿勢を正確に求める必要がある。このカメラの位置と姿勢を外部標定要素とよび、外部標定要素を求める処理を外部標定とよぶ。単写真標定は、一枚の写真に写された複数の基準点から成り立つ共線条件を用いて外部標定を行い、写真座標系と地上座標系の関係を確立するために実施される。すなわち、3次元座標が既知である基準点と対応する写真座標を用いて、カメラの位置および傾きを求めることとなる。この手法は空間後方交会法と呼ばれている。

図7.13 は傾きのある状態での共線条件を示したものである。共線条件では、同図に示すとおり地上座標系における点P（X, Y, Z）を撮影した際のカメラ座標系における画像上の像点p（x, y, z）およびカメラの撮影点O（X_0, Y_0, Z_0）の3点が一直線上に存在することが示される。また、外部標定要素は、図中におけるカメラのレンズ中心の3次元座標O（X_0, Y_0, Z_0）および、レンズ中心を原点とした座標系における x, y, z 軸まわりの傾き角 ω, φ, κ の計6変数である。

いま、カメラの傾きが無い状態で画像が撮影されたと仮定し、**図7.13** 中の線分OPは線分Opの λ 倍であるとすると、次式で示される。

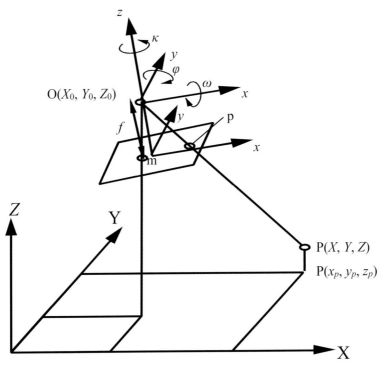

図7.13　共線条件（傾きあり）

$$\overline{OP} = \lambda \overline{Op} \tag{7.19}$$

線分 OP は次式で示され、

$$\overline{OP} = \begin{bmatrix} X \\ Y \\ Z \end{bmatrix} - \begin{bmatrix} X_0 \\ Y_0 \\ Z_0 \end{bmatrix} = \begin{bmatrix} X - X_0 \\ Y - Y_0 \\ Z - Z_0 \end{bmatrix} \tag{7.20}$$

さらに、カメラの傾きが無い状態での像点を p (x', y', z') とすると、次式で示される。

$$\overline{Op} = \begin{bmatrix} x' \\ y' \\ z' \end{bmatrix} \tag{7.21}$$

一般的に画像はカメラが傾いた状態で撮影されるため、カメラの姿勢を表す回転行列 **R** を用いて次式が得られる。

$$\overline{Op} = \begin{bmatrix} x' \\ y' \\ z' \end{bmatrix} = \mathbf{R}^{-1} \begin{bmatrix} x \\ y \\ z \end{bmatrix} \tag{7.22}$$

ここで、**R** は回転行列であり、式（7.13）〜（7.18）より次式にて表される。

$$\mathbf{R} = \begin{bmatrix} a_{11} & a_{12} & a_{13} \\ a_{21} & a_{22} & a_{23} \\ a_{31} & a_{32} & a_{33} \end{bmatrix}$$

$$= \begin{bmatrix} 1 & 0 & 0 \\ 0 & \cos\omega & -\sin\omega \\ 0 & \sin\omega & \cos\omega \end{bmatrix} \begin{bmatrix} \cos\varphi & 0 & \sin\varphi \\ 0 & 1 & 0 \\ -\sin\varphi & 0 & \cos\varphi \end{bmatrix} \begin{bmatrix} \cos\kappa & -\sin\kappa & 0 \\ \sin\kappa & \cos\kappa & 0 \\ 0 & 0 & 1 \end{bmatrix} \tag{7.23}$$

ここに、

$a_{11} = \cos\varphi \cos\kappa,$ $\qquad a_{12} = -\cos\varphi \sin\kappa,$ $\qquad a_{13} = \sin\varphi$

$a_{21} = \cos\omega \sin\kappa + \sin\omega \sin\varphi \cos\kappa,$ $\quad a_{22} = \cos\omega \cos\kappa - \sin\omega \sin\varphi \sin\kappa,$ $\quad a_{23} = -\sin\omega \cos\varphi$

$a_{31} = \sin\omega \sin\kappa - \cos\omega \sin\varphi \cos\kappa,$ $\quad a_{32} = \sin\omega \cos\kappa + \cos\omega \sin\varphi \sin\kappa,$ $\quad a_{33} = \cos\omega \cos\varphi$

以上をまとめると、次式が成り立つ。

$$\begin{bmatrix} x \\ y \\ z \end{bmatrix} = \frac{1}{\lambda} \mathbf{R} \begin{bmatrix} X - X_0 \\ Y - Y_0 \\ Z - Z_0 \end{bmatrix} \tag{7.24}$$

さらに、式（7.24）を展開すると、

$$x = \frac{1}{\lambda} \{ a_{11}(X - X_0) + a_{12}(Y - Y_0) + a_{13}(Z - Z_0) \}$$

$$y = \frac{1}{\lambda} \{ a_{21}(X - X_0) + a_{22}(Y - Y_0) + a_{23}(Z - Z_0) \} \tag{7.25}$$

$$z = \frac{1}{\lambda} \{ a_{31}(X - X_0) + a_{32}(Y - Y_0) + a_{33}(Z - Z_0) \}$$

式（7.25）の第3式を第1、第2式に代入し、さらに p 点の Z 座標は画面距離に相当するため、$z = -f$ を代入すると次式の傾きのある状態での共線条件式が得られる。

$$x = -f \frac{a_{11}(X - X_0) + a_{12}(Y - Y_0) + a_{13}(Z - Z_0)}{a_{31}(X - X_0) + a_{32}(Y - Y_0) + a_{33}(Z - Z_0)}$$

$$y = -f \frac{a_{21}(X - X_0) + a_{22}(Y - Y_0) + a_{23}(Z - Z_0)}{a_{31}(X - X_0) + a_{32}(Y - Y_0) + a_{33}(Z - Z_0)} \tag{7.26}$$

式（7.26）は、以下のように地上座標 (X, Y) を求める式に変形できる。

$$X = (Z - Z_0) \frac{a_{11}x + a_{21}y + a_{31}f}{a_{13}x + a_{23}y + a_{33}f} + X_0$$

$$Y = (Z - Z_0) \frac{a_{12}x + a_{22}y + a_{32}f}{a_{13}x + a_{23}y + a_{33}f} + Y_0 \tag{7.27}$$

式（7.27）は、測定対象物の標高 Z が与えられれば、その点の位置 (X, Y) が、単写真の画像座標 (x, y) から求められることを示している。

また、測定対称面が平面の場合には、式（7.27）の代わりに以下に示す2次射影変

換式を用いることができる。

$$X = \frac{b_1 x + b_2 y + b_3}{b_7 x + b_8 y + 1}$$

$$Y = \frac{b_4 x + b_5 y + b_6}{b_7 x + b_8 y + 1}$$

(7.28)

ここに、$b_1 \sim b_8$ は未知の変換係数であり、求めるためには 4 点以上の基準点が必要である。それらの基準点における測定値（X_i, Y_i, x_i, y_i）に対して最小二乗法を適用する場合、以下の線形観測方程式に変換する。

$$x_i b_1 + y_i b_2 + b_3 - x_i X_i b_7 - y_i X_i b_8 = X_i$$

$$x_i b_4 + y_i b_5 + b_6 - x_i Y_i b_7 - y_i Y_i b_8 = Y_i$$

(7.29)

ここに、

$$i = 1, \ 2, \ \cdots, \ n \ (n \geq 4)$$

つぎに、外部標定要素の算出に着目する。Z 座標は標高であるが、測定範囲の平均標高を Z_m とし、これを初期値とする。それにより、XY 座標系が $Z = Z_m$ の標高一定面に表れたと仮定し、外部標定要素が求められることとなる。式 (7.27) および式 (7.28) より、次式が得られる。

$$X = \frac{\{a_{11}(Z_m - Z_0) + a_{13}X_0\}x + \{a_{21}(Z_m - Z_0) + a_{23}X_0\}y + \{a_{31}(Z_m - Z_0) + a_{33}X_0\}c}{a_{13}x + a_{23}y + a_{33}c}$$

$$= \frac{b_1 x + b_2 y + b_3}{b_7 x + b_8 y + 1}$$

$$Y = \frac{\{a_{12}(Z_m - Z_0) + a_{13}Y_0\}x + \{a_{22}(Z_m - Z_0) + a_{23}Y_0\}y + \{a_{32}(Z_m - Z_0) + a_{33}X_0\}c}{a_{13}x + a_{23}y + a_{33}c}$$

$$= \frac{b_4 x + b_5 y + b_6}{b_7 x + b_8 y + 1}$$

(7.30)

式 (7.28) と式 (7.30) の各辺を比較することにより、外部標定要素が次式により求められる。

$$\omega = \tan^{-1}(fb_8)$$

$$\varphi = \tan^{-1}(-fb_7 \cos \omega)$$

$$\kappa = \tan^{-1}\left(\frac{-b_4}{b_1}\right) (\varphi = 0 \ \text{の場合})$$

$$\kappa = \tan^{-1}\left(\frac{b_2}{b_5}\right) (\varphi \neq 0, \ \omega = 0 \ \text{の場合})$$

$$\kappa = \tan^{-1}\left(-\frac{A_1 A_3 - A_2 A_4}{A_1 A_2 + A_3 A_4}\right) \quad (\varphi \neq 0,\ \omega \neq 0\ \text{の場合}) \tag{7.31}$$

$$Z_0 = c \cos \omega \sqrt{\frac{A_2^2 + A_3^2}{A_1^2 + A_4^2}} + Z_m$$

$$X_0 = b_3 - \frac{\tan \omega \sin \kappa}{\cos \varphi - \tan \varphi \cos \kappa}(Z_m - Z_0)$$

$$Y_0 = b_6 - \frac{\tan \omega \cos \kappa}{\cos \varphi + \tan \varphi \cos \kappa}(Z_m - Z_0)$$

ここに、

$$A_1 = 1 + \tan^2 \varphi$$

$$A_2 = b_1 + b_2 \frac{\tan \varphi}{\sin \omega}$$

$$A_3 = b_4 + b_5 \frac{\tan \varphi}{\sin \omega}$$

$$A_4 = \frac{\tan \varphi}{\cos \varphi \tan \omega}$$

　以上により得られた共線条件式から外部標定要素を求める場合、各未知変量に対して近似値を与え、近似値まわりのテイラー展開により線形化し、最小二乗法により補正量を求めて近似値を補正するという処理を繰り返し行い、収束解を求めることとなる。このような処理は逐次近似解法と呼ばれている。

　共線条件式を線形化する場合、式（7.26）を以下の通り置換する。

$$F(X_0, Y_0, Z_0, \omega, \varphi, \kappa) = -f\frac{a_{11}(X - X_0) + a_{12}(Y - Y_0) + a_{13}(Z - Z_0)}{a_{31}(X - X_0) + a_{32}(Y - Y_0) + a_{33}(Z - Z_0)} - x = 0$$

$$G(X_0, Y_0, Z_0, \omega, \varphi, \kappa) = -f\frac{a_{21}(X - X_0) + a_{22}(Y - Y_0) + a_{23}(Z - Z_0)}{a_{31}(X - X_0) + a_{32}(Y - Y_0) + a_{33}(Z - Z_0)} - y = 0 \tag{7.32}$$

　各外部標定要素に対する近似値をそれぞれ X_{00}、Y_{00}、Z_{00}、ω_0、φ_0、κ_0、それらに対する補正量を ΔX_0, ΔY_0, ΔZ_0, $\Delta\omega$, $\Delta\varphi$, $\Delta\kappa$ とし、式（7.32）をテイラー展開し2次項以降を無視すると以下のように線形化される

$$F(X_0, Y_0, Z_0, \omega, \varphi, \kappa)$$

$$\fallingdotseq F(X_{00}, Y_{00}, Z_{00}, \omega_0, \varphi_0, \kappa_0) - \frac{\partial F}{\partial X_0}\Delta X_0 - \frac{\partial F}{\partial Y_0}\Delta Y_0 - \frac{\partial F}{\partial Z_0}\Delta Z_0 - \frac{\partial F}{\partial \omega}\Delta\omega - \frac{\partial F}{\partial \varphi}\Delta\varphi - \frac{\partial F}{\partial \kappa}\Delta\kappa = 0$$

$$G(X_0, Y_0, Z_0, \omega, \varphi, \kappa) \tag{7.33}$$

$$\fallingdotseq G(X_{00}, Y_{00}, Z_{00}, \omega_0, \varphi_0, \kappa_0) - \frac{\partial G}{\partial X_0}\Delta X_0 - \frac{\partial G}{\partial Y_0}\Delta Y_0 - \frac{\partial G}{\partial Z_0}\Delta Z_0 - \frac{\partial G}{\partial \omega}\Delta\omega - \frac{\partial G}{\partial \varphi}\Delta\varphi - \frac{\partial G}{\partial \kappa}\Delta\kappa = 0$$

　式（7.33）の各変数に初期値を与え、得られる観測方程式に対して残差の2乗和を

最小とする値として、最小二乗法により各補正項の最確値を求める。これにより、近似値を修正し同様の処理を繰り返す逐次近似解法によって収束解を求める。

7.3.5　デジタルカメラのキャリブレーション

　上記の手順により外部標定要素を未知数とした解法が可能となるが、一般的な非測定用デジタルカメラを用いる場合は、カメラ内部のファクタである内部標定要素も未知数として扱う必要がある。一般的に内部標定要素として扱われるファクタは既出の画面距離のほか、主点位置、レンズひずみである。以下、それぞれの内部標定要素の考え方について述べる。

(1)　地上座標系からカメラ座標系、画像座標への変換

　図7.13 において地上点 P のカメラ座標系に対する座標を P (x_p, y_p, z_p)、地上座標系に対する座標を P (X, Y, Z) とすると、これらの関係は式（7.24）の回転行列 **R** を用いて次式にて表される。

$$\begin{bmatrix} x_p \\ y_p \\ z_p \end{bmatrix} = \mathbf{R} \begin{bmatrix} X - X_0 \\ Y - Y_0 \\ Z - Z_0 \end{bmatrix} \tag{7.34}$$

また共線条件より、カメラ座標系と画像座標系の間には次式の比例関係が成立する。

$$\frac{x}{-f} = \frac{x_p}{z_p}, \quad \frac{y}{-f} = \frac{y_p}{z_p} \tag{7.35}$$

式（7.35）を変形し、

$$x = -f \frac{x_p}{z_p}, \quad y = -f \frac{y_p}{z_p} \tag{7.36}$$

　式（7.36）に式（7.34）を代入することにより、式（7.26）と同様に以下の関係が得られることとなる。

$$x = -f \frac{a_{11}(X - X_0) + a_{12}(Y - Y_0) + a_{13}(Z - Z_0)}{a_{31}(X - X_0) + a_{32}(Y - Y_0) + a_{33}(Z - Z_0)}$$

$$y = -f \frac{a_{21}(X - X_0) + a_{22}(Y - Y_0) + a_{23}(Z - Z_0)}{a_{31}(X - X_0) + a_{32}(Y - Y_0) + a_{33}(Z - Z_0)} \tag{7.37}$$

(2)　主点位置

　主点とは、カメラの光軸の中心に対するセンサ上の像点である。非測定用デジタルカメラにおいては光軸にずれが生じることから、主点位置がセンサの中心からずれることとなるため、未知数として扱う必要がある。デジタル写真測量において、像点の座標はモニタ上において行と列で表現される画素座標 (u, v) として得られる。画素座標とセンサ上の画像座標 (x, y) との関係は、主点位置に対する画素座標 $(u_0,$

v_0）を含め次式で表される。

$$u = u_0 + s_1 x$$
$$v = v_0 + s_2 y \tag{7.38}$$

ここで、s_1, s_2 は画素座標と画像座標との変換係数であり、カメラのセンササイズを $l_x \times l_y$（mm）、画素数を $N_x \times N_y$ とすると次式で求められる既知量である。

$$s_1 = \frac{N_x}{l_x}, \quad s_2 = \frac{N_y}{l_y} \tag{7.39}$$

なお、u_0, v_0 に対しては、センサの中心位置の画素座標が初期値として扱われる。

（3）レンズひずみの補正

式（7.37）における x, y はレンズひずみ補正後の座標となるため、補正の工程を明らかにしておく必要がある。レンズひずみ補正前の像点の座標を x', y' とし、x 方向、y 方向のレンズひずみをそれぞれ dx, dy とすると次式が得られる。

$$x' + dx = x$$
$$y' + dy = y \tag{7.40}$$

ここで、dx, dy に対しては多くのレンズひずみモデルが提案されているが、ここでは現在広く利用されている放射方向ひずみと接線方向ひずみとを考慮したモデルを取り扱うこととする。図7.14 はレンズひずみのイメージであるが、放射方向ひずみは像がレンズ中心から放射方向に縮むたる型、あるいは伸びる糸巻き型があり、一般に広角側でたる型の放射方向歪みが表れ、望遠になるにつれて糸巻き型に変化するひずみとなる。一方、接線方向ひずみは像がレンズ中心からの放射線状において接線方向にずれた位置に結像するひずみである。放射方向ひずみ補正係数を k_1, k_2, k_3、接

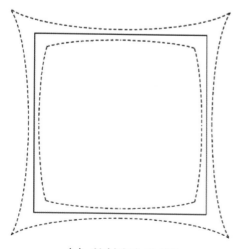

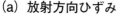
（a）放射方向ひずみ

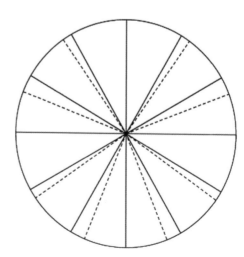
（b）接線方向ひずみ

図7.14　レンズひずみのイメージ

線方向ひずみ補正係数を p_1, p_2 とすると、dx, dy は次式にて表される。

$$dx = k_1 r^2 x' + k_2 r^4 x' + k_3 r^6 x' + p_1(r^2 + 2x'^2) + p_2 2x'y'$$
$$dy = k_1 r^2 y' + k_2 r^4 y' + k_3 r^6 y' + p_2(r^2 + 2y'^2) + p_1 2x'y' \tag{7.41}$$

ここに、

$$r = \sqrt{x'^2 + y'^2}$$

なお、k_1, k_2, k_3, p_1, p_2 に対しては、0 が初期値として扱われる。

　以上により式（7.37）における未知量は、カメラの傾き角（ω, φ, κ）、カメラのレンズ中心位置（X_0, Y_0, Z_0）の外部標定要素 6 個および画面距離（f）、主点位置（u_0, v_0）、レンズひずみ補正係数（k_1, k_2, k_3, p_1, p_2）の内部標定要素 8 個の合計 14 個である。この未知量を得るためには、3 次元座標（X, Y, Z）が既知である地上基準点が画面上に 7 点以上存在すれば、式（7.37）を 14 個以上導出できるため算出が可能となる。すなわち、式（7.37）に対して内部標定要素を含めたすべての未知数まわりのテイラー展開によって線形化し、逐次近似計算によって補正を繰り返して解を得ることにより、カメラの外部・内部標定要素を同時に算出するセルフキャリブレーションが行われることとなる。

7.3.6　共面条件

（1）共面条件式

　共線条件は単写真標定を行う上で必要な一枚の写真に対する幾何学的条件であったが、一対のステレオ画像に対しては相互標定を行う必要があり、方法としては共面条件ならびに縦視差消去がある。ここでは、代表的な方法として共面条件について述べる。

　共面条件は、**図 7.15** に示すとおり、対象物 P に対して撮影された 1 組のステレオ写真に対する撮影点のレンズ中心 O_1（X_{01}, Y_{01}, Z_{01}）、O_2（X_{02}, Y_{02}, Z_{02}）および像点 P_1（X_1, Y_1, Z_1）、P_2（X_2, Y_2, Z_2）が同一平面（エピポーラ面）上に存在するという条件である。この共面条件を用いることによって、2 台のカメラの相対的な位置関係の算出を行うことが可能となる。すなわち、地上基準点を必要とせずに相互標定を行うことができる点が大きな特徴である。

　まず、点 O_1, P_1、P を通る直線は λ_1 を媒介変数として次式で表される。

$$\frac{X - X_{01}}{X_1 - X_{01}} = \frac{Y - Y_{01}}{Y_1 - Y_{01}} = \frac{Z - Z_{01}}{Z_1 - Z_{01}} = \lambda_1 \tag{7.42}$$

　同様に、点 O_2, P_2、P を通る直線は λ_2 を媒介変数として次式で表される。

$$\frac{X - X_{02}}{X_2 - X_{02}} = \frac{Y - Y_{02}}{Y_2 - Y_{02}} = \frac{Z - Z_{02}}{Z_2 - Z_{02}} = \lambda_2 \tag{7.43}$$

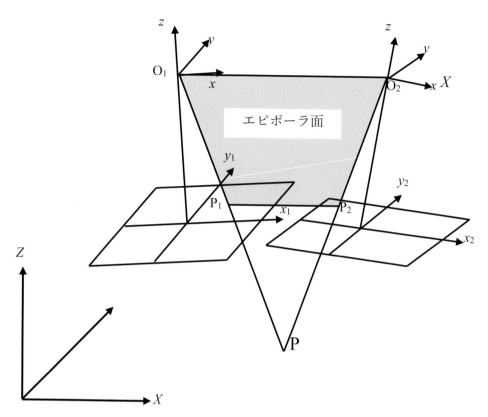

図 7.15　共面条件

式 (7.42)、(7.43) において、$X_1 - X_{01} = l_1$,　$Y_1 - Y_{01} = m_1$,　$Z_1 - Z_{01} = n_1$,　$X_2 - X_{02} = l_2$, $Y_2 - Y_{02} = m_2$,　$Z_2 - Z_{02} = n_2$ と代入し、それぞれ変形すると

$$X = X_{01} + \lambda_1 \, l_1 = X_{02} + \lambda_2 \, l_2 \tag{7.44}$$

$$Y = Y_{01} + \lambda_1 \, m_1 = Y_{02} + \lambda_2 \, m_2 \tag{7.45}$$

$$Z = Z_{01} + \lambda_1 \, n_1 = Z_{02} + \lambda_2 \, n_2 \tag{7.46}$$

式 (7.44)、(7.45) より、

$$\lambda_1 = \frac{Y_{02}l_2 - Y_{01}l_2 - X_{02}m_2 + X_{01}m_2}{l_2 m_1 - l_1 m_2}$$

$$\lambda_2 = \frac{X_{01}m_1 - Y_{01}l_1 - X_{02}m_1 + Y_{02}l_1}{l_2 m_1 - l_1 m_2} \tag{7.47}$$

式 (7.47) により算出された λ_1, λ_2 を、式 (7.46) に代入して整理すると、

$$(X_{02} - X_{01})(m_1 n_2 - m_2 n_1) + (Y_{02} - Y_{01})(l_2 n_1 - l_1 n_2) + (Z_{02} - Z_{01})(l_1 m_2 - l_2 m_1)$$

$$= \begin{vmatrix} X_{02} - X_{01} & Y_{02} - Y_{01} & Z_{02} - Z_{01} \\ l_1 & m_1 & n_1 \\ l_2 & m_2 & n_2 \end{vmatrix}$$

$$= \begin{vmatrix} X_{02} - X_{01} & Y_{02} - Y_{01} & Z_{02} - Z_{01} \\ X_1 - X_{01} & Y_1 - Y_{01} & Z_1 - Z_{01} \\ X_2 - X_{02} & Y_2 - Y_{02} & Z_2 - Z_{02} \end{vmatrix} = 0$$

(7.48)

以上により得られた式（7.48）が共面条件式であり、式（7.42）および式（7.43）の2直線が同一平面内に存在するために成立する。

(2) 相互標定

　共面条件を用いることによって2台のカメラの相対的な位置関係の算出、すなわち相互標定を行うことが可能となる。すなわち、相互標定とは2つのカメラのレンズ中心の位置関係と傾きのみを再現するものである。なお、共面条件による相互標定には、投影中心を直線で結ぶ手法および、左側のカメラを固定とする手法の2通りがあるが、ここでは投影中心を直線で結ぶ手法のみについて述べる。

　図7.16に示すように左カメラのレンズ中心をモデル座標系の原点とする。また、左右カメラのレンズ中心同士を結ぶ直線をX軸とし、基線長B_xは単位長さ（＝1）

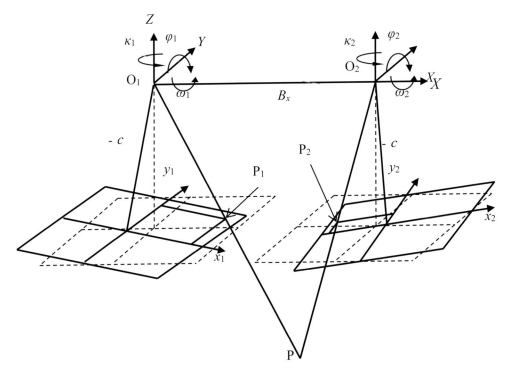

図7.16　相互標定

とする。これにより、左カメラの傾き角 $\omega_1 = 0$ とすることができるため、相互標定における標定要素は左カメラの姿勢角 φ_1、κ_1、右カメラの姿勢角 ω_2、φ_2、κ_2 の5個となる。また、**図 7.16** の場合 $X_{01} = Y_{01} = Z_{01} = 0$、$X_{02} = 1$、$Y_{02} = Z_{02} = 0$ となるため、式 (7.48) は次式のように変形できる。

$$\begin{vmatrix} X_{01} & Y_{01} & Z_{01} \\ X_{02} & Y_{02} & Z_{02} \\ X_1 & Y_1 & Z_1 \\ X_2 & Y_2 & Z_2 \end{vmatrix} = \begin{vmatrix} 1 & 0 & 0 \\ X_1 & Y_1 & Z_1 \\ X_2-1 & Y_2 & Z_2 \end{vmatrix} = \begin{vmatrix} Y_1 & Z_1 \\ Y_2 & Z_2 \end{vmatrix} = Y_1 Z_2 - Y_2 Z_1 = 0 \tag{7.49}$$

ここで、それぞれのカメラにおける像点 P_1 $(X_1,\ Y_1,\ Z_1)$、P_2 $(X_2,\ Y_2,\ Z_2)$ は、それぞれの写真に対する画像座標 $(x_1,\ y_1)$、$(x_2,\ y_2)$ によって次式のように表される。

$$\begin{bmatrix} X_1 \\ Y_1 \\ Z_1 \end{bmatrix} = \begin{bmatrix} \cos\varphi_1 & 0 & \sin\varphi_1 \\ 0 & 1 & 0 \\ -\sin\varphi_1 & 0 & \cos\varphi_1 \end{bmatrix} \begin{bmatrix} \cos\kappa_1 & -\sin\kappa_1 & 0 \\ \sin\kappa & \cos\kappa_1 & 0 \\ 0 & 0 & 1 \end{bmatrix} \begin{bmatrix} x_1 \\ y_1 \\ -c \end{bmatrix}$$

$$\begin{bmatrix} X_2 \\ Y_2 \\ Z_2 \end{bmatrix} = \begin{bmatrix} 1 & 0 & 0 \\ 0 & \cos\omega_2 & -\sin\omega_2 \\ 0 & \sin\omega_2 & \cos\omega_2 \end{bmatrix} \begin{bmatrix} \cos\varphi_2 & 0 & \sin\varphi_2 \\ 0 & 1 & 0 \\ -\sin\varphi_2 & 0 & \cos\varphi_2 \end{bmatrix} \begin{bmatrix} \cos\kappa_2 & -\sin\kappa_2 & 0 \\ \sin\kappa_2 & \cos\kappa_2 & 0 \\ 0 & 0 & 1 \end{bmatrix} \begin{bmatrix} x_2 \\ y_2 \\ -c \end{bmatrix} + \begin{bmatrix} 1 \\ 0 \\ 0 \end{bmatrix} \tag{7.50}$$

式 (7.50) を展開すると、次式が得られる。

$$X_1 = x_1 \cos\varphi_1 \cos\kappa_1 - y_1 \cos\varphi_1 \sin\kappa_1 - c\sin\varphi_1$$

$$Y_1 = x_1 \sin\kappa_1 + y_1 \cos\kappa_1$$

$$Z_1 = -x_1 \sin\varphi_1 \cos\kappa_1 + y_1 \sin\varphi_1 \sin\kappa_1 - c\cos\varphi_1$$

$$X_2 = x_2 \cos\varphi_2 \cos\kappa_2 - y_2 \cos\varphi_2 \sin\kappa_2 - c\sin\varphi_2 + 1$$

$$Y_2 = x_2(\cos\omega_2 \sin\kappa_2 + \sin\omega_2 \sin\varphi_2 \cos\kappa_2)$$

$$\qquad + y_2(\cos\omega_2 \cos\kappa_2 - \sin\omega_2 \sin\varphi_2 \sin\kappa_2) + c\sin\omega_2 \cos\varphi_2 \tag{7.51}$$

$$Z_2 = x_2(\sin\omega_2 \sin\kappa_2 - \cos\omega_2 \sin\varphi_2 \cos\kappa_2)$$

$$\qquad + y_2(\sin\omega_2 \cos\kappa_2 + \cos\omega_2 \sin\varphi_2 \sin\kappa_2) - c\cos\omega_2 \cos\varphi_2$$

上記5個の未知量を算出するためにはステレオ画像上での対応点を5点以上取得し、取得した対応点の画像座標より式 (7.49) を5個以上導出する。すなわち、共線条件の場合と同様に各未知量の近似値まわりに対するテイラー展開により線形化を行った後、逐次近似計算によって補正を繰り返して解を得ることにより相互標定が行われることとなる。通常、撮影時におけるカメラの姿勢は可能な限り傾きの無い状態とするため、逐次近似計算の際に用いる各未知量の初期近似値は0と設定するのが一般的である。

以上の相互標定によって得られた相対的な座標系に対し、絶対標定を行うことで実際の3次元座標系への変換が行われる。絶対標定は3次元座標が既知の点を利用し、

各写真の外部標定要素が相対座標から実際の3次元座標となるようスケールアップする方法である。

7.3.7　エピポーラ幾何

　ステレオ画像においては、2枚両方の撮影から対象の同じ位置が写されている画素の抽出、すなわちステレオマッチングを行う必要がある。相互標定では2枚の写真に対するカメラの相対的な位置関係が把握できるため、ステレオマッチングを行う際に相互標定の情報を用いることが可能となる。すなわち、ステレオ画像の場合は一方の画像上で点を指定すると、もう一方の画像上でその対応点が含まれる線分が求められることとなる。この幾何学的特徴を、エピポーラ幾何と呼ぶ。

　まず、式（7.50）に示した相互標定における回転行列を、次式のとおり $a_{111}\sim a_{233}$ に置換する。

$$\begin{bmatrix} a_{111} & a_{112} & a_{113} \\ a_{121} & a_{122} & a_{123} \\ a_{131} & a_{132} & a_{133} \end{bmatrix} = \begin{bmatrix} \cos\varphi_1 & 0 & \sin\varphi_1 \\ 0 & 1 & 0 \\ -\sin\varphi_1 & 0 & \cos\phi_1 \end{bmatrix} \begin{bmatrix} \cos\kappa_1 & -\sin\kappa_1 & 0 \\ \sin\kappa & \cos\kappa_1 & 0 \\ 0 & 0 & 1 \end{bmatrix}$$

$$\begin{bmatrix} a_{211} & a_{212} & a_{213} \\ a_{221} & a_{222} & a_{223} \\ a_{231} & a_{232} & a_{233} \end{bmatrix} = \begin{bmatrix} 1 & 0 & 0 \\ 0 & \cos\omega_2 & -\sin\omega_2 \\ 0 & \sin\omega_2 & \cos\omega_2 \end{bmatrix} \begin{bmatrix} \cos\varphi_2 & 0 & \sin\varphi_2 \\ 0 & 1 & 0 \\ -\sin\varphi_2 & 0 & \cos\varphi_2 \end{bmatrix} \begin{bmatrix} \cos\kappa_2 & -\sin\kappa_2 & 0 \\ \sin\kappa_2 & \cos\kappa_2 & 0 \\ 0 & 0 & 1 \end{bmatrix} \tag{7.52}$$

　次に、**図7.16** と同様に左右の画像における対応点において傾きのある状態での画像座標を $(x_1,\ y_1)$，$(x_2,\ y_2)$ とすると、傾きの無い状態での画像座標 $(x_{r1},\ y_{r1})$，$(x_{r2},\ y_{r2})$ は共線条件式に基づき次式で表される。

$$x_{r1} = -f\frac{a_{111}x_1 + a_{112}y_1 - a_{113}f}{a_{131}x_1 + a_{132}y_1 - a_{133}f}$$

$$y_{r1} = -f\frac{a_{121}x_1 + a_{122}y_1 - a_{123}f}{a_{131}x_1 + a_{132}y_1 - a_{133}f}$$

$$x_{r2} = -f\frac{a_{211}x_2 + a_{212}y_2 - a_{213}f}{a_{231}x_2 + a_{232}y_2 - a_{233}f} \tag{7.53}$$

$$y_{r2} = -f\frac{a_{221}x_2 + a_{222}y_2 - a_{223}f}{a_{231}x_2 + a_{232}y_2 - a_{233}f}$$

　式（7.53）において、y_{r1} および y_{r2} は傾きの無い状態での y 座標となり等しくなる。そのため、次式が得られることとなる。

$$\frac{a_{121}x_1 + a_{122}y_1 - a_{123}f}{a_{131}x_1 + a_{132}y_1 - a_{133}f} = \frac{a_{221}x_2 + a_{222}y_2 - a_{223}f}{a_{231}x_2 + a_{232}y_2 - a_{233}f} \tag{7.54}$$

　式（7.54）において、左画像の座標 $(x_1,\ y_1)$ を与えることにより左辺が固定値と

なるため α と置くと、

$$\alpha = \frac{a_{221}x_2 + a_{222}y_2 - a_{223}f}{a_{231}x_2 + a_{232}y_2 - a_{233}f} \tag{7.55}$$

$$a_{221}x_2 + a_{222}y_2 - a_{223}f = \alpha(a_{231}x_2 + a_{232}y_2 - a_{233}f) \tag{7.56}$$

$$(a_{221} - \alpha a_{231})x_2 + (a_{222} - \alpha a_{232})y_2 - (a_{223} - \alpha a_{233})f = 0 \tag{7.57}$$

式（7.57）は x_2、y_2 で表される直線の方程式であるため、ステレオマッチングにおいては、その直線上を探索すればよいこととなる。この概念はエピポーラ拘束とされており、その直線がエピポーララインと呼ばれている。図7.17 は、左画像において着目した点に対する右画像上でのエピポーララインのイメージである。

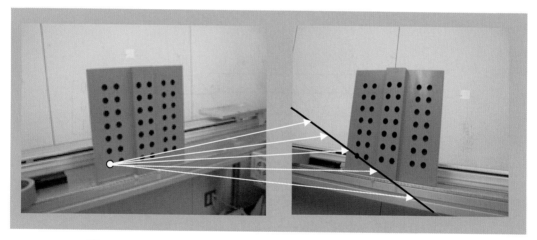

図7.17　左画像上の測点に対する右画像上のエピポーラライン

7.3.8　バンドル調整

（1）バンドル調整の概念

　バンドル調整とは、複数の写真で観測された対応点に対して共線条件を適用し、それぞれのカメラの外部標定要素および対応点の3次元座標を求める手法である。また、非測定用デジタルカメラを用いる場合は内部標定要素も未知数として扱い、同時に求めることでカメラキャリブレーションが行われることとなる。先述のセルフキャリブレーションでは、内部標定要素と外部標定要素を同時に求める手段を示したが、バンドル調整ではそれらに加えて対応点の3次元座標も同時に求めることとなる。

　図7.18 はバンドル調整のイメージ図であるが、対象物に対して撮影された多数の写真から処理が行われることとなる。撮影枚数を n とすると、外部標定要素はカメラ

のレンズ中心 O_i $(X_{0i},\ Y_{0i},\ Z_{0i})$ および傾き角 $\omega_i,\ \varphi_i,\ \kappa_i$（i＝1, 2, 3, …, n）となり、枚数分の外部標定要素が未知数として発生することとなる。また、内部標定要素は同一のカメラにて撮影されれば、各撮影に対する共通の要素として1セットの未知数での処理が可能である。一方、共線条件については連続撮影された写真間の共通点であるパスポイントや、隣接する撮影コース間の共通点であるタイポイントによって導出されることとなるが、パスポイントやタイポイントの3次元座標も未知数として扱われる。すなわち、多数の写真撮影をすべてステレオ撮影として標定を行うためには膨大な数の地上基準点が標定点として必要となるが、バンドル調整はすべてのパスポイントやタイポイントを用いて多数の共線条件を導出する。それにより、得られた共線条件による大規模な数の非線形方程式によって上記の未知数をすべて同時解で求めることとなるため、少ない地上基準点による標定および3次元測量が可能となる。

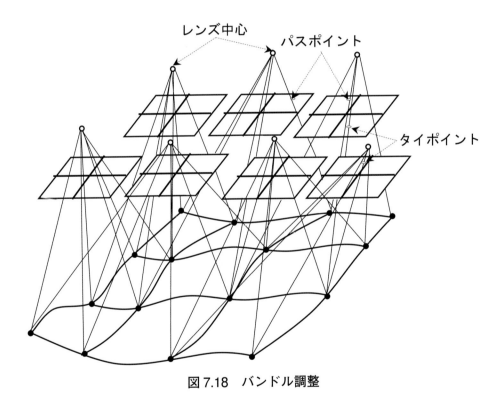

図7.18　バンドル調整

【演習 7.3】

　図7.19 に示すように、地上の58点に対して計15枚の写真撮影を行い、バンドル調整による空中写真測量を行うこととした。各写真により撮影されたパスポイント、タイポイント、基準点の延べ点数（観測点数）を数え、内部標定要素および外部標定要素を含めた未知数の個数および、それらを求めるための条件式の個数を求めよ。なお、ここでは基準点の3次元座標も未知数として扱うこととする。

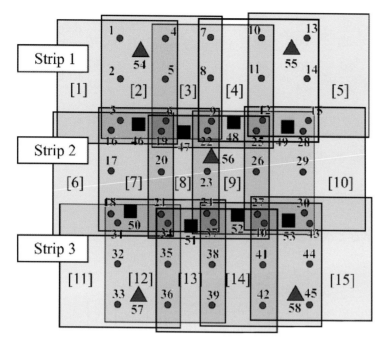

図 7.19　写真と点の配置例

(2) バンドル調整の理論

　式 (7.37) に示した共線条件式を観測方程式の形に置き換えると、次式のように表現できる。

$$F_{ij} = x_{ij} + c \frac{a_{11i}(X_j - X_{0i}) + a_{12i}(Y_j - Y_{0i}) + a_{13i}(Z_j - Z_{0i})}{a_{31i}(X_j - X_{0i}) + a_{32i}(Y_j - Y_{0i}) + a_{33i}(Z_j - Z_{0i})}$$

$$= F[x_{ij}, (X_0, Y_0, Z_0, \omega, \varphi, \kappa)_i, (X, Y, Z)_j] = 0$$

$$G_{ij} = y_{ij} + c \frac{a_{21i}(X_j - X_{0i}) + a_{22i}(Y_j - Y_{0i}) + a_{23i}(Z_j - Z_{0i})}{a_{31i}(X_j - X_{0i}) + a_{32i}(Y_j - Y_{0i}) + a_{33i}(Z_j - Z_{0i})}$$

$$= G[y_{ij}, (X_0, Y_0, Z_0, \omega, \varphi, \kappa)_i, (X, Y, Z)_j] = 0$$

(7.58)

ここに、

(x_{ij}, y_{ij})：写真 i 上における点 j の画像座標

$(X_0, Y_0, Z_0, \omega, \varphi, \kappa)_i$：写真 i の外部標定要素

$(X, Y, Z)_j$：点 j の 3 次元座標

　式 (7.58) は、外部標定要素や 3 次元座標に対して線形ではないため、テイラー展開により未知量の近似値まわりに展開し、2 次項以上を無視して線形化し、繰り返し計算によって解を求める。テイラー展開により線形化すると次式となる。

$$F^\circ_{xij} + v_{xij} - \frac{\partial F_x}{\partial X_0}\Delta X_0 + \frac{\partial F_x}{\partial Y_0}\Delta Y_0 + \frac{\partial F_x}{\partial Z_0}\Delta Z_0 + \frac{\partial F_x}{\partial \omega}\Delta\omega + \frac{\partial F_x}{\partial \varphi}\Delta\varphi + \frac{\partial F_x}{\partial \kappa}\Delta\kappa + \frac{\partial F_x}{\partial X}\Delta X + \frac{\partial F_x}{\partial Y}\Delta Y + \frac{\partial F_x}{\partial Z}\Delta Z = 0$$

$$G^\circ_{yij} + v_{xij} - \frac{\partial G_y}{\partial X_0}\Delta X_0 + \frac{\partial G_y}{\partial Y_0}\Delta Y_0 + \frac{\partial G_y}{\partial Z_0}\Delta Z_0 + \frac{\partial G_y}{\partial \omega}\Delta\omega + \frac{\partial G_y}{\partial \varphi}\Delta\varphi + \frac{\partial G_y}{\partial \kappa}\Delta\kappa + \frac{\partial G_y}{\partial X}\Delta X + \frac{\partial G_y}{\partial Y}\Delta Y + \frac{\partial G_y}{\partial Z}\Delta Z = 0$$

$$(7.59)$$

ここに、

$$F^\circ_{xij} = F_{xij}(x^\circ_{ij},\ X^\circ_{0i},\ Y^\circ_{0i},\ Z^\circ_{0i},\ \omega^\circ_i,\ \varphi^\circ_i,\ \kappa^\circ_i,\ X^\circ_j,\ Y^\circ_j,\ Z^\circ_j)$$

$$G^\circ_{yij} = G_{yij}(y^\circ_{ij},\ X^\circ_{0i},\ Y^\circ_{0i},\ Z^\circ_{0i},\ \omega^\circ_i,\ \varphi^\circ_i,\ \kappa^\circ_i,\ X^\circ_j,\ Y^\circ_j,\ Z^\circ_j)$$

式（7.59）を行列表現すると次式のように示される。

$$\begin{bmatrix} v_x \\ v_y \end{bmatrix}_{ij} + \begin{bmatrix} a_1 & a_2 & a_3 & a_4 & a_5 & a_6 \\ b_1 & b_2 & b_3 & b_4 & b_5 & b_6 \end{bmatrix}_{ij} \begin{bmatrix} \Delta X_0 \\ \Delta Y_0 \\ \Delta Z_0 \\ \Delta\omega \\ \Delta\varphi \\ \Delta\kappa \end{bmatrix}_i + \begin{bmatrix} a_7 & a_8 & a_9 \\ b_7 & b_8 & b_9 \end{bmatrix}_{ij} \begin{bmatrix} \Delta X \\ \Delta Y \\ \Delta Z \end{bmatrix}_j = -\begin{bmatrix} F^\circ_x \\ G^\circ_y \end{bmatrix}_{ij} \quad (7.60)$$

ここに、

$$a_1 = \frac{\partial F_x}{\partial X_0},\ a_2 = \frac{\partial F_x}{\partial Y_0},\ a_3 = \frac{\partial F_x}{\partial Z_0},\ a_4 = \frac{\partial F_x}{\partial \omega},\ a_5 = \frac{\partial F_x}{\partial \varphi},\ a_6 = \frac{\partial F_x}{\partial \kappa},\ a_7 = \frac{\partial F_x}{\partial X},\ a_8 = \frac{\partial F_x}{\partial Y},\ a_9 = \frac{\partial F_x}{\partial Z}$$

$$b_1 = \frac{\partial G_y}{\partial X_0},\ b_2 = \frac{\partial G_y}{\partial Y_0},\ b_3 = \frac{\partial G_y}{\partial Z_0},\ b_4 = \frac{\partial G_y}{\partial \omega},\ b_5 = \frac{\partial G_y}{\partial \varphi},\ b_6 = \frac{\partial G_y}{\partial \kappa},\ b_7 = \frac{\partial G_y}{\partial X},\ b_8 = \frac{\partial G_y}{\partial Y},\ b_9 = \frac{\partial G_y}{\partial Z}$$

$v_{xij},\ v_{yij}$：各数式の残差

式（7.60）は、次のように書くこともできる。

$$v_{ij} + \alpha_{ij}\dot{\Delta}_i + \beta_{ij}\ddot{\Delta}_j = \varepsilon_{ij} \quad (7.61)$$

　以上は単写真上の単一観測点に対する観測方程式となるが、次に複数写真における複数の観測点に拡大する。

　点 j が m 枚の写真（$i = 1,\ 2,\ \cdots,\ m$）に重複して撮影されており、画像座標が観測されたとすると、次のような観測方程式が得られる。

$$\begin{bmatrix} v_1 \\ v_2 \\ \vdots \\ v_m \end{bmatrix}_j + \begin{bmatrix} a_{1j} & 0 & \cdots & 0 \\ 0 & a_{2j} & \cdots & 0 \\ \vdots & \vdots & \ddots & 0 \\ 0 & 0 & 0 & a_{mj} \end{bmatrix} \begin{bmatrix} \Delta_1 \\ \Delta_2 \\ \vdots \\ \Delta_m \end{bmatrix} + \begin{bmatrix} \beta_{1j} \\ \beta_{2j} \\ \vdots \\ \beta_{mj} \end{bmatrix} \begin{bmatrix} \Delta X \\ \Delta Y \\ \Delta Z \end{bmatrix}_j = \begin{bmatrix} \varepsilon_1 \\ \varepsilon_2 \\ \vdots \\ \varepsilon_m \end{bmatrix}_j \quad (7.62)$$

　式（7.62）は、次のように書くこともできる。

$$v_j + \alpha_j \dot{\Delta} + \beta_j \ddot{\Delta}_j = \varepsilon_j \tag{7.63}$$

次に、地上の全測点 $(j=1,\ 2,\ \cdots,\ n)$ が、m 枚の写真から構成されるブロックに含まれるとし、各測点について式（7.63）をたてると、次式が導かれる。

$$\begin{bmatrix} v_1 \\ v_2 \\ \vdots \\ v_n \end{bmatrix} + \begin{bmatrix} a_1 \\ a_2 \\ \vdots \\ a_n \end{bmatrix} \begin{bmatrix} \dot{\Delta}_1 \\ \dot{\Delta}_2 \\ \vdots \\ \dot{\Delta}_m \end{bmatrix} + \begin{bmatrix} \beta_1 & 0 & \cdots & 0 \\ 0 & \beta_2 & \cdots & 0 \\ \vdots & \vdots & \ddots & 0 \\ 0 & 0 & 0 & \beta_n \end{bmatrix} \begin{bmatrix} \ddot{\Delta}_1 \\ \ddot{\Delta}_2 \\ \vdots \\ \ddot{\Delta}_m \end{bmatrix} = \begin{bmatrix} \varepsilon_1 \\ \varepsilon_2 \\ \vdots \\ \varepsilon_n \end{bmatrix} \tag{7.64}$$

式（7.64）は、次のように書くこともできる。

$$v + \alpha \dot{\Delta} + \beta \ddot{\Delta} = \varepsilon \tag{7.65}$$

以上により得られた観測方程式において、残差 v の二乗和を最小とする未知変量 $\dot{\Delta}$ および $\ddot{\Delta}$ を決定する。残差の二乗和を微分して 0 とおくと、ブロックを構成している互いに重複する写真に対し、地上基準点やタイポイントを扱っての調整、すなわちブロック調整のための正規方程式が次式として得られる。

$$\begin{aligned} \alpha^T w \alpha \dot{\Delta} - \alpha^T w \beta \ddot{\Delta} &= \alpha^T w \varepsilon \\ \beta^T w \alpha \dot{\Delta} - \beta^T w \beta \ddot{\Delta} &= \beta^T w \varepsilon \end{aligned} \tag{7.66}$$

ここで w は式（7.65）の観測値に対する重み行列であるが、重みを付与しない場合は単位行列となる。

以上により導かれた正規方程式に対し、写真の枚数を m 枚、測点数を n 点として構造を考えると、図 7.20 に示す行列が導かれる。

ここに、空白のブロックはゼロとなる要素である。網掛けのブロックは写真上に該当の測点が存在することを示しており、行列においては非ゼロ値となる。この行列を用いて正規方程式を解くことにより、バンドル調整が行われることとなるため、効率的に解く方法が提案されている。

7.4　デジタル写真測量の方法

7.4.1　対空標識の設置

前述のとおり、デジタル写真測量においては標定を行うための点が標定点として必要である。標定点には、既設の国家基準点や独自に地上測量された地上基準点など、高精度な 3 次元座標を持つ点が用いられる。また、空中写真測量や UAV 写真測量の場合、それらの標定点を含め写真上で認識すべき点には、対空標識を設置するのが一般的である。図 7.21 に空中写真測量における対空標識の例、図 7.22 に UAV 写真測量における対空標識の例をそれぞれ示す。いずれの測量方法においても、対空標識は

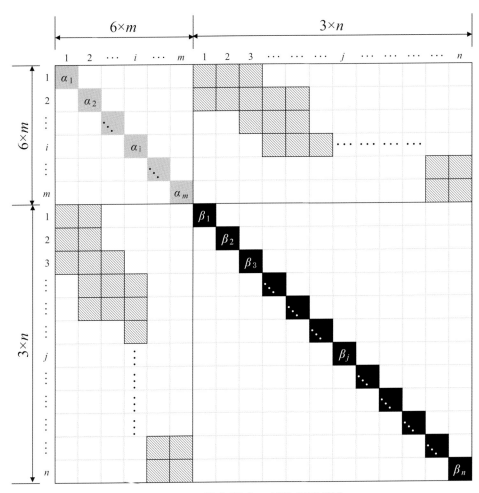

図 7.20　正規方程式の係数行列構造

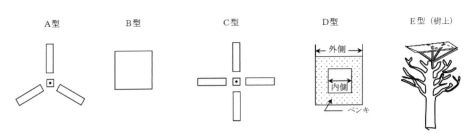

図 7.21　空中写真測量の対空標識（出典：公共測量作業規程の準則）

中心位置を明確に認識できるよう、十分な大きさを確保して設置する必要がある。空中写真測量の場合は、公共測量作業規程の準則において図 7.21 の対空標識の大きさが地図情報レベルに合わせて定められている。UAV 写真測量の場合は、図 7.22 の対空標識が写真上に 15 画素以上で写る大きさが標準とされている。地上写真測量の場合は特段の規定が無いが、用いられる形状としては図 7.22 の＋型や円型が多い。特

★型 　　　　　 X型 　　　　　 ＋型 　　　　　 円型

図 7.22　UAV 写真測量の対空標識（出典：公共測量作業規程の準則）

に円型の場合は、面積重心や楕円関数等を用いた画像処理によって、中心座標を自動的かつ高精度に求める機能が搭載されたソフトウェアもある。

7.4.2　撮影方法

（1）撮影機材

　デジタル写真測量の種類の中でもっとも機材の専門性が高いのは、空中写真測量である。空中写真測量は有人航空機を用いることから、機材の積載性（ペイロード）に優れているため、高性能な測量用デジタルカメラが用いられることがほとんどである（図 7.23）。測量用デジタルカメラは、約 1 億画素のセンサを搭載しており、高高度からの撮影でも高解像度の写真撮影が可能である。また、製造の段階において内部標定要素があらかじめ精密に求められているため、カメラキャリブレーションにおいては外部標定のみを考慮すれば良いこととなる。さらに、航空機には GNSS（Global Navigation Satellite System）および IMU（Inertial Measurement Unit）も搭載されており、撮影時の位置および傾き角がこの GNSS/IMU 装置によって得られる。ただ、GNSS/IMU による位置および傾き角は、そのまま外部標定要素に既知量として用いられる

（a）外観 　　　　　　　　　　　　　（b）レンズ部分

図 7.23　空中写真測量用デジタルカメラ（朝日航洋株式会社　提供）

精度ではないため、外部標定の際の初期値として用いるなどの合理的な導入がなされている。

UAV 写真測量においてはペイロードに制約があるため、比較的軽量なカメラが用いられる。市販の UAV に標準で搭載されているカメラは数百 g 程度で、1 千万から 2 千万画素の解像度であることが多い。一方、

図 7.24　一眼レフカメラを搭載した UAV
（朝日航洋株式会社　提供）

ペイロードの高い UAV の機種では最大 6kg 程度までの積載が可能であり、市販の一眼レフカメラを搭載することができる（**図 7.24**）。すなわち、空中写真測量に比べるとペイロードは劣るものの、カメラを容易に交換することができるため、用途に合わせて柔軟な対応が可能である。反面、測量用デジタルカメラが用いられることは少ないため、内部標定を含めたカメラキャリブレーションは必須となる。

地上写真測量においては、地上において手持ちまたは三脚固定での撮影が基本となるため、市販のデジタルカメラが用いられることがほとんどである。また、カメラキャリブレーションの観点からは、複数枚の撮影においても内部標定要素が一定であることが望ましい。すなわち、マニュアルフォーカスにて画面距離が固定された状態での撮影が可能であることが求められる。

(2)　オーバラップ・サイドラップ

デジタル写真測量における撮影は前述のステレオ撮影を基本とし、一度の観測において多数の写真が取得されることとなる。空中写真測量および UAV 写真測量の場合、**図 7.25** に示すように撮影コースを複数設定し、それぞれのコースを直進しながらステレオ撮影を繰り返し行うことで写真が取得される。デジタル写真測量を行うためには、コース内およびコース間において対象を重複させて撮影する必要があり、コース内における重複がオーバラップ、コース間における重複がサイドラップとそれぞれよばれる。空中写真測量においては、オーバラップ率 60％ およびサイドラップ率 30％、UAV 写真測量においては、オーバラップ率 80％ およびサイドラップ率 60％ をそれぞれ標準とするよう定められている。地上写真測量においては対象物によって状況が大きく異なるが、一般的には 80〜90％ 程度の高いオーバラップ率を保ちながら、対象物の表面を網羅するような撮影が行われる。

(3)　対地高度・撮影高度

空中写真測量および UAV 写真測量における対地高度とは、デジタル写真測量の対

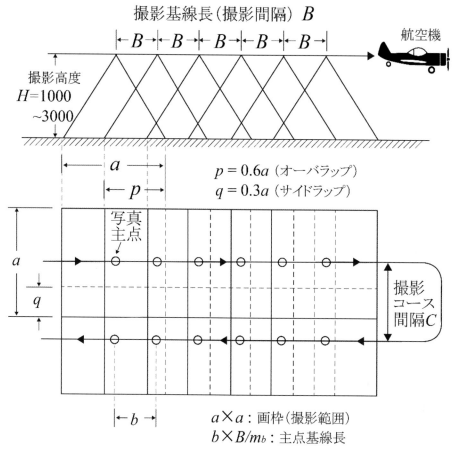

撮影基線長（撮影間隔）B

航空機

撮影高度
$H=1000$
~3000

$p = 0.6a$ （オーバラップ）
$q = 0.3a$ （サイドラップ）

写真
主点

撮影
コース
間隔C

$a \times a$: 画枠（撮影範囲）
$b \times B/m_b$: 主点基線長

図 7.25　オーバラップおよびサイドラップ

象地における撮影基準面からカメラまでの距離であり、撮影高度とは対地高度に撮影
基準面の標高を加えたものである。すなわち、写真の縮尺を決定するためには対地高
度が重要となる。空中写真測量における対地高度は、**表7.1** に示すとおり求められる
地図情報レベルに応じて地上画素寸法が異なるため、これに合わせて適切に設定する
必要がある。一般的には概ね 1,000〜3,000m 程度となることが多い。UAV 写真測量
の場合も、**表7.2** に示すとおり運用基準が定められている。対地高度は、〔（地上画素
寸法）÷（使用するデジタルカメラの 1 画素のサイズ）×（画面距離）〕以下とされ
ており、概ね 100m 以下となる。地上写真測量の場合、対地高度に相当するのは対象
物からカメラまでの水平距離となることが多く、撮影距離という用語で表現されるこ
ともある。地上写真測量における撮影距離は、前項のオーバラップと同様に状況によっ
て大きく異なるが、概ね 1〜10m 程度の近接域で実施されることが多い。

表7.1　空中写真測量における地図情報レベル（出典：公共測量作業規程の準則）

地図情報レベル	地上画素寸法（式中のB：基線長、H：対地高度）
500	90mm×2×B[m]÷H[m]～120mm×2×B[m]÷H[m]
1000	180mm×2×B[m]÷H[m]～240mm×2×B[m]÷H[m]
2500	300mm×2×B[m]÷H[m]～375mm×2×B[m]÷H[m]
5000	600mm×2×B[m]÷H[m]～750mm×2×B[m]÷H[m]
10000	900mm×2×B[m]÷H[m]

表7.2　UAV写真測量における地図情報レベル
（出典：公共測量作業規程の準則）

地図情報レベル	地上画素寸法
250	0.02m以内
500	0.03m以内

7.5　デジタル写真測量のデータ処理

7.5.1　数値図化

　数値図化とはデジタルマッピング（DM）における工程であり、空中写真測量によって地形や地物などに関わる情報を取得し、地形補備測量などから得られたデータを補足して編集し、数値地形図を作成する作業である。空中写真を実体観測して、道路、建物、河川などの地物や標高を測定し、数値地形図データが作成される。空中写真をデジタル図化機に読み込ませ、空中写真の撮影位置および傾き角の再現、すなわち標定の手続きが行われる。従来のフィルムカメラによる撮影写真が用いられていた頃は、ステレオ写真を写真架台にセットして、相対的な位置と傾きを再現しながら実体視することにより図化の処理が行われていた。デジタル写真測量が主流となった現在では、標定の処理がコンピュータで自動的に行われるようになり、実体視は結果の確認で行われる程度となっている。

7.5.2　SfM/MVS（Structure from Motion/Multi View Stereo）

　撮影された写真から3次元測量を実施するための処理としては、SfM/MVS（Structure from Motion/Multi View Stereo）の技術が用いられることが多い。SfMはコンピュータビジョンに由来する概念で、元来は移動するカメラにより撮影された動画像から同一点をオプティカルフローによって追跡することでステレオマッチングを自

動的に行い、対象物の3次元構造を推定する手法として提案された。現在のSfMは静止画像でも自動的にステレオマッチングが行われ、その後バンドル調整によって外部標定要素および内部標定要素、さらには撮影対象物の3次元情報が得られる処理としてシステム化されている。MVSは、SfMによって得られた3次元情報をもとに高密度の3次元点群やメッシュ化された3次元モデルを作成するための処理である。そのため、SfMとMVSの処理は一貫して行われることから、SfM/MVSと表記されることが多い。SfM/MVSを用いたデジタル写真測量ソフトウェアとしては、MetashapeやPix4DMapperなどが普及しているが（**図7.26**）、これらはデジタル写真撮影後の処理から3Dモデリングまでの一連の処理をほぼ自動で行うことができるため、現在のデジタル写真測量における一般的な手段として広く普及している。

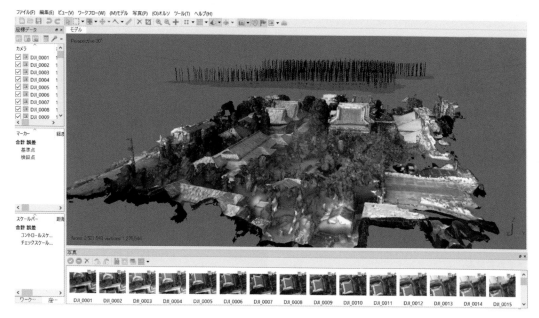

図 7.26　Metashape による処理画面

7.6　デジタル写真測量の精度
7.6.1　標定点と検証点

　デジタル写真測量における精度検証を行う場合、標定点と検証点を設けて処理が実施される。標定点と検証点は、いずれも地上測量等によって3次元座標が得られている点である。標定点は共線条件における地上基準点や共面条件における対応点として用いられ、各標定を行うための点となる。それにより検証点のデジタル写真測量を実施し、あらかじめ得られている3次元座標と比較を行うことで精度検証を行う。

　空中写真測量やUAV写真測量の場合は対空標識を用意し、トータルステーション

や GNSS 等による地上測量によってあらかじめ対空標識の3次元座標を取得しておくことで、標定点や検証点として用いることができる。また、空撮用としては精度検証を行うためのフィールドも設けられている。（一社）日本写真測量学会では、空中写真測量に対する検証用フィールドを管理運営している。検証用フィールドには**図7.27**のように3次元座標が既知の対空標識が設置されており、これらを空撮することでデジタル写真測量の精度検証が可能となる。

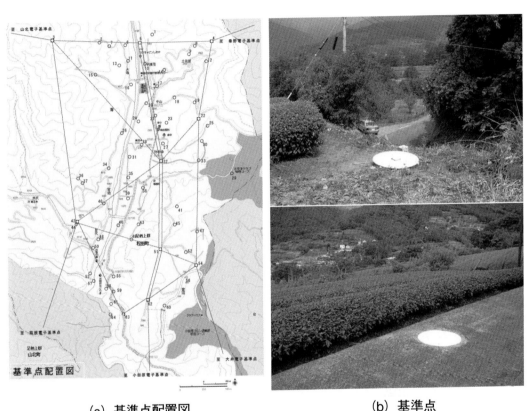

(a) 基準点配置図　　　　　　(b) 基準点

図 7.27　空中写真測量検証用テストフィールド

　一方、地上写真測量においても3次元座標が既知であるターゲットを検証に用いることとなるが、空撮と比較すると近接域を対象とすることから、より高精度な標定点および検証点が必要となる。地上写真測量に対する精度検証は、**図 7.28**（a）のようなターゲットをトータルステーション等で精密に測量しておくか、**図 7.28**（b）のような特殊なターゲットを用いることで実施される事例が多い。

7.6.2　精度検証
　デジタル写真測量における精度検証は、上記のように設置された標定点と検証点を

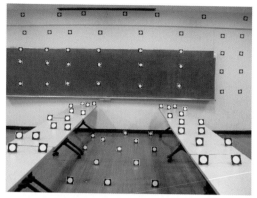

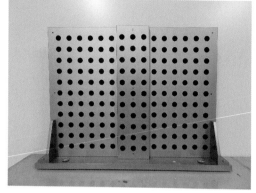

(a) 精密な測量が必要なターゲット　　　(b) 3次元座標が既知のターゲット

図7.28　地上写真測量用ターゲット

用いて行われる。すなわち、検証用サイトにおいて撮影された写真により、標定点を用いて各標定が行われた後、検証点に対する3次元座標が算出される。それにより、算出された3次元座標とあらかじめ得られていた検証点の3次元座標とを用いて、それぞれの残差から平均二乗誤差を求めることで精度検証が行われることとなる。また、得られた平均二乗誤差を評価するための指標としては、デジタル写真測量における理論精度として標準誤差を求める。

まず、式（7.12）の視差方程式を、以下再掲する。

$$X = \frac{x_1}{x_1 - x_2}B, \quad Y = \frac{y_1}{x_1 - x_2}B, \quad Z = \frac{-f}{x_1 - x_2}B \tag{7.67}$$

式（7.67）のうち X の視差方程式において、写真座標 (x_1, y_1)、(x_2, y_2) を変数とし、誤差伝播の法則を適用すると、次式が成り立つ。

$$\sigma_X^2 = \left\{ \frac{B(x_1 - x_2) - Bx_1}{(x_1 - x_2)^2} \right\}^2 \sigma_{x1}^2 + \left\{ \frac{B(x_1 - x_2) - Bx_1}{(x_1 - x_2)^2} \right\}^2 \sigma_{x2}^2 \tag{7.68}$$

x_1 と x_2 に対する読み取り精度は等しい（$\sigma_{x1} = \sigma_{x2} = \sigma_x$）として式（7.68）を整理すると

$$\sigma_X^2 = \left\{ \frac{B}{(x_1 - x_2)} \right\}^2 \sigma_x^2 \tag{7.69}$$

ここで、式（7.67）の Z の式において、$Z = -H$ と置き換えると、

$$x_1 - x_2 = \frac{Bc}{H} \tag{7.70}$$

以上より、式（7.69）は次式となり、標準誤差 σ_X が求められる

$$\sigma_X^2 = \left(\frac{H}{c} \right)^2 \sigma_x^2 \qquad \therefore \sigma_X = \pm \frac{H}{c} \sigma_x \tag{7.71}$$

y 座標についても同様に処理し、次式が得られる。

$$\sigma_Y = \pm\left(\frac{H}{c}\right)\sigma_y \tag{7.72}$$

さらに、式（7.67）の Z の視差方程式に対して誤差伝播を適用すると、

$$\sigma_Z{}^2 = \left\{\frac{Bc}{(x_1-x_2)^2}\right\}^2 \sigma_{x1}{}^2 + \left\{\frac{-Bc}{(x_1-x_2)^2}\right\}^2 \sigma_{x2}{}^2 = 2\left\{\frac{Bc\cdot H^2}{(Bc)^2}\right\}^2 \sigma_x{}^2 = 2\left(\frac{H}{B}\frac{H}{c}\right)^2 \sigma_x{}^2 \tag{7.73}$$

$$\therefore \sigma_Z = \pm\sqrt{2}\,\frac{H}{c}\frac{H}{B}\,\sigma_x \tag{7.74}$$

以上を整理すると、$X,\ Y,\ Z$ の各座標に対する標準誤差 $\sigma_x,\ \sigma_y,\ \sigma_z$ は次式のとおりとなる。

$$\sigma_x = \pm\sigma_y = \frac{H}{c}\sigma_p, \quad \sigma_Z = \pm\sqrt{2}\,\frac{H}{c}\frac{H}{B}\sigma_p \tag{7.75}$$

ここに、

H：撮影距離（対地高度）（m）

c：画面距離（m）

B：基線長（m）

σ_p：読み取り精度（画素）

　ここでの読み取り精度は、標定点および検証点の座標の読み取りに依存する。例えば、十字形の点を画面上にてマニュアルで読み取る場合は 1 画素程度となるが、円形の点の中心座標を自動検出する場合は 1/10 画素程度とされている。すなわち、式（7.75）を適用する際の読み取り精度は、カメラのセンササイズを用いて画素単位を長さの単位へ変換する必要がある。

参考文献

1）Toni Schenk 著、（社）日本写真測量学会デジタル写真測量研究委員会訳：デジタル写真測量、（社）日本測量協会、2002

2）国土交通省国土地理院：公共測量 作業規程の準則、2020

3）髙橋洋二、近津博文：近接デジタル写真測量における民生用デジタルカメラの精度評価、写真測量とリモートセンシング、Vol. 49、No. 4、pp. 260-268、2010

4）津留宏介、村井俊治：デジタル写真測量の基礎～デジカメで三次元測定をするには～、（社）日本測量協会、2011

5）（社）日本写真測量学会解析写真測量委員会編：解析写真測量 改訂版、（社）日本写真測量学会、1997

6）（一社）日本写真測量学会編：三次元画像計測の基礎―バンドル調整の理論と実践―、東京電機大学出版局、2016

7）柳　秀治、近津博文：近接デジタル写真測量における精度要因と精度評価、写真測量とリモートセンシング、Vol. 50、No. 1、2011

第8章
GIS

　地理情報システム（Geographic Information System）は、地形に関する情報のみならず、土地利用、環境、交通、建物の他に行政に関連するような属性情報を含めた空間データを管理・利用するシステムの総称である。最近では、従来の測量方法に代わる電子平板、GNSS、トータルステーション、リモートセンシング衛星画像やデジタルカメラなど、各種電子データから地形図などを作成する場合にそのツールとしても多用されるようになった。

　本章では、空間情報工学の視点から GIS の概要、GIS の基礎、GIS の応用について述べる。

　なお、本書では各種 GIS アプリケーションを使用して作成されたデータ、あるいは市販されているデータを閲覧・利用するための GIS ソフトウエア（付録 CD-ROM）を使用して基本的な機能を簡単に体験することが可能である。演習で示された内容について各自が GIS の機能を実践しながら学習することを薦める。ソフトウエアの詳細については付録 CD-ROM にある説明書を参照されたい。

8.1　GIS の概要
8.1.1　GIS の概要

　GIS は地理情報システムと訳され、グローバルには地球全体の環境をカバーするデジタル地図（地球地図）が代表的な例である。ローカルには公共施設、土地利用、交通、資源、都市環境など、行政に必要な業務の計画や意思決定を支援するものがあり、いずれも基図・主題図を含むシステムの総称である。

　システムで利用される空間データは地図（地形図）、航空写真や衛星画像などの図形や画像に限らず、経済、人口、文化などの属性データも階層化（レイヤー）されて取り込まれることに特徴がある。一昔前の CAD による図面や AM/FM（Automated Mapping/Facilities Management）などと大きく異なるのは、このような属性データが格納され、検索や分析に用いられることである。

　紙地図に代わり GIS が必要になってきた主な理由には次のようなことが挙げられる。
（1）紙地図では維持・管理に膨大な労力を要する
（2）紙地図は更新される頻度が少ないためデータが古いままで利用されることが多い
（3）重ね合わせて利用するなど、データの共有ができない
（4）紙地図を用いることで定性的な分析はできる
　一方、これをデジタルデータで管理すれば上記の欠点は次のように改善される。
（1）図面データの維持・管理が容易になる

第8章

(2)　更新にかける手間が省けることから更新頻度が紙地図で管理するよりは多くなり、データの重複入力も避けられる

(3)　重ね合わせて利用するなど、データの共有ができる

(4)　データを用いることで定量的な分析を行うことができる

　空間情報工学の先端技術である、デジタル写真測量、GNSS、リモートセンシングで取得された空間データはすべてデジタルであるため、データの蓄積・管理、データ処理などには GIS が不可欠となっている。

8.1.2　GIS の現状と未来

　GIS を導入することによって空間データの収集・解析・表示は飛躍的に向上した。GIS の歴史（8.2 節）において詳説するが、20 世紀における GIS を「第 1 世代の GIS」とすれば、21 世紀は「第 2 世代の GIS」といえる。

　第 1 世代の GIS は表8.1 に示すように、既存図面のデジタル化や相対値位置情報によるデータ収集などが主流であった。これに対し第 2 世代の GIS は、人間中心の豊かな社会を実現するために必要不可欠なツールとして、これからますます増える静的・動的データを使い、さまざまなサービスと連携し、仮想空間と現実空間とつなぎ役となり、人の暮らしのあらゆる場面を支えていくであろう。

表8.1　第 1 世代の GIS と第 2 世代の GIS

第 1 世代の GIS	第 2 世代の GIS
既存図面のデジタル化のための GIS	仮想空間と現実世界の橋渡しをする GIS
既存図面をデジタル保存するための GIS	最新データを反映した GIS
デジタルデータを利用するための GIS	動的データも利用する GIS
業務の電子化の補助としての GIS	日常利用するアプリに組み込まれた GIS
相対値位置情報による GIS	高精度位置情報サービスを利用した GIS
個別利用による GIS	様々なサービスとつながる GIS
デスクトップ GIS	マルチデバイス、マルチプラットフォーム GIS

8.1.3　GIS の学問領域

　地理的な情報をデジタル化してコンピュータで解析する考え方は1950 年代にアメリカのワシントン大学地理学科や交通工学科で始まったと言われている。その背景は、交通分析、都市計画などの分野に地理的な情報を必要としたからである。カナダでは

1960 年代に農業土地利用分野に利用する目的で、カナダ地理情報システム（CGIS）が構築されている。このような歴史と利用分野を見ると、GIS は土地情報、施設管理、環境情報、資源情報、計画情報、国勢調査など極めて多くの学問領域を含んだ学際的な科学であることがわかる。

　具体的な領域をいくつか挙げれば**表 8.2** のようになる。

表 8.2　GIS の学問領域

領域	地図系	測量・土木系	数学・統計	計算機系・その他
分　野	地理学、地図学、測地学など	リモートセンシング、写真測量、測量、土木工学、都市工学など	数学、統計学、オペレーションズリサーチなど	計算機科学、情報処理学など

8.2　GIS の歴史

8.2.1　GIS の歴史

　GIS の歴史について年代を追って概観すると**表 8.3** のようになる。

表 8.3　GIS の歴史

年　代	国	内　容
1950 年代	米国	地理的情報の数値化と計算機処理の考え方が出現
1960 年代	カナダ	カナダ地理情報システム（CGIS）構築
1965 年	米国	ハーバード大学：コンピュータグラフィックス
1960 年代	米国	研究所統計局：ジオコードシステム（DIME）開発
1970 年代	米国・カナダなど	GIS ベンダーの出現、GIS 市場形成
1974 年〜	日本	国土数値情報の整備開始
1980 年代	日本	数値地図・細密数値情報などの整備開始
1990 年代	日本	阪神淡路大震災、国土空間データ整備開始
2005 年	米国	Google Maps 提供開始
2007 年	日本	地理空間情報活用推進基本法 制定、測量法 改正、基盤地図情報の整備開始
2013 年	日本	地理院地図（電子国土 Web）運用開始
2016 年	日本	官民データ活用推進基本法 施行、G 空間情報センター運用開始

　また、GIS を含む国外、国内学術団体は**表 8.4** に示すようなものがあり、GIS の学術的な発展に寄与している。

表 8.4　GIS に関連する学術団体と機関

GIS に関連する学術団体	
米　国	GIS に関連する学術団体と初期の活動都市・地域情報システム学会(URISA：1963 年)
米　国	第 1 回 AUTOCARTO 開催（1974 年）
米　国	AM/FM インターナショナル（1978 年）
日　本	日本写真測量学会（1962 年）
日　本	日本リモートセンシング学会（1981 年）
日　本	地理情報システム学会（1991 年）
GIS に関連する機関	
ISPRS	GIS を含む空間情報工学の国際学術交流
ICA	電子地図、GIS に関する国際学術交流
OGC	GIS データの相互運用に関する標準化
ISO/TC211	地理情報の国際標準化
FIG	電子光学測量、GIS、GPS の国際交流
JAS	GIS、GPS および測量技術の情報交換
JMC	地図、GIS データの作成・販売
OSGeo	地理技術および地理データの共有化、オープンソースソフトウエアコミュニティの支援
AIGID	社会インフラに関わる情報の収集・配信・利活用等の流通環境の整備
OSM	誰でも自由に利用できる地図をみんなで作成するプロジェクト

8.2.2　GIS の標準化

(1) 地理情報標準の必要性と国際標準化

　ネジの形状、電池の形式、電気製品のプラグなど、身のまわりの製品は少なからず、何らかの基準にもとづいて作られている。これらは公的な機関が制定するものであり法や契約で規定することで強制力が働く。公的基準の例としては、日本産業規格（JIS）、国際標準化機構（ISO）、国際電気標準会議（IEC）などがある。ISO に関連して、1994 年に国際標準化機構の地理情報専門委員会（ISO/TC211）が発足した。日本では公益財団法人　日本測量調査技術協会が国内審議団体となり、国土交通省国土地理院が代表者を会議に派遣し対応している。

　地理情報は作成者（国、自治体、個人）が使いやすいように個々の目的に応じて作成していた。しかし、フォーマットが異なると有益なデータであっても利用できないという欠点がある。地理情報は作成するために膨大な労力と費用を要することから、有効に利用されるためには異なる整備主体が作成したデータであっても、相互利用を

促進するために標準化が必要となってきた。標準化されることによって、相互利用が容易になり、利用が進めば地理情報の有効活用、重複投資の排除などが期待できる。

　世界各国でこれまでに作られてきた地理情報の標準としては、ドイツ（ATKIS）、EU（GDF）、NATO（DIGEST）、イギリス（NTF）、カナダ（SAIF）、アメリカ合衆国（SDTS）などがある。

(2)　地理情報標準プロファイル

　国土交通省国土地理院では、地理情報標準化のため、ISO/TC211 にて策定した地理情報の国際規格 ISO19100 シリーズのうち、国内でよく利用される規格を日本産業規格 JIS X 7100 シリーズとして整備、さらにこれらの規格の実用的な部分を抽出したより使いやすい規格である地理情報標準プロファイル（JPGIS:

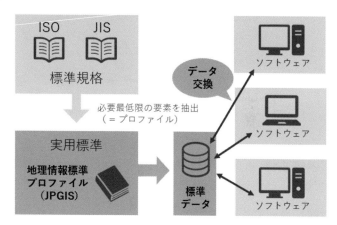

図 8.1　地理情報標準の概要

Japan Profile for Geographic Information Standards）を作成した。JPGIS は具体的なフォーマットを一つに統一せず、地理情報がインターネットなどを通じて異なるシステム間で相互利用されるために必要な情報（たとえば、データの構造、記録方法、表現方法、品質、所在、製品仕様など）を定めたものである（**図 8.1**）。

(3)　クリアリングハウスとメタデータ

　地理情報標準では、地理情報の作成者、データ品質、作成期間などデータに関するデータをメタデータ（Metadata）という。メタデータの作成基準を設けることで、作成者は決められた項目のデータを整備すればよく、利用者は決められた項目を見ればそのデータの内容を知ることができる。そこで、ISO/TC211 では、地理情報のメタデータの規格を定め、日本ではこの規格に準拠し、さらに日本でよく使われる項目を追加した日本メタデータプロファイル（JMP: Japan Metadata Profile）を定め、JPGIS の一部として運用している。

　地理情報標準におけるメタデータは、数百の項目に分類されており、国土地理院地理情報クリアリングハウス（Clearinghouse）の中のカタログ情報で公開されている。また、JMP エディターは、メタデータ作成を支援するツールであり、国土地理院のWeb サイトからダウンロードすることによって利用できる。クリアリングハウスを身近な例で言えば、オンラインショッピングで品物を購入する時の Web ページに例

えることができる。利用者（地理情報のユーザー）はインターネットで品物（地理情報）を探し、購入（利用）する時は、品物が紹介されている Web サイト（クリアリングハウス）を複数集めて参照することになる。

クリアリングハウスの概念を図 8.2 に示す。

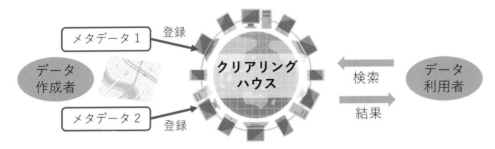

図 8.2　クリアリングハウスの概念

【例題 8.1】 地理情報標準である JPGIS について説明しなさい。また、日本以外に既存の地理情報の標準例を挙げなさい。

【解】 地理情報標準プロファイル（Japan Profile for Geographic Information Standards）の略で、地理情報の国際規格 ISO19100 シリーズと日本産業規格 JIS X 7100 シリーズから実用的な部分を抽出した規格である。JPGIS は地理情報が異なるシステム間で相互利用されるために必要な情報を定めたもので、これに準拠して整備された空間データであれば、JPGIS に対応した GIS で活用することができる。

既存の地理情報標準の例

国名・組織名	地 理 情 報 標 準
ドイツ	Amtliches Topographisch-Kartographisches Information System
EU	CEN TC287 European Norms for Geographic Information
EU	Geographic Data File GDF）
NATO	Digital Geographic Information Exchange Standards（DIGEST）
IHO	IHO Transfer Standard for Digital Hydrographic Data（IHO DX-90）
スイス	INTERLIS Data Exchange Mechanism for LIS
英国	Neutral Transfer Format（NTF）
OGC	Open Geodata Interoperability Specification（OGIS）
カナダ BC	Spatial Archive and Interchange Format（SAIF）
米国	FGDC Metadata Contents Standard
米国	Spatial Data Transfer Standard（SDTS）

地理情報標準第 2 版（JSGI 2.0）の入門より

8.3　GIS の構成

　GIS を構築・運用するには、ハードウエア、ソフトウエア、データウエア、ヒューマンウエアが必要とされる。GIS の構成を**図 8.3** に示す。

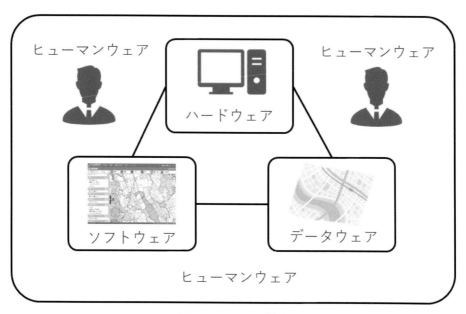

図 8.3　GIS の構成

　ハードウエアはソフトウエアを動作させるためのパーソナルコンピュータやタブレット、必要に応じてデジタルカメラ、デジタイザ、スキャナ、プリンタなどの入出力装置を使用する。ソフトウエアは高価なものからフリーソフトウエアまで多種多様あり、個人レベルでの使用から地方自治体、国レベルでの使用など、それぞれの利用目的によって構築される。パッケージソフトウエアとして販売されているものもある。位置データと属性データを合わせた空間データをデータウエアという。国土地理院の提供する基盤地図情報、行政が提供するハザードマップ、民間が提供または販売する住宅地図などがある。

　ヒューマンウエアは上記のものを扱うことができる技術者あるいはエンドユーザーを指す。GIS を空の冷蔵庫に例えると、冷蔵庫はハードウエア、食品はデータウエア、調理はソフトウエアとヒューマンウエアである。四つがすべて整うことによって目的に応じた料理（GIS 成果物）ができることになる。

8.3.1　基図と主題図

　GIS の大きな特徴としてデータはレイヤー（層）構造をもつ。レイヤーは、透明なシートのようなものであり、情報をシートに入力することでその情報をみることができる

ばかりではなく、任意のレイヤーを重ね合わせてみることもできる。

表 8.5　基図の項目例

大分類	分類	項目
境界等	境界	都道府県界、市町村界、丁町目界
交通施設	道路	真幅道路、徒歩道、敷地内道路、トンネル内道路、建設中の道路
	道路施設	橋、立体交差、高架、横断歩道橋、地価横断歩道、歩道、階段、地下出入口、安全地帯、分離帯、側溝
	鉄道	鉄道、リフト
建物等	建物	一般建物、堅牢建物、普通無壁舎、堅牢無壁舎
水部等	水部	水涯線、用水路
	水部にある構造物	防波堤、ダム
土地利用等	法面	人工斜面、土堤、被覆、コンクリート被覆、ブロック被覆、石積被覆、法面保護、法面
	構囲	構囲、落下防止柵、遮蔽光、鉄柵、生垣、土囲、へい、堅牢へい、簡易へい
	植生	植生、耕地界
地形図等	等高線	等高線
	基準点	三角点、水準点、標高点
画像等	航空写真	航空写真
	衛星画像	衛星画像
注記	注記	注記

（1）基図

　レイヤーのうち、地形を表す基本的な図形や情報のみを掲載したものを基図（Base Map）という。基図の項目は利用する目的によって異なるが、自治体など公共団体が利用する基図の代表的な項目は**表 8.5**に示すようなものとなる。

　図 8.4は金沢市が全庁で使用している基図の例を示す。

（2）主題図

　レイヤーのうち、個々の使用目的に特化した図形や情報を掲載したものを主題図（Thematic Map）という。例えば、大雨や地震発生の際に災害リスクを示したハザードマップ、上下水道やガス管路などを記述した施設管理図、都市計画基本図、地籍図、道路現況平面図、用水図から子育てマップ、防犯マップ、騒音・悪臭規制図などその種類は多岐にわたる。**図 8.5**は主題図であるガス配管図の一例を示す。

（この地図は金沢市長の承認を得て、同市発行の金沢市基本図（縮尺 1/1000）を使用したものである。（承認番号）平成 17 年 2 月 4 日　収情政第 337 号）

図 8.4　基図の例

8.3.2　ハードウエア

　GIS を支えるコンピュータシステムのハードウエアとしては、中央演算装置（CPU）、記憶装置（メモリ）、外部記憶装置（ハードディスクなど）、データの整備・編集に使用する周辺入力（デジタルカメラ、デジタイザ、スキャナ、各種センサなど）、データを出力するための装置（プロッタ、プリンタなど）がある。これに加えてハードウエアの一部としてのデータウエアにはインターネットを通じて入手したり、CD-ROM 等のメディアを通じて配布される地図データも考慮される。**図 8.6** に GIS を稼働する際のハードウエア構成の一例を示す。

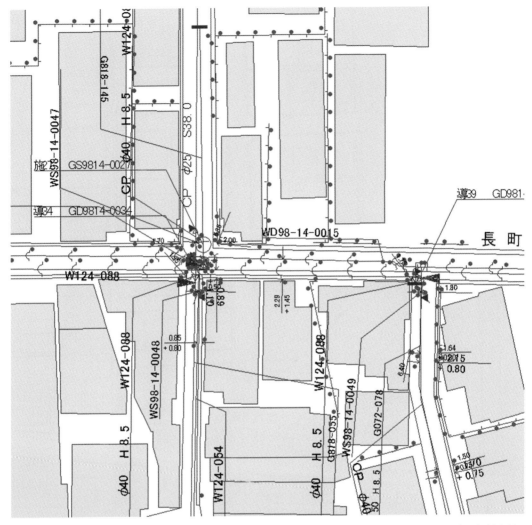

（この地図は金沢市長の承認を得て、同市発行の金沢市基本図（縮尺 1/1000）を使用したものである。（承認番号）平成 17 年 2 月 4 日　収情政第 337 号）

図 8.5　主題図の例

8.3.3　ソフトウエア

　GIS を支えるソフトウエアとしては OS（Windows、Mac OS、Linux など）、ソフトウエアをカスタマイズするためのプログラミング言語（C ++、JavaScript、Python など）を用いた開発環境があり、その上で各種 GIS ソフトウエアが稼動する。市販されているソフトウエアは、使用している GIS エンジン、価格、得意とする内容、操作性などに差があるため、導入に際しては目的に応じて十分な検討が必要となる。**表8.6** にソフトウエアを評価する項目の一例について示す。

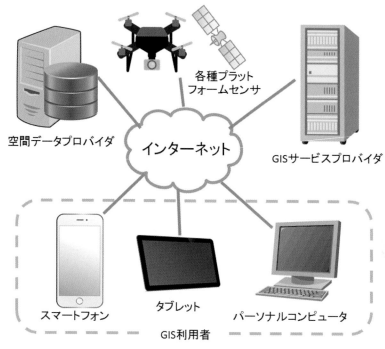

各種プラット
フォームセンサ

空間データプロバイダ

インターネット

GISサービスプロバイダ

スマートフォン　　　　タブレット　　　パーソナルコンピュータ

GIS利用者

図 8.6　GIS ハードウエア構成の例

表 8.6　GIS ソフトウエアの評価項目の例

GIS 機能	表示機能、検索機能、出力機能、編集機能、解析機能など
操作性	画面構成、ユーザインタフェース、画面遷移速度など
動作環境	動作ハードウエア（CPU、メモリ、HDD など）、OS、ネットワーク環境など
性能・拡張	拡張機能、プログラミング環境など
運用・保守	バックアップ機能、システムのバージョンアップ、サポート体制、システム操作研修など
セキュリティ	アクセス制御など

8.3.4　属性情報

　GIS を構成する情報には、大別すると位置を表す位置情報（緯度、経度や平面直角座標など）とその位置にある「もの」の性質や具体的な数値データなどを示す属性情報（水準点の場合にはその名称など）がある。

　CAD や AM/FM との大きな相違は、属性情報には道路や土地の情報に加えて人口、経済、統計などの社会経済データ、統計データなどを持たせることができることである。属性情報の付加によって、特定の場所の属性検索（どこに何があるか）、条件検

索（ある条件に合致する場所はどこか）、時系列分析（時間的な変化はあるか）、空間分析（ある属性情報と他の属性情報の関係は何か）などが可能となる。**図 8.7** に属性情報を表示した GIS の例を示す。**表 8.7** は公共団体などが必要とする属性情報の一例である。

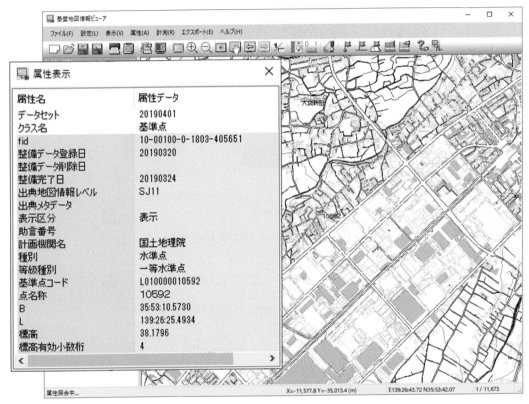

図 8.7　属性情報を表示した GIS（国土地理院、基盤地図情報　基本項目）

【例題 8.2】 次の項目は一般的に基図に該当するか主題図に該当するか。

　　　　道路、遺跡地図、道路施設、地番図、鉄道、建物、農業振興区域、占用埋設物、電柱、防波堤、ダム、航空写真、衛星写真、用途地域、ガス本管・支管、マンホール、法面、等高線、基準点、風致地区

【解】 下記は一般的な区分であり、必ずしも限定できるものではない。

基図に該当すると思われるもの

　　　　道路、道路施設、鉄道、建物、防波堤、ダム、法面、等高線、基準点

主題図に該当すると思われるもの

　　　　遺跡地図、地番図、農業振興区域、占用埋設物、電柱、航空写真、衛星写真、用途地域、ガス本管・支管、マンホール、風致地区

表8.7 公共団体などが多用する属性情報

分 野	属 性 情 報 項 目
環境関連情報	自然環境保全区域、生物・植生情報、国立・国定公園情報、悪臭指定地域情報、天然記念物位置情報
上下水道情報	水道施設情報、水利情報、下水道設備情報、地下埋設管情報
防災関連情報	地すべり地情報、砂防指定情報、急傾斜地情報
都市計画関連情報	用途区域情報、都市計画区域情報、土地利用情報、緑地情報
道路関連情報	道路情報、騒音・振動規制情報、道路名称・橋梁名称、道路占用施設情報
森林関連情報	森林区域情報、保安林情報
河川関連情報	河川情報、河川管理・流域区分情報
農業関連情報	農業地域情報、ほ場整備情報、農道情報
遺跡・文化財関連情報	文化財情報・遺跡情報
統計関連情報	住民基本台帳情報、工業統計・商業統計・交通量情報、国勢調査情報
写真関連情報	航空写真情報・衛星画像情報
その他	漁業情報、医療関連施設情報、気象情報

【演習8.1】 付属CD-ROMのArcExplorer内のベクトル型数値地図データを表示させ、「建物（ポリゴン）」の属性情報を表示せよ。

【演習8.2】 付属CD-ROMのArcExplorer内のベクトル型数値地図データを表示させ、「町名」のレイヤーの中に「一丁目」という文字を含むポイントがいくつあるか検索せよ。

【演習8.3】 付属CD-ROMのArcExplorer内の世界地図データを表示させ、人口が50万人以上100万人以下の国を検索せよ。

8.4 位置情報の記述方法

　紙地図と比較してGISで表す位置情報の特徴は、「どこに」「何が」あるかを示すことができることにある。特に、8.3.4で述べた「何が」を表す「属性情報」が「どこに」を示す位置情報とともに格納されていることにある。

　位置情報を表す方法としてはベクトルデータ、ラスターデータ、メッシュデータがある。また、人間が目視で簡単に識別できる図面上の線や面の隣接関係や接続の状況などの位置関係（トポロジー）をコンピュータ上にテーブルとして準備し、トポロジーの認識を可能とした構造を位相構造という。GISとCADやデジタルマッピングとの

大きな違いは位相構造がもつことができることである。

8.4.1　ベクトルデータ

　位置を表す情報は、点、線、面の集合体である。点情報は地形図に表されている三角点、建物記号、県庁所在地などがある。線情報は道路、河川、等高線、管路網などがあり、面情報は建物の輪郭、土地利用として区分される領域（たとえば、水田、畑、山林など）、都道府県境界、市町村境界がある。都道府県境界、市町村境界は面情報でもあるが、区分するラインとして見れば線情報ととらえることもできる。

　ベクトルデータは通常（x_i, y_i）の座標値として表される。（x_i, y_i）は緯度、経度、平面直角座標、相対位置座標などが利用される。また、各々の対象物（たとえば、道路、河川）に独立したデータ（属性情報）が付与され、識別用の番号（コード）によって区別することができるようになっている。図 8.8 にベクトルデータの構成について、図 8.9 にベクトルデータの例について示す。

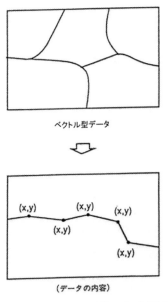

図 8.8　ベクトルデータの構成

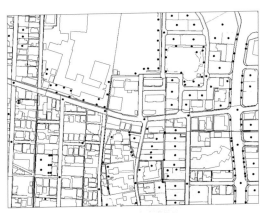

（この地図は金沢市長の承認を得て、同市発行の金沢市基本図（縮尺 1/1000）を使用したものである。（承認番号）平成 17 年 2 月 4 日　収情政第 337 号）

図 8.9　ベクトルデータの例

8.4.2　ラスターデータ

　航空写真や衛星画像、デジタルカメラにより撮影されたデータのような濃淡のある画像（画像データ）を、最小の単位（ピクセル）ごとに数値化した情報で表したデータをラスターデータという。同じ面積の画像においてピクセル数を多くすれば解像度の高いラスターデータとなり、原画に近い状況を再現できる。ラスターデータおよび次節で述べるメッシュデータは構造が単純であるため、多くのデータ形式があるが、

GISのほとんどは、これらの形式のデータを取り扱うことができる。図8.10にラスターデータの構成について、図8.11にラスターデータの例（地理院地図　写真）を示す。

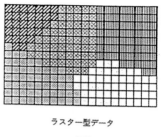

ラスター型データ

1	1	1	2	2	0
1	1	1	2	2	0
1	1	1	2	0	0
1	1	3	3	3	0

（データの内容）

図8.10　ラスターデータの構成

8.4.3　メッシュデータ

　図面を等間隔の格子（セル）に区分し順番に並べたデータをメッシュデータまたはグリッドデータという。メッシュデータはラスターデータの情報量を落として数値化したものともいえる。図8.10と同じようにメッシュデータはメッシュ番号で表された二次元配列であり、メッシュ番号により特定される空間に属性情報を持たせることができる。ラスター

地理院地図

図8.11　ラスターデータの例（国土地理院、地理院地図　写真）

データではピクセルごとに整数以外の属性情報を付加することはできないが、メッシュデータは様々な属性情報の付加ができるため、主題図を作成する際に利用されることが多い。**図 8.12** は内閣府　南海トラフの巨大地震モデル検討会が提供している震度の最大値のシミュレーション結果を示している。各メッシュには震度の最大値が属性情報として付加されている。

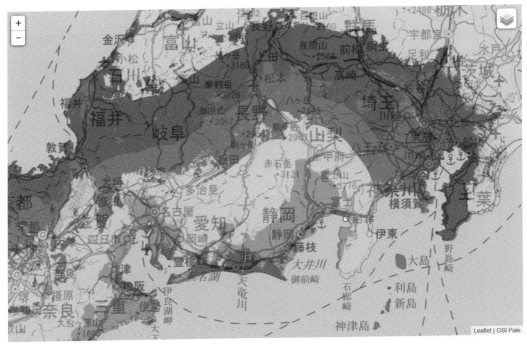

図 8.12　メッシュデータ（内閣府　南海トラフの巨大地震モデル検討会、震度の最大値の分布図）（G 空間情報センター）

表 8.8 にベクトルデータとラスターデータおよびメッシュデータの特長について比較する。

8.4.4　位相構造

地理的な構造を空間情報として把握する時、何がどこにあるか、何と何が隣り合っているかなどの情報（トポロジー）が重要になる。ベクトルデータは点、線、面（ポリゴン）の 3 要素で表される。**図 8.13** は図形の幾何とトポロジーの関係を示した一例である。ノードは直線または折れ線の交点を意味し、ノード番号と座標で表される。リンクは始点と終点を持つ折れ線を意味する。リンク番号、始点および終点のノード番号、進行方向左右のポリゴン番号で表される。ポリゴンは複数のリンクからなる面であり、時計回り（または反時計回り）により符号をつけたリンク番号によって表される。

表8.8　ベクトルデータとラスターデータおよびメッシュデータの特長

		ベクトルデータ	ラスターデータ・メッシュデータ
特徴	データ形状	任意	一般に正方形などで一定
	精度	元の図面に依存するが一般には高い	ピクセルおよびメッシュに依存するが一般には低い
	属性データ	点、線、面のそれぞれの図形情報にある	メッシュ（面）にある
	図形処理機能	点、線、面を用いた処理をおこなう	メッシュ（面）のみを用いた処理をおこなう
データ	データ構造	実世界により近い表現が可能であるが、複雑な構造となる。単純な構造	単純な構造
	データ量	比較的少ない	一般に大きくなる
地図表現	地図表現	元図の縮尺と精度に依存するが正確に表現できる	ラスターの内部の状況（属性）は不明 メッシュ間隔に依存するがベクトルデータと比較すると粗い表現となる
	地図縮尺	拡大しても形状はくずれない	拡大するとメッシュ（グリッド）が大きくなり構造の認識が難しくなる
加工処理	空間分析	高度なプログラムを必要とする	比較的簡単にプログラム開発ができ、衛星画像などとの重ね併せ処理が容易
	シミュレーション	一般にシミュレーションは困難	メッシュサイズが均一なためシミュレーションが容易
	空間分析	トポロジーを持つため空間分析が可能	空間分析を行うことは困難

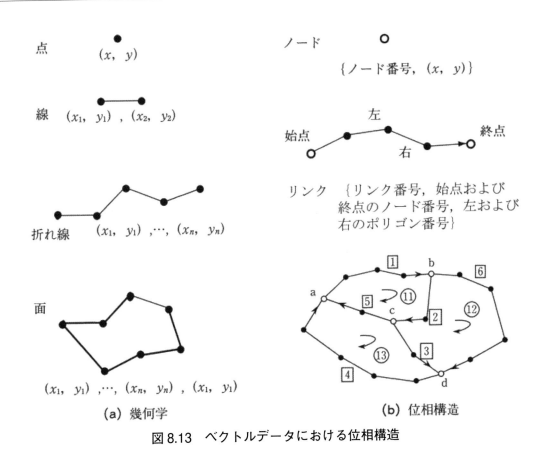

(a) 幾何学　　　　　　　　　**(b) 位相構造**

図 8.13　ベクトルデータにおける位相構造

【**例題 8.3**】ベクトルデータとラスターデータの特徴（利点、欠点）を、精度、デー
　　　　　タ容量、データ解析、可視化、検索、更新、データ費用について述べよ。

【**解**】ラスターデータはメッシュによる画素表現、ベクトルデータは座標によるベク
　　　トル表現であることから、特徴を利点・欠点としてまとめると以下のようになる。

	ベクトルデータ	ラスターデータ
精　度	高い（拡大しても精度は劣化しない）	低い（ただし解像度により異なる）
データ容量	少ないデータ量で詳細を表現可能	膨大なデータを必要とする
データ解析	構造化が可能で複雑な解析可能	限られた解析に限定
可視化	抽象化した表現になる	現実に近い状態で表示可能
検　索	短時間による検索可能	検索に時間がかかる
更　新	局所的な更新が可能	局所的な更新は困難
データ費用	高　価	安　価

【演習 8.4】 付属 CD-ROM にある ArcExplorer 内の衛星画像（ラスターデータ）を表示し拡大して視覚化せよ。また、ベクトルデータとラスターデータの違いを比較せよ。

8.5 数値地図データ

　数値地図データとは、一般的にはコンピュータで扱えるように数値化された地図データのことをいう。デジタル写真測量やデジタルマッピングのように、図面の作成段階から数値化する方法と既成のアナログ地図（紙地図）からデジタイズして作成する場合がある。

8.5.1 標準地域メッシュコード

　地形図はメッシュに区切って位置を特定すると便利である。また、統計的なデータの分析にはメッシュ型データの利用が効果的である。地形図の場所を特定する地域メッシュの区切り方は大別すると

(1) 一定の経緯度間隔にもとづいて分割する方法
(2) UTM 座標系にもとづいて分割する方法
(3) 平面直角座標系にもとづいて分割する方法　などがある。

　地形図図式の整飾事項には標準地域メッシュに関する事項が規定されている。標準地域メッシュとは、各種の統計に用いるために定められた経緯度によるメッシュシステムのことである。

①第1次地域メッシュ（第1次地域区画）

　20万分の1地勢図の大きさ（1°×40′：約80km×80km）の区画。メッシュコードは4桁からなり、上2桁はメッシュ南端緯度の1.5倍、下2桁は西端経度の下2桁である（**図8.14** 参照）。

②第2次地域メッシュ（第2次地域区画）

　2万5千分の1地形図の大きさ（7′30″× 5′：約10km×10km）の区画。メッ

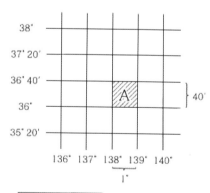

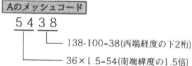

第1次地域区画のメッシュコード

図 8.14 メッシュコードのつけかた（第1次地域区画）（日本地図センター）

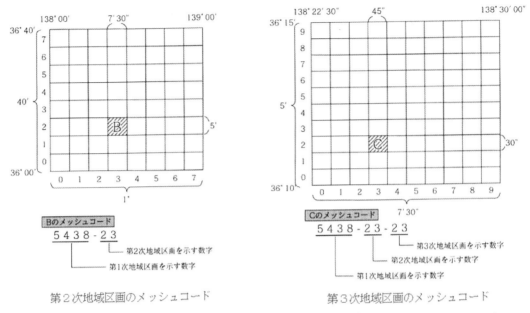

図 8.15　メッシュコードのつけかた（第 2 次、第 3 次地域区画）（日本地図センター）

シュコードは 6 桁からなり、上 4 桁は第 1 次地域メッシュコードを表し、5 桁目は緯度方向の等分区画に南から数えた 0〜7 の番号を、6 桁目は経度方向の等分区画に西から数えた 0〜7 の番号をつけたものである（**図 8.15** 参照）。

③第 3 次メッシュ（第 3 次地域区画）

第 2 次地域メッシュの縦横を 10 等分（45″×30″：約 1km×1km）した区画。メッシュコードは 8 桁からなり、上 6 桁は第 2 次地域メッシュコードを表し、7 桁目は緯度方向の等分区画に南から数えた 0〜9 の番号を、8 桁目は経度方向の等分区画に西から数えた 0〜9 の番号をつけたものである（**図 8.15** 参照）。

④分割地域メッシュ

第 3 次地域メッシュをさらに細かく分割したメッシュとして、3 次メッシュを経線・緯線方向にそれぞれ 2 等分した 2 分の 1 地域メッシュ（約 500m×500m）、2 分の 1 地域メッシュの各辺を 2 等分した 4 分の 1 地域メッシュ（約 250m×250m）、さらに 4 分の 1 地域メッシュの各辺を 2 等分した 8 分の 1 地域メッシュ（約 125m×125m）などがある。8 分の 1 地域メッシュではメッシュコードが 11 桁になる。

8.5.2　数値地図データの種類

　国土地理院では平成 5 年から数値地図の刊行を開始し、現在では**表 8.9** に示すような種類のデータを提供している。国土地理院の基盤地図情報、地理院地図やオープンストリートマップ（OpenStreetMap）のように、2 次利用のライセンスが明確に示され、ホームページからダウンロードあるいはインターネットを通じて直接データを参照できるデータもあり、利用者の利便性がますます高くなってきている。

　民間が有償で頒布している数値地図データには、国土地理院発行の数値地図データと重ねあわせが可能な航空写真画像、地番なども付加された住宅地図、全国の道路をデジタル化したデータベースなど多種多様なものがある。

表 8.9　地図・空中写真等の刊行物・提供物

種類 ＼ 提供方法	オンライン提供	DVD・CD	Web
ラスターデータ	・電子地形図 20 万 ・電子地形図 25000（オンライン提供）	・電子地形図 25000（DVD 版）	・地図・空中写真閲覧サービス ・地理院地図
ベクトルデータ	・基盤地図情報 ・数値地図（国土基本情報 20 万） ・数値地図（国土基本情報）（オンライン提供） ・地球地図日本	・数値地図（国土基本情報）（DVD 版）	－
標高	・基盤地図情報	・数値地図（国土基本情報）（DVD 版）	・標高タイル
空中写真	－	・数値空中写真	・地図・空中写真閲覧サービス ・地理院地図

国土地理院ホームページ（地図・空中写真等の刊行物・提供物）を一部編集

8.5.3　基盤地図情報

　基盤地図情報は、2007 年に成立した地理空間情報活用推進基本法で規定され、国内の地理空間情報が同じ位置の基準をもった情報として整備が開始され、インターネットにより無償で提供されている。次に基盤地図情報の構成を、数値標高モデルと基本項目についてそれぞれ説明する。

（1）基盤地図情報　数値標高モデル

　数値標高モデルは、標高のメッシュデータで、5m メッシュ及び 10m メッシュの 2

種類のデータがあるが、ここでは 5m メッシュについて紹介する。

　5m メッシュは、航空レーザ測量または写真測量で取得した標高値を内挿処理により作成したもので、都市域周辺や島嶼部を中心に整備されている。3 次メッシュ単位でファイルされたデータを、2 次メッシュ単位でダウンロードすることができる。一つのファイルには、約 1km 四方、約 40,000 の標高値が実数で北西端から西から東の方向の順に並び、北から南の方向に一つ移って、西から東の順に南東端まで羅列されている。

　図 8.16 に JPGIS に基づく GML 形式で記録された標高メッシュデータの一部を示す。

```xml
<?xml version="1.0" encoding="UTF-8"?>
<Dataset gml:id="Dataset1" xmlns="http://fgd.gsi.go.jp/spec/2008/FGD_GMLSchema"
xmlns:xlink="http://www.w3.org/1999/xlink" xmlns:xsi="http://www.w3.org/2001/XMLSchema-instance"
xmlns:gml="http://www.opengis.net/gml/3.2"
xsi:schemaLocation="http://fgd.gsi.go.jp/spec/2008/FGD_GMLSchema FGD_GMLSchema.xsd">
    <gml:description>基盤地図情報メタデータ ID=fmdid:15-3101</gml:description>
    <gml:name>基盤地図情報ダウンロードデータ(GML版)</gml:name>
    <DEM gml:id="DEM001">
        <fid>fgoid:10-00100-15-60101-54372584</fid>
        <lfSpanFr gml:id="DEM001-1">
            <gml:timePosition>2016-10-01</gml:timePosition>
        </lfSpanFr>
        <devDate gml:id="DEM001-2">
            <gml:timePosition>2016-10-01</gml:timePosition>
        </devDate>
        <orgGILvl>0</orgGILvl>
        <orgMDId>H24C0320 NoData</orgMDId>
        <type>5mメッシュ(標高)</type>
        <mesh>54372584</mesh>
        <coverage gml:id="DEM001-3">
            <gml:boundedBy>
                <gml:Envelope srsName="fguuid:jgd2011.bl">
                    <gml:lowerCorner>36.233333333 137.675</gml:lowerCorner>
                    <gml:upperCorner>36.241666667 137.6875</gml:upperCorner>
                </gml:Envelope>
            </gml:boundedBy>
            <gml:gridDomain>
                <gml:Grid gml:id="DEM001-4" dimension="2">
                    <gml:limits>
                        <gml:GridEnvelope>
                            <gml:low>0 0</gml:low>
                            <gml:high>224 149</gml:high>
                        </gml:GridEnvelope>
                    </gml:limits>
                    <gml:axisLabels>x y</gml:axisLabels>
                </gml:Grid>
            </gml:gridDomain>
            <gml:rangeSet>
                <gml:DataBlock>
                    <gml:rangeParameters>
                        <gml:QuantityList uom="DEM構成点"/>
                    </gml:rangeParameters>
                    <gml:tupleList>地表面,1760.37 地表面,1765.28 地表面,1766.35 地表面,1765.36 地表面,1764.96
                    地表面,1766.20 地表面,1768.15 地表面,1771.50 地表面,1775.69 地表面,1779.98 地表
                    面,1784.96 地表面,1789.34 地表面,1791.88 地表面,1793.69 地表面,1797.05 地表面,1800.82
                    地表面,1803.97 地表面,1809.30 地表面,1814.13 地表面,1817.67 地表面,1817.29 地表
                    面,1812.71 地表面,1807.62 地表面,1803.33 地表面,1801.62 地表面,1799.46 地表面,1797.59
                    地表面,1796.91・・中略・・</gml:tupleList>
                </gml:DataBlock>
            </gml:rangeSet>
            <gml:coverageFunction>
                <gml:GridFunction>
                    <gml:sequenceRule order="+x-y">Linear</gml:sequenceRule>
                    <gml:startPoint>0 0</gml:startPoint>
                </gml:GridFunction>
            </gml:coverageFunction>
        </coverage>
    </DEM>
</Dataset>
```

図 8.16　基盤地図情報　数値標高モデル 5m メッシュのデータの一部

(2) 基盤地図情報　基本項目

　基盤地図情報の基本項目として整備する項目や満たすべき基準については、国土交通省令（地理空間情報活用推進基本法第2条第3項の基盤地図情報に係る項目及び基盤地図情報が満たすべき基準に関する省令（平成19年8月29日、国土交通省令第78号））によって、以下の13項目が定められている。

1．測量の基準点

2．海岸線

3．公共施設の境界線（道路区域界）

4．公共施設の境界線（河川区域界）

5．行政区画の境界線及び代表点

6．道路縁

7．河川堤防の表法肩の法線

8．軌道の中心線

9．標高点

10．水涯線

11．建築物の外周線

12．市町村の町若しくは字の境界線及び代表点

13．街区の境界線及び代表点

　図 8.17 に基盤地図情報　基本項目を示す。

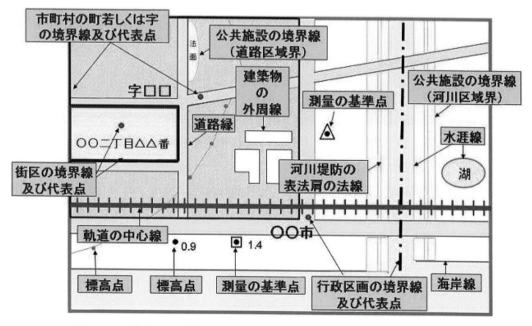

図 8.17　基盤地図情報　基本項目（国土地理院ホームページより）

8.5.4　数値地図データの利用

　アナログ地図（紙地図）では地形をうまく表現することは困難であり、複数の地図を重ねて判読することはできなかった。また、アナログ地図では属性データを多くのせるほど煩雑になり判読が難しくなる。しかし、数値地図データを利用することによって多彩な地形の表現を行うことができる。

　図 8.18 は地理院地図（写真）の 3D 機能を利用して鳥瞰図を作成した例である。フリーソフトウエアも多く出回っており、展望図、3DCG の作成、地形の断面図の作成、カーナビゲーションへの利用等に多く利用されている。

図 8.18　地理院地図（写真）の 3D 機能を利用した鳥瞰図

【例題 8.4】読者の居住地近傍あるいは日本国内の適当な緯度・経度を用いて標準地域メッシュコードを求めなさい。

【解】図 8.14、図 8.15 を参照して各自で求めてみること。
　　　たとえば、国土地理院ホームページにある各市町村の重心座標一覧から石川県の重心は北緯 36 度 45 分 06 秒東経 136 度 46 分 08 秒であり、1 次メッシュコードおよび 2 次メッシュコードは 553616 となる。

8.6 空間分析

　GIS の特徴は、地理的位置情報である緯度・経度（あるいは、平面直角座標など）に加えて、属性情報である人口、住宅情報、地籍、土地区分、文化などの地理的事象を同時に扱えることにある。

　空間分析するための GIS データ操作はデータ検索、オーバーレイ、バッファリングなどの機能によってデータ処理や分析を行う。多くの GIS ソフトウエアではこれらのデータ操作機能が備えられているが、高度な分析を行うためには独自に開発するか、専門性に特化した専用の空間データ分析ツールなどを導入する必要がある。

　ここでは空間分析の基本的な機能を紹介する。

8.6.1　バッファリング

　道路からの騒音の影響範囲やコンビニエンスストアの商圏範囲など特定の物体や現象がどの範囲まで及ぶかについて調査することがしばしば行われる。GIS を構成する図形要素である、点、線、面に対してある距離を設定し、ポリゴンを生成することをバッファリングという。

　図 8.19 に点、線、面のバッファリングの例を示す。

図 8.19　点、線、面のバッファリング

8.6.2　オーバーレイ

　GIS データはレイヤーによって構築されている。一つのレイヤーではわからなかった事象が、二つ以上のレイヤーを重ねることによって視覚的にも空間的にも分析が可能になることがある。一つのレイヤーでは分析ができない、あるいは不十分な場合に二つ以上のレイヤーを重ね合わせて分析することをオーバーレイという。

　ベクトルデータのオーバーレイには、点と面、線と面、面と面などがある。オーバーレイによって、それぞれの図形および属性がどのように再構築されるかについて図8.20 に示す。ベクトルデータのオーバーレイでは、複数の図形間で論理演算（ブール代数）を用いる。図 8.21 はブール代数の 4 つの論理演算を示したものである。

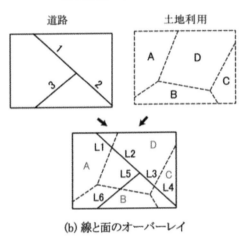

点の属性情報

ID	家主	土地利用
P1	大石	A
P2	小川	D
P3	山田	B
P4	井口	C

(a) 点と面のオーバーレイ

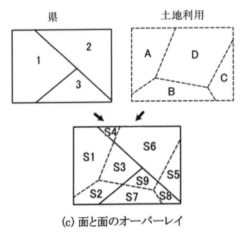

線の属性情報

ID	道路	土地利用
L1	1	A
L2	1	D
L3	2	D
L4	2	C
L5	3	D
L6	3	B

(b) 線と面のオーバーレイ

面の属性情報

ID	県	土地利用
S1	1	A
S2	1	B
S3	1	D
S4	2	A
S5	2	C
S6	2	D
S7	3	B
S8	3	C
S9	3	D

(c) 面と面のオーバーレイ

図8.20　ベクトルデータのオーバーレイ

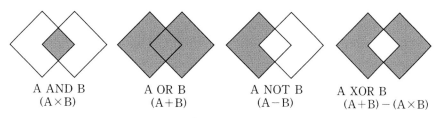

A AND B
(A×B)

A OR B
(A＋B)

A NOT B
(A－B)

A XOR B
(A＋B)－(A×B)

図 8.21　ブール代数の論理演算

8.6.3　ボロノイ図

　コンビニエンスストアやスーパーマーケットを出店する、あるいは既存の商店の商圏を調査する場合に用いられるのがボロノイ図である。地図上に点として分布しているストアの任意の点から最も近い点を求めることを考える。これは、その点が最も近い点であるような範囲を線分で分割することに等しい。与えられた点からその勢力圏の分割を行う処理を、ボロノイ分割またはティーセン分割といい、分割によって得られたものをボロノイ図という。

　図 8.22 にボロノイ図の例を示す。

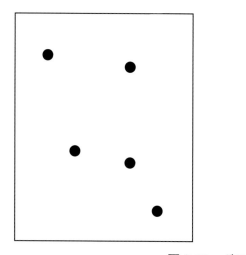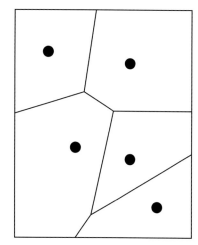

図 8.22　ボロノイ図

8.6.4　ネットワーク解析

　ネットワーク解析の代表的な例は、最短経路探索である。位相構造化されたベクトルデータの 2 本以上の線（リンク）はノードと呼ばれる交点で結ばれている。任意のノードを結ぶ線分列の中で最も長さの短いパスを最短経路という。あるノードからあるノードまでの最短経路の探索は、カーナビゲーションアプリの最短ルートの検索などに応用されている。

　　ネットワーク解析は道路のみではなく、下水管、上水管、ガス管など、網状に広がるインフラにおける解析にも多く利用されている。図8.23にネットワーク解析による最短経路探索の例を示す。

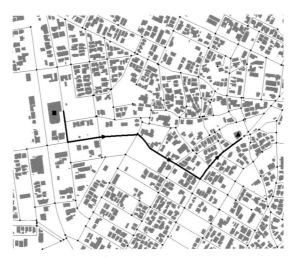

図8.23　ネットワーク解析による最短経路探査

【例題8.5】下記の図面の位相構造から位相データの関連を示せ。

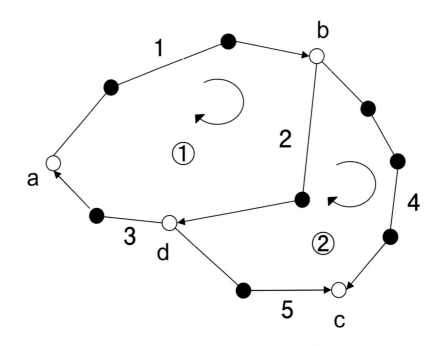

【解】

ノード位相

ノード	リンク
a	− 3、1
b	− 1、4、2
c	− 4、− 5
d	− 2、3、5

リンク位相

リンク	ノード		ポリゴン	
	始点	終点	左側	右側
1	a	b	なし	①
2	b	d	②	①
3	d	a	なし	①
4	b	c	なし	②
5	d	c	②	なし

ポリゴン位相

ポリゴン	リンク
①	1、2、3
②	4、− 5、− 2

【演習 8.5】 付属 CD-ROM の ArcExplorer 内のベクトル型数値地図データを表示させ、「店舗」データの 200m 以内に存在する「町名」をすべて挙げよ。

【演習 8.6】 付属 CD-ROM の ArcExplorer 内のベクトル型数値地図データを表示し「公園」データから「玉川公園」を検索し、その外周の距離を求めよ。

8.7 数値地形モデル

8.7.1 DEM と DTM

Digital Terrain Model を DTM、Digital Elevation Model を DEM と表記する。DTM は数値地形モデルを表し、標高、等高線、傾斜勾配、傾斜方位など、地形の特徴を数値表現するモデルである。DEM は数値標高モデルを表し、平面上の 1 点（x, y）について一つの高さ情報（z）が与えられるような、DTM の中の標高に特化したモデルである。DEM は任意の位置の標高を内挿することができる。内挿方法には双一次内挿、双三次内挿などがある。

図 8.24 は DEM の代表的な表示例として標高図を、**図 8.25** は傾斜方位図を示している。

8.7.2 TIN

Triangulated Irregular Network を TIN と表記する。TIN は三角形不規則ネットワークといい、不規則に分布する点をある基準に基づいて連結し生成された連続的な三角形

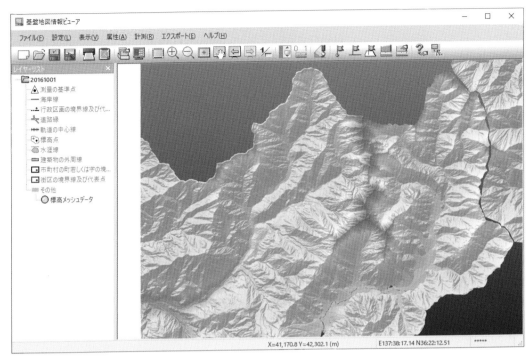

図 8.24　基盤地図情報　数値標高モデル（上高地周辺）標高図

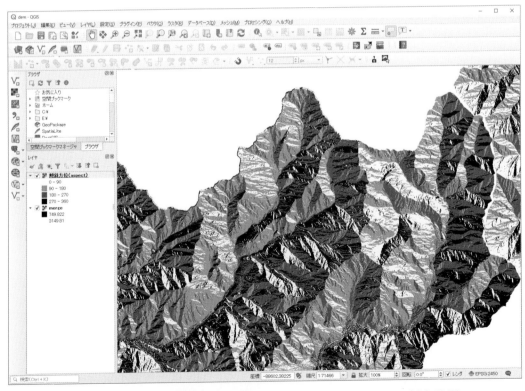

図 8.25　基盤地図情報　数値標高モデル（上高地周辺）傾斜方位図

網のことを指す。TIN も DEM の一つであることから、三角形の頂点に z（標高）の値を持っている。従って、三角形の傾斜度や傾斜方向を簡単に求めることができる。

図 8.26 は不規則に分布する標高点を示し、**図 8.27** は**図 8.26** から発生させた TIN を示す。

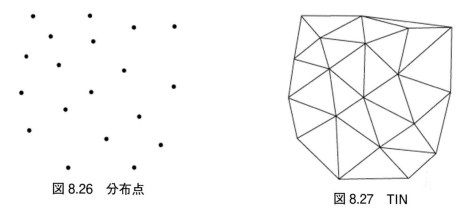

図 8.26　分布点　　　　　　　　　　　　図 8.27　TIN

8.7.3　DEM の内挿

DEM は与えられる点の配置と密度によって異なる。**表 8.10** はよく用いられる DEM の種類と内挿法をまとめたものである。

表 8.10　DEM の種類と内挿法

地形点の配置	内　挿　方　法
メッシュ点	共一次内挿法、三次畳み込み内挿法
ランダム点	三角形不規則ネットワーク（TIN） 多項式
等高線	三角形不規則ネットワーク（TIN）
断面	共一次内挿、三角形不規則ネットワーク（TIN）

8.7.4　DEM を利用した地形抽出

　DEM を利用すると様々な地形情報を記述することができる。**図 8.28** は斜面勾配と斜面方向、水系、流域などを記述したモデルである。このモデルを、基盤地図情報数値標高モデルを用いて表現した事例を**図 8.29** に示す。

（a）斜面勾配と斜面方位　　　（b）水系　　　　　（c）流域

図 8.28　傾斜方向、水系、流域のモデル

図 8.29　水系の抽出

【**例題 8.6**】最近隣内双法、共一次内挿法、三次畳み込み内挿法について簡単に説明せよ。

【**解**】最近隣内挿法：内挿点に最も近い格子点の値を求める点の値とする方法。この方法では最大 1/2 の位置誤差を生じるが元の格子点の値を変化させない。

　　共一次内挿法：内挿点の周囲 4 点の格子点データを用いて求める点の値を線形式によって内挿する方法。この方法では元の格子点の値を変化させるが、平均化されてスムージング効果がある。

　　三次畳み込み内挿法：内挿点の周囲 16 点の格子点データを用いて求める点の値を 3 次畳み込み関数により内挿する方法。この方法では

元の格子点の値を変化させるが、平滑化、鮮鋭化の効果
がある。

【演習 8.7】付属 CD-ROM の ArcExplorer 内のメッシュ型数値地図標高データを表示
し、任意の点の標高を表示せよ。

8.8　GIS の応用分野
8.8.1　国における GIS の推進

　阪神淡路大震災の発生によって紙媒体の地図は脆弱であり、電子データによる整備・
保存の重要性が明らかになった。この災害を契機に電子国土の必要性が情報インフラ
の整備とともに国の重要施策となった。

　政府は 2001 年に「我が国が 5 年以内に世界最先端の IT 国家となる」（e-Japan 戦略）
という目標を掲げた。その後、地理空間情報活用推進基本法に基づき、5ヶ年の行動
計画を定め、2017 年の第 3 期地理空間情報活用推進基本計画では、「地理空間情報活
用技術を第 4 次産業革命のフロントランナーとし、一人一人が「成長」と「幸せ」を
実感できる、新しい社会の実現を目指す」とし、IoT・ビッグデータ・AI などの先端
技術を活かした世界最高水準の G 空間（地理空間情報）社会として、具体的には次
の 5 つをあげている。

1．国土を守り、一人一人の命を救う
　多発する地震、台風などの災害にも対応できる、強くしなやかな社会
2．新時代の交通、物流システムを実現する
　誰もが安全・快適に移動し、多様なニーズに合わせて輸送できる社会
3．多様で豊かな暮らしをつくる
　人口減少・高齢社会にあっても、人々が活力をもって暮らせる優しい社会
4．地方創生を加速する
　生産性を向上させ、地域の魅力・創造を引き出し、地方経済が活性化する社会
5．G 空間社会を世界に拡げる
　我が国の強みを活かした、高い国際競争力をもった産業を生み出す社会

　これらを実現するための手段を、
・準天頂衛星 4 機体制による高精度測位サービスの提供
・G 空間情報センターを中核とした共通の情報基盤の構築
・東京 2020 オリンピック・パラリンピック大会を G 空間社会のショーケースに
としている。

図 8.30　第 3 期地理空間情報活用推進基本計画が目指す姿（内閣官房 地理空間情報活用推進室、地理空間情報活用推進行動計画（G 空間行動プラン）2019（案）の概要）

8.8.2　地方自治体における GIS

　地方自治体においても、行政や地域における情報化の進展を図り、実業務に GIS を活用し事務の効率化、予算の重複投資をさける取組が行われている。8.9.4 で述べるインターネット上で GIS を利用し、住民への情報提供サービスを実施している自治体もある。また、8.9.3 に述べるように、情報の共有化を図るため、地方自治体庁内における統合的なシステム（統合型 GIS）の導入も進んでいる。

　図 8.31 に地方自治体における統合型 GIS 取組状況を、図 8.32 に住民公開用の Web GIS の事例を示した。

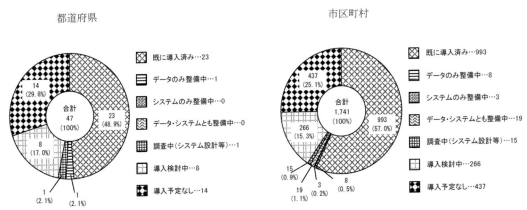

図 8.31　地方自治体における統合型 GIS 取組状況（総務省、地方自治情報管理概要　平成 31 年 3 月）

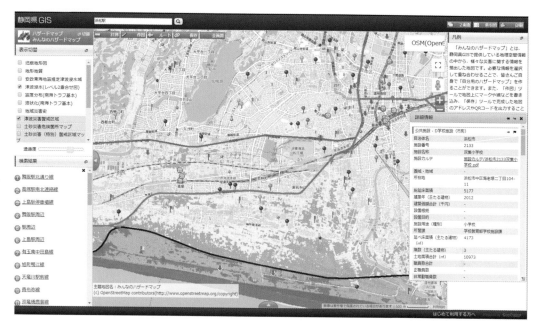

図 8.32　地方自治体の公開型 GIS の事例（静岡県、静岡県 GIS）

8.8.3　民間における GIS

　民間においても、銀行や金融機関では ATM 設置計画、商圏分析、販売サービス業では顧客分布、事業所販売実績など、外食産業・コンビニエンスストアでは出店計画、商圏分析、販売実績、宅配・タクシー・運送業などでは、最適輸送計画路、配車計画などに GIS が利用されている。一般向けには、インターネットに接続したスマートフォンによる道案内サービス、拡張現実（AR: Augmented Reality）を活用した位置情報ゲームが普及するなど、GIS 技術を使ったサービスが浸透している。図 8.33 に民間における GIS の例を示した。

【例題 8.7】公共機関が実際に GIS を利用している業務の例を挙げよ。

【解】下記の解答例は公共機関が利用している代表事例であり、民間利用など他にも多数ある。

1）河川 GIS

　河川に係わる情報の多くは地形図が持つ情報であり、位置に関する情報、いわゆる空間データである。これらのデータを効率的に管理するには GIS の有効利用が考えられる。

2）地震防災 GIS

　地震災害の予防および災害発生後の対策に GIS は有効である。阪神淡路大震災の発生直後に GIS が威力を発揮し、その後 GIS が災害対策に有力なツールである

図8.33　民間における GIS の事例（Wheelmap）

ことが証明された。地震災害には、地形、地盤状況、人口、建物構造、防災施設などを総合的に管理、検索できることが必要であり GIS の効果が期待できる。

3）地籍 GIS

地籍調査結果は一筆ごとの所有者、地番、地目、境界、面積などが大縮尺の図面に高精度に記載されたデータであり、電子化も進んでいる。これらのデータは各種の行政主題図を載せるための基図（ベースマップ）として活用できると考えられる。

4）環境 GIS

地球規模あるいは地域規模で調査されている環境に関連するデータを管理し提供するために利用されている。希少種の動植物の分布、騒音規制マップなど多用な環境調査結果の管理・分析に利用されている。

5）土地利用 GIS

土地利用の分野は GIS 利用に関して古い歴史を持つものである。1974 年に整備が始まった国土数値情報は日本全国をほぼ 1km のメッシュに区切り地形、地質、土地利用など広範な国土データを集積したものである。現在においても土地利用に対する GIS の利用は多く、高解像度衛星画像との供用により更に利用価値の高いものとなっている。

6）地方自治体の業務

地方自治体などが取り組む業務として、道路維持管理、都市計画業務支援、上下水道・ガス業務支援、固定資産業務支援などがある。

（JACIC GIS ―利用と実例―より）

8.9 GIS の選定と導入

8.9.1 GIS ソフトウエアの選定

　GIS ソフトウエアは使用目的、構成規模、価格などによって選定する必要がある。
表8.11 にソフトウエアの使用目的から 1）数値地図作成、2）CAD、3）汎用、4）施
設管理、5）都市・地域管理、6）土地情報管理、7）環境管理、8）マーケティング・
顧客管理、9）移動体管理・指令支援　に分類した特徴をまとめた。

表8.11　GIS ソフトウエアの使用目的と処理内容

使用目的	主　な　処　理　内　容
数値地図作成	紙地図をスキャナで読み取り、一部は半自動でベクトル化する。または マウスなどで図形をトレースしてベクトル化する。ベクトル化されたデー タからポリゴン作成。文字認識や座標変換等が可能なものもある。
CAD	一般の建物や設備機器のデータ入力機能から地形情報を取り込んで 都市計画、水道・ガス・電気設計などの編集が可能なものまで多様 になってきている。
汎用	GIS の基本機能、時系列管理機能、空間分析機能、データベース管 理、画像処理機能など、GIS に要求される一般的な機能が網羅され ている半面、一般に一つの機能に特化していない。
施設管理	公園管理、上水道管理、下水道管理、道路管理、道路施設管理、不 動産売買管理など、専門性の高い業務に特化した GIS
都市・地域管理	都市計画情報、都市計画支援、地盤情報検索、用途地域検索など、 都市計画に関する業務に特化した GIS
土地情報管理	地籍調査・管理、税務情報、家屋評価、固定資産、農用地管理など、 土地情報の業務に特化した GIS
環境管理	環境情報（騒音・交通・臭い）、ごみ収集、海洋環境など環境に関 する業務に特化した GIS
マーケティング・ 顧客管理	エリアマーケティング、商圏分析、出展計画、人員配置、顧客管理 など商業分野の業務に特化した GIS
移動体管理・指 令支援	移動体管理・指令支援 タクシー配車、緊急自動車（消防・警察） 支援、無人作業機械管理、GPS 併用による建設支援など、移動体の 支援に特化した GIS

　これまで GIS 製品は有償製品が多く利用されてきたが、最近では無償で利用でき
る製品、あるいは、オープンソースソフトウェア製品が充実してきた。この中でも
QGIS は、アカデミア、行政及び民間企業での利用が世界中で急速に進んでいる。
QGIS は、オープンソースソフトウェアのデスクトップ型の汎用 GIS で、空間データ

図 8.34　個別型 GIS の事例（朝日航洋株式会社、地方自治体の固定資産管理業務用 GIS）

の閲覧、編集、分析を行うことができ、プラグインの仕組みにより、機能を自由に追加することができる。本書では、QGIS を体験、あるいは、QGIS を利用して演習問題を行うことができるように、チュートリアル及び CD-ROM に操作説明書を添付した。

8.9.2　個別型 GIS

特定の業務を強力に支援することを目的に、GIS のインタフェースを簡略化し操作性を向上させたり、あるいは、典型的な処理を効率よく行うため、GIS の機能を組み合わせた専用機能を設けたものが個別型 GIS である。例えば、**図 8.34** に示すような地方自治体における固定資産管理業務を支援するための固定資産 GIS などがある。

8.9.3　統合型 GIS

統合型 GIS とは、一般に地方自治体などが利用するデータで、複数の部署が利用する項目（レイヤー）、たとえば、道路、街区、建物、河川などを共用できる形で整備し、必要に応じて複数部署で利用できる GIS を構築するものである。統合型 GIS を導入する利点は

1）既存のデジタルデータを使用するため、構築に要する時間が短くなる

2）データの共有化により経費が削減できる

3）データの共有がリアルタイムでできる

4）データ更新費用が軽減できる

などがある。

　個別型 GIS と統合型 GIS を、アプリケーションの機能、データ構築、データ更新、データ交換の項目で比較すると**表 8.12** のようになる。近年では、統合型 GIS と個別型 GIS との間で標準形式を利用したデータ交換が容易になったことにより、それぞれの GIS の価値がますます向上している。

表 8.12　個別型 GIS と統合型 GIS の比較

比較項目	個別型 GIS	統合型 GIS
機能	利用目的に特化した機能がある	多くの利用者が共通で利用する機能がある
データ構築	GIS ごとにデータを構築	全体で調整された精度と所定のデータ形式で構築
データ更新	GIS ごとに維持管理を実施	あらかじめ決められたサイクルで更新する
データ交換	GIS のシステムに依存する	所定のデータ形式で交換は容易

8.9.4　WebGIS

　WebGIS とは、使用者が Web ブラウザを利用して GIS サーバーのサービスを受け、各種地理情報データを表示・分析する仕組みである。個別型 GIS の多くは、専用の PC にインストールして利用するタイプであるが、WebGIS はインターネットまたはイントラネットなどネットワークを利用できる環境にあれば、Web ブラウザで使用することができるため、住民向けの情報提供サービスあるいは統合型 GIS のシステムとして利用されている。

　OSGeo 財団では、オープンソースソフトウエアの WebGIS として MapServer、GeoServer などを提供している。商用クラウドサービスと、これらの WebGIS 製品を利用することで、安価かつ容易に WebGIS サービスを提供できるようになってきた。

　図 8.35 に国土地理院が提供する WebGIS、**図 8.36** は、3 次元地図をベースとした WebGIS の例を示す。

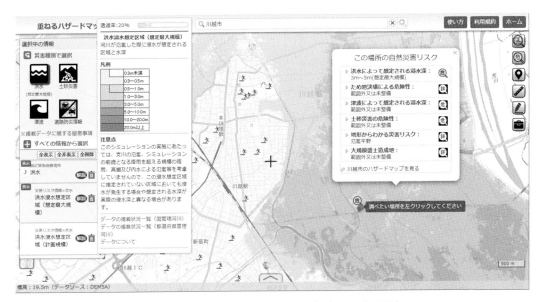

図 8.35　重ねるハザードマップ（国土地理院）

図 8.36　3 次元 WebGIS の例（朝日航洋株式会社、使用データ：静岡県 PCDB、国土地理院　指定緊急避難場所データ、地理院タイル　写真）

参考文献

1）村井俊治：改訂版　空間情報工学、（公社）日本測量協会、2002
2）福本武明、鹿田正昭他：エース測量学、朝倉書店、2003

3）秋山　実：地理情報の処理、山海堂、1996

4）長谷川昌弘、川端良和：基礎測量学、電気書院、2004

5）村井俊治：GIS ワークブック 基礎編、（公社）日本測量協会、1996

6）村井俊治：GIS ワークブック 技術編、（公社）日本測量協会、1996

7）中村和郎他：地理情報システムを学ぶ、古今書院、1998

8）長谷川昌弘他：ジオインフォマティックス入門、理工図書、2002

9）船木春仁：GIS　電子地図ビジネス入門、東洋経済新報社、2000

10）伊理正夫：計算機科学と地理情報処理、共立出版、1993

11）張　長平：地理情報システムを用いた空間分析、古今書院、2001

12）国土地理院、地理情報標準の入門、（公財）日本測量調査技術協会

13）地理情報標準委員会：地理情報標準第 2 版（JSGI2.0）の入門、（公財）日本測量調査技術協会、2002

14）日本測量調査技術協会：JPGIS 入門　―JPGIS2014 対応―、（公財）日本測量調査技術協会、2016

15）村井俊治（編集）：自治体で活用する GIS、（公社）日本測量協会、2003

16）国土地理院：GIS（地理情報システム）　利用と運用、（一財）日本建設情報総合センター

17）JACIC GIS 研究会：地方公共団体のための WebGIS 導入マニュアル、（一財）日本建設情報総合センター、2002

18）総務省：地方自治情報管理概要、総務省、2019

Web 関係

19）国土地理院　　　　　　https://www.gsi.go.jp/

20）JACIC　　　　　　　　http://www.jacic.or.jp/

21）日本地図センター　　　https://www.jmc.or.jp/

22）日本測量協会　　　　　http://www.jsurvey.jp/

23）G 空間情報センター　　https://www.geospatial.jp/

24）OpenStreetMap Japan　https://openstreetmap.jp/

25）AIGID　　　　　　　　http://aigid.jp/

26）OSGeo 財団日本支部　　https://www.osgeo.jp/

27）内閣官房　　　　　　　https://www.cas.go.jp/jp/seisaku/sokuitiri/20190613/

28）総務省　　　　　　　　https://www.soumu.go.jp/

29）静岡県 GIS　　　　　　https://www.gis.pref.shizuoka.jp/

30）Wheelmap　　　　　　https://wheelmap.org/

総合演習問題

第2章　空間情報工学の基本事項

総合演習　1（弧度法）

1．92° 25′ 29″ は何度か

2．332.508300° は何度何分何秒か

3．168.598862° は何度何分何秒か

4．3830″ は何度何分何秒か

5．286.3700′ は何度何分何秒か

6．49° 38′ 57″ は何 rad か

7．3.9rad は何度何分何秒か

8．半径（R = 46cm）の円において、長さ（l = 73cm）の円弧に対する夾角（θ）の値を求めよ。ただし角は度分秒で示せ。

9．3km 遠方にある幅20cm の物体を挟む角は何秒か

10．方向が3秒違うと10km 先では何 cm 開くか

総合演習　2（三角法）

1．水平距離（S = 55.868m）、高低差（H = 48.254m）の斜面に水力発電所の管路を建設したい。管路の長さ（l）とその傾斜角（θ）を求めよ。

2．A 点から B 点に立っている樹木の頂（P）を測ったとき高度角は25° 5′ 20″、AB 間の距離は25.400m であった。この樹木の高さを求めよ。ただし A 点での器械の高さは1.600m とする。

3．三角形において各頂点 A、B、C に相対する辺 a、b、c をそれぞれ測定し次の結果を得た。a = 356.260m、∠B = 56° 27′ 30″、∠C = 68° 39′ 43″、b および c の辺長を求めよ。

4．図のように2点 B-C 間にはビルがあって見通せないが、A 点からは B、C 点が見通せる。そこで、b、c および ∠A を計測した結果、b = 117.776m、c = 100.984m、∠A = 39° 28′ 54″ を得た。B-C 間の距離 a と角度（∠B, ∠C）を求めよ。

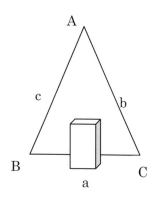

総合演習　3（座標計算）

1. 点 P_1 から方向角（T = 60° 40′ 30″）、水平距離（l = 135.500m）にある点 P_2 の座標を求めよ。ただし、P_1 の座標は（X_1 = 100.000m, Y_1 = 80.000m）である。

2. 点 P_1 から点 P_2 の座標を求めるため、$P_1 \rightarrow P_2$ の方向角（T）と水平距離（l）を測定した結果、方向角（T = 295° 19′ 28″）、水平距離（l = 126.358m）が得られた。点 P_2 の座標（X_2, Y_2）を求めよ。ただし、点 P_1 の座標を（X_1 = 53.362m, Y_1 = 68.475m）とする。

3. 点 P_1、P_2 の座標はそれぞれ、P_1（X_1 = + 35.566m, Y_1 = + 70.547m）、P_2（X_2 = + 233.363m, Y_2 = + 142.462m）である。$P_1 \rightarrow P_2$ の水平距離（l）と方向角（T）を求めよ。

4. 点 P_1、P_2 の座標がそれぞれ、P_1（X_1 = + 225.561m, Y_1 = − 65.481m）、P_2（X_2 = + 134.925m, Y_2 = + 35.389m）であった。$P_1 \rightarrow P_2$ の水平距離（l）と方向角（T）を求めよ。

第3章　測定値の処理

総合演習　1（等精度測定）

1. ある距離を同一条件で3回測定（観測）し次の結果を得た。この距離の最確値（L_0）と最確値に対する標準偏差（σ）を求めよ。

　　① 67.882m

　　② 67.877m

　　③ 67.875m

2. ある角を同一条件で3回測定（観測）し次の結果を得た。この角の最確値（X_0）と最確値に対する標準偏差（σ）を求めよ。

　　① 11° 26′ 35″

　　② 11° 26′ 39″

　　③ 11° 26′ 43″

3. ある距離を同一条件で5回測定し次の結果を得た。この距離の最確値（L_0）と最確値に対する標準偏差（σ）を求めよ。

　　① 105.990m

② 106.005m

③ 105.988m

④ 106.008m

⑤ 105.999m

4．ある角を同一条件で4回測定し次の結果を得た。この角の最確値（X_0）と最確値に対する標準偏差（σ）を求めよ。

① 50° 54′ 55″

② 50° 55′ 03″

③ 50° 54′ 57″

④ 50° 55′ 09″

5．4人の測定者A、B、C、Dが2点間の距離を測定し次の結果を得た。この距離の最確値（L_0）と最確値に対する標準偏差（σ）を求めよ。

測定者	測定値（m）	測定回数
A	27.648	5
B	27.639	6
C	27.631	3
D	27.652	1

6．5人の測定者A、B、C、D、Eがある角を測定し次の結果を得た。この角度の最確値（X_0）を秒単位少数以下1位まで求めよ。同様に最確値に対する標準偏差（σ）を求めよ。

測定者	測定値	測定回数
A	84° 57′ 52″	4
B	84° 57′ 47″	3
C	84° 57′ 54″	5
D	84° 58′ 04″	1
E	84° 58′ 01″	3

総合演習　2（異精度測定）

1．3人の測定者A、B、Cが2点間の距離を測定し次の結果を得た。この距離の最確値（L_0）とこの最確値に対する標準偏差（σ）を求めよ。

測定者	測定値（m）	測定回数
A	27.648	3
B	27.639	5
C	27.633	1

2．4人の測定者 A、B、C、D がある角を測定し次の結果を得た。この角度の最確値（X_0）と最確値に対する標準偏差（σ）を求めよ。

測定者	測定値	測定回数
A	65° 36′ 39″	4
B	65° 36′ 35″	3
C	65° 36′ 38″	5
D	65° 37′ 03″	3

3．既知点 A、B、C より求点 P まで水準測量を行ったところ次の結果を得た。求点 P の標高（H_p）の最確値と最確値に対する標準偏差（σ）を求めよ。

既知点	既知点の標高（m）	距離（km）	P までの高低差（m）
A	72.261	0.7	＋ 2.381
B	73.189	1.1	＋ 1.449
C	76.033	2.3	－ 1.402

4．A、B、C の 3 人が同じ角を測定し次の結果を得た。この結果から、この角度の最確値（X_0）と最確値に対する標準偏差（σ）を求めよ。

測定者	測定値	標準偏差（秒）
A	60° 23′ 54″	4.8
B	60° 23′ 58″	3.1
C	60° 24′ 02″	5.2

総合演習　3（誤差伝播 1）

1．点（A）から点（B）までの距離測定において、この区間を以下の 3 区間に分けて測定した。各区間とも数回の測定を行い、次の測定値を得た。全長（S）と全長に対する標準偏差（σ）を求めよ。

区間	測定値（m）	標準偏差（mm）
1	75.382	4.8
2	68.733	4.3
3	84.529	6.9

2. 点（A）から点（B）までの高低差測定において、この区間を以下の3区間に分けて測定し次の測定値を得た。高低差（H）と高低差に対する標準偏差（σ）を求めよ。

区間	測定値（m）	標準偏差（mm）
1	2.365	6.6
2	4.985	10.1
3	3.642	4.7

3. P1〜P2間の距離（l）を測定したところ $l = 115.696$m ± 19.8mm であった。また、方向角（T）は $T = 48° 41' 10''$ であった。方向角には誤差はないものとして、経距 $\varDelta Y（Y_2 - Y_1 の長さ）$とその標準偏差（$\sigma$）を求めよ。

4. 長方形の土地の面積を求めるため2辺（a, b）の長さを測定し以下の結果を得た。面積（A）と面積に対する標準偏差（σ）を求めよ。

辺	測定値（m）	標準偏差（mm）
a	41.392	5.1
b	77.849	7.9

総合演習　4（誤差伝播2）

1. ある水平角（θ）に対する1対回2倍角測定を行った。その際の視準誤差を $4''$、読み取り誤差を $12''$、求心誤差を $5''$ とした場合、この測定における θ の標準偏差 σ_θ を求めよ。

2. 三角形の土地の面積を求めるために底辺（s）と高さ（h）を測定し次の結果を得た。この土地の面積（A）と面積に対する標準偏差（σ）を求めよ。
　　$s = 71.801$m ± 0.035m　　　$h = 83.975$m ± 0.041m

3. 三角形の土地の面積を求めるために2辺（a, b）とその狭角（θ）を測定し次の結果を得た。この土地の面積（A）と面積に対する標準偏差（σ）を求めよ。
　　$a = 42.869$m ± 0.019m　　　$b = 73.928$m ± 0.023m　　　$\theta = 66° 31' 42'' ± 20''$

4. 水平角（θ）に対する5対回測定（観測）を行い、最確値に対する標準偏差 $17''$ を得た。一対回測定に対する標準偏差を求めよ。なお、各回の測定（観測）精度は等しいものとする。

5．$P_1 - P_2$ 間の距離 l と方向角 T を測定したところ次の結果を得た。緯距 $\varDelta X : (X_2 - X_1)$ とその標準偏差 σ を求めよ。

$l = 87.349\text{m} \pm 0.033\text{m}$　$T = 58°\ 22'\ 49'' \pm 15''$

第4章　地上測量

総合演習　1（距離測量）

1．2点 A－B 間の長さを50m（尺定数：＋5.7mm）の鋼巻尺で測定したところ、147.913mを得た。A－B間の正しい距離 L と尺定数補正量 C_c を求めよ。なお、測定時の気温は標準温度（15℃）であった。

2．気温26℃の下で2点 A－B 間の長さを30mの鋼巻尺で測定したところ、115.498mを得た。標準温度（15℃）における正しい距離 L と温度補正量 C_t を求めよ。なお、使用した鋼巻尺の膨張係数は0.000012/℃、尺定数は0mmとする。

3．気温12℃の下で2点 A－B 間の長さを30m（尺定数：－4.8mm）の鋼巻尺で測定したところ、55.421mを得た。正しい距離 L と尺定数補正量 C_c と温度補正量 C_t を求めよ。なお、標準温度：15℃、膨張係数：0.000012/℃とする。

4．50m鋼巻尺（標準温度：15℃、膨張係数：0.000012/℃）の尺定数を求めるため、比較基線場（50m － 2.1mm）において基線の長さを測定した結果、前端・後端の読みがそれぞれ50.0015m、0.0055mであった。この巻尺の標準温度での尺定数 δ を求めよ。なお、測定時の気温は10℃であった。

総合演習　2（水準測量）

1．既知点 A,B,C より求点 P まで水準測量を行ったところ、次表に示す結果を得た。求点 P の標高の最確値（Hp）および最確値に対する標準偏差（σ）を求めよ。

既知点	標高（m）	距離（km）	高低差（m）
A	32.198	1.5	8.982
B	28.989	3.0	12.160
C	47.387	1.0	－ 6.179

2．2点 A－B 間の標高差および水平距離を求めるために、A点にトータルステーション、B点に反射鏡を据え付け、間接水準測量を行った。その結果、斜距離（d）、鉛直角（a）ならびに各器械高（h_1, h_2）の測定値として次の値を得た。標高差お

および水平距離に対するそれぞれの最確値 (H, S) および標準偏差 (σ_H, σ_S) を求めよ。

	測定値	標準偏差
斜距離 (d)	53.246m	4.7mm
鉛直角 (a)	38° 32′ 55″	20″
トータルステーションの器械高 (h_1)	1.474m	7.9mm
反射鏡の器械高 (h_2)	1.542m	7.5mm

3．(1) 2点A－B間の標高差を求めるために、往復観測による水準測量を行い、次の測定値を得た。標高差から往復観測における閉合差 (E) を算出し、各点における調整量 (dh_r) および調整地盤高 (H_r) を算出し、野帳を完成させよ。

(2) (1) における結果は、何級の水準測量の許容範囲を満たしているか。

測点	距離(m)	後視(m)	前視(m)	標高差 (m) 昇(+)	標高差 (m) 降(−)	地盤高(m)	調整量(m)	調整地盤高(m)
A	45.869	1.391				31.496	0.000	31.496
1	32.198	1.745	1.143					
2	37.097	1.645	1.255					
3	38.544	2.151	1.783					
4	30.137	1.854	1.769					
5	41.957	1.351	1.836					
B	41.957	1.367	1.310					
5	30.137	1.743	1.408					
4	38.544	1.799	1.762					
3	37.097	1.719	2.182					
2	32.198	1.157	1.583					
1	45.869	1.256	1.647					
A			1.504					
計								

総合演習 3（多角測量）

1．右図のような5角形の土地に対して閉合トラバース測量を行った結果、下表に示すとおり各測線に対する距離および各点の内角と取り付け方向角（50° 0′ 00″）が得られた。各測線に対する緯距・経距、閉合差および閉合比を求めた後、トランシット法則により閉合差を分配し調整緯距・調整経距を計算し各点の座標値を求め、さらにこの土地の総面積（m²）

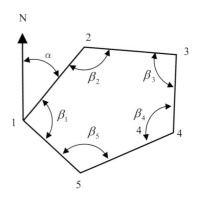

を求めて下記空欄を埋めよ。

ただし測点1の座標は緯距 = 100.0、経距 = 100.0 とする。

測点	測定内角 (β_i)			距離 S_i (m)	閉合差 配分量	調整内角			方向角 (α_i)			緯距 L_i (m)		経距 D_i (m)	
	°	′	″		″	″	′	°	°	′	″	(+)	(−)	(+)	(−)
方向角 (α)	50	0	0												
1	82	31	32	25.346											
2	138	26	43	26.162											
3	73	32	51	23.686											
4	131	39	23	22.658											
5	113	48	16	23.748											
計															
角閉合差															

緯距・経距 の 絶 対 値 の 合 計	
緯距・経距の閉合差 E_L, E_D (m)	
閉合差 E (m)	
閉合比	1/

測点	緯距補正量	経距補正量	調整緯距 (m)		調整経距 (m)	
	ΔL_i (m)	ΔD_i (m)	(+)	(−)	(+)	(−)
1						
2						
3						
4						
5						
計						

測点	合緯距 X_i (m)	合経距 Y_i (m)	倍面積
1			
2			
3			
4			
5			
計	倍面積		
	面積 (m²)		

総合演習 4 (最小二乗法)

1．10回の実験により x, y の組み合わせを10個得た。最小二乗法により回帰直線 $y = ax + b$ の係数、a および b を少数3位まで求めよ。

x	10	9	6	5	2	18	19	16	27	9
y	16	11	23	18	22	9	6	10	5	18

2．下図における∠AOB、∠BOC、∠AOC を等精度で測定し、次の測定結果を得た。全角法により∠AOB、∠BOC の最確値を求めよ。

∠AOB = 31° 18′ 25″、∠BOC = 29° 49′ 19″、∠AOC = 61° 07′ 50″

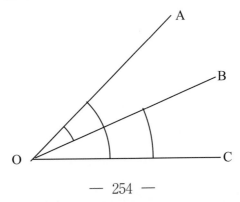

第5章　GNSS測量

総合演習　1

(1) 観測点からみて天頂にあるGPS衛星から発信された電波が地上に届くまでの時間を計算せよ。ただし、GPS衛星から観測点までの距離を20,200km、光速を3×10^8m/sとする。

(2) 上記の時間において、C/Aコードの繰り返しは何回あるか計算せよ。また、L1波の繰り返しは何回あるか計算せよ。

総合演習　2

下の表に示すGPS測位の主な誤差要因について。

(1) ディファレンシャル測位で除去できる誤差要因を示せ。

(2) 搬送波位相測位で除去できる誤差要因を示せ。

誤　差　要　因		測距誤差（rms）
衛星関連	衛星時計	～2m
	衛星位置（軌道情報）	～2m
伝搬関連	電離層遅延	2～10m
	対流圏遅延	2～3m
受信機関連	マルチパス	1～5m
	受信機雑音	0.25～5m

総合演習　3

単独測位と搬送波位相測位の違いを次の項目について説明せよ。

①必要な受信機台数、②必要な衛星個数、③受信機での観測量、④衛星からの距離測定方法、⑤測位計算に用いる観測量、⑥概略の測位精度

総合演習　4

(1) GNSS測量と在来の地上測量の違いについて説明せよ。

(2) GNSS測量の観測点の選点で重要な事項を説明せよ。

第6章　リモートセンシング

総合演習　1

リモートセンシングで利用される分光反射特性とは何か。説明しなさい。

総合演習　2

　植物が枯れるときは、葉の色が緑色→茶色へと変化することが多い。緑色から変化する理由を分光反射曲線上の特徴から説明しなさい。

総合演習　3

　今、量子化レベル16ビット、8バンドのセンサが空間分解能5m、観測幅50kmで観測した場合を考える。1シーンのデータ量は何ギガバイトになるか。ただし1シーンは観測幅×観測幅の正方形とし、画像データの圧縮処理はしていないものとする。

総合演習　4

　観測範囲25km×50kmを空間分解能5mで、青色波長帯バンド、緑色波長帯バンド、赤色波長帯バンド、近赤外波長帯バンドの構成で地表面を観測したい。一方、1シーンあたりに利用可能なデータ記憶装置（ハードディスク）の容量が最大400Mbのとき、量子化レベルをどの程度まで上げることができるか。

総合演習　5

　下の表のようなセンサが観測するリモートセンシングデータのデータ量は何Mbか。ただし、データは観測幅×観測幅の大きさとし、圧縮処理は実施されていないものとする。

衛星名	搭載センサ			
	観測波長帯 （μm）	空間分解能 （m）	量子化ビット数	観測幅
***	0.45〜0.52 0.52〜0.60 0.63〜0.69 0.76〜0.89	2.5	11	32km × 32km

総合演習　6

　合成開口レーダの観測は、プラットフォームが移動しながらで、かつ、斜め下方向にマイクロ波を照射しなければ成り立たない。その理由について、技術用語を用いて説明しなさい。

総合演習　7

リモートセンシングデータを幾何学的歪みの補正処理を実施しようとしたところ、以下のようなアフィン変換式を得た。最近隣内挿法を用いて変換後の① $(u, v) = (30, 25)$、② $(u, v) = (24, 18)$ の画素値を計算しなさい.

$$\begin{cases} u = 1.4x + 7.4y + 3 \\ v = 2.5x + 3.3y + 4.9 \end{cases}$$

補正前画像（画素値）

第7章　デジタル写真測量

総合演習　1

画面距離7cm、撮像面でのピクセルサイズ 6μm のデジタル航空カメラを用いた、数値空中写真の撮影計画を作成した。このときの撮影基準面での地上画素寸法を18cmとした場合、撮影高度はいくらか。ただし、撮影基準面の標高は0mとし、カメラの傾きやレンズひずみ等は考慮しないものとする。

総合演習　2

内部標定要素および外部標定要素について、それぞれ説明せよ。

総合演習　3

共線条件、共面条件、バンドル調整について、それぞれ説明せよ。

総合演習　4

UAV写真測量において、画素数が $4,000 \times 3,000$（画素）、センササイズが 4×3（mm）、画面距離が5mmのカメラで撮影高度50m、基線長5mの条件で撮影を行った場合、X,

Y, Zの各座標に対する標準誤差はいくらになるか。ただし、画面座標の読み取り精度は1画素とする。

第8章　GIS

総合演習　1

付属 CD-ROM の Arc Explorer 内の世界地図データを表示させ、人口が 500 万人以上で貨幣単位が Peso である国を検索せよ。

総合演習　2

付属 CD-ROM の Arc Explorer 内の世界地図データを表示させ、世界の国々の平均面積、標準偏差を求めよ。また、世界一面積の小さい国とその面積を求めよ。

注）小数点以下は少数点第2位まで求めることとする。

総合演習　3

付属 CD-ROM の Arc Explorer 内の世界地図データを表示させ、世界の国々の都市平均人口を求めよ。

注）小数点以下は少数点第2位まで求めることとする。

総合演習　4

付属 CD-ROM の Arc Explorer 内のベクトル型数値地図データを表示させ、「町名」データの『野町一丁目』から『丸の内』の直線距離は何 km であるか求めよ。

注）小数点以下は少数点第2位まで求めることとする。

総合演習　5

付属 CD-ROM の Arc Explorer 内のベクトル型数値地図データを表示させ、各々のレイヤのシンボル変更を行い、建物名をラベリング表示せよ。

総合演習　6

付属 CD-ROM の Arc Explorer 内のメッシュ型数値地図データを表示させ、標高が東京タワー（全長 332.6m）より高い場所を表示せよ。

総合演習　7

付属 CD-ROM の QGIS 内の埼玉県熊谷市の国勢調査データ data/estat/h27ka11202.shp（以下、国勢調査データ）を QGIS に表示し、人口（JINKO）が多いほど濃い色

になるよう段階的に色分けせよ。

ヒント（章番号は「QGIS による GIS 基礎演習」に対応）
3.1.3　1つめのデータの追加
3.3.1　シンボロジー

総合演習　8

　付属 CD-ROM の QGIS 内の国勢調査データの中から、町丁・字等名称（S_NAME）の属性が「榎町」（えのきちょう）の小地域を検索せよ。

ヒント（章番号は「QGIS による GIS 基礎演習」に対応）
3.2.8　検索（属性検索）

総合演習　9

　付属 CD-ROM の QGIS 内の国勢調査データの各小地域の面積を求め、最も広い小地域と狭い小地域を地図上で確認せよ。

ヒント（章番号は「QGIS による GIS 基礎演習」に対応）
3.7.1　ジオメトリ属性の追加

総合演習　10

付属 CD-ROM の QGIS 内の埼玉県熊谷市の指定緊急避難場所データ data/hinanbasho/11202.csv（以下、避難場所データ）を QGIS にポイントデータとして表示せよ。

ヒント（章番号は「QGIS による GIS 基礎演習」に対応）

総合演習　11

　付属 CD-ROM の QGIS 内の避難場所データの属性「施設・場所名」をラベル表示せよ。

ヒント（章番号は「QGIS による GIS 基礎演習」に対応）
4.2.1.2　ラベル

総合演習　12

付属 CD-ROM の QGIS 内の避難場所データの「熊谷南小学校」から「万吉弥太郎公園」までの直線距離を求めよ。

ヒント（章番号は「QGIS による GIS 基礎演習」に対応）

3.2.5　距離の計測

総合演習　13

付属 CD-ROM の QGIS 内の避難場所データを元に、各避難場所の 500m 圏を求めよ。

ヒント（章番号は「QGIS による GIS 基礎演習」に対応）

4.4.1　下準備：座標参照系の変換

4.4.2　バッファ

総合演習　14

付属 CD-ROM の QGIS 内の数値標高モデル（DEM）data/SRTM/N36E139.hgt を QGIS に表示し、東京スカイツリーの高さ（634m）より高い地域を抽出せよ。

ヒント（章番号は「QGIS による GIS 基礎演習」に対応）

4.4　ラスタ計算機

～付録1～ ［ジオグラフィ ネットワーク］からのデータダウンロード手順

注）インターネットに接続し、オンライン環境であることを確認してください。

① Arc Explorer を起動し、［ジオグラフィ ネットワーク］をクリックし、『Metadata explorer』サーバへ接続する。ただし、オフライン環境の場合はサーバに接続されない。

② コンテンツタイプでは『ダウンロード可能なデータ』を選択し、検索をクリックする。

③ 検索後、右画面に検索結果が表示されるので、その中の『ESRI ジャパン株式会社（全国市区町村界データ)』の［コンテンツへのリンク］をクリックする。

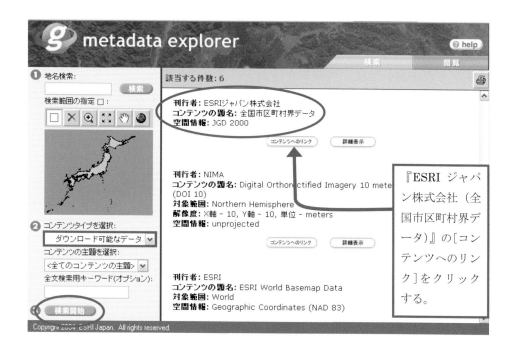

④ 『ESRI ジャパン株式会社―全国市区町村界データ―』HP のウィンドウが開く。

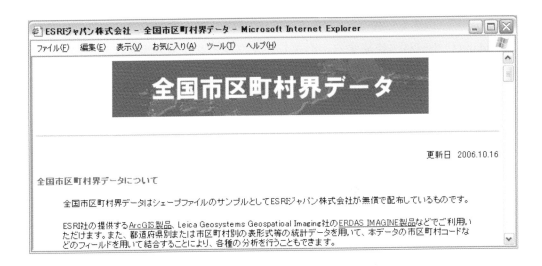

⑤ ウィンドウが開いた後、ページを画面下にスクロールさせていき、『japan_ver60. zip』をクリックしてデスクトップに圧縮フォルダを保存する。

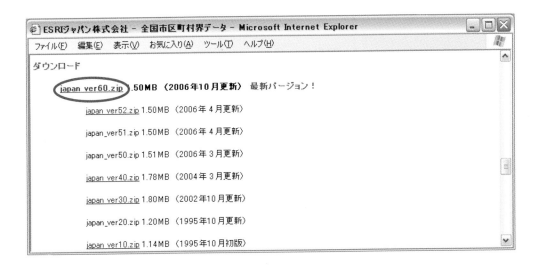

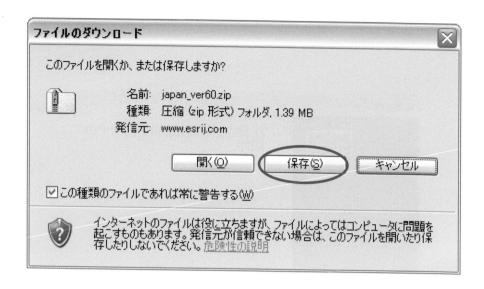

⑥ 保存先（デスクトップに指定すること）に圧縮フォルダが保存されていればダウンロード完了である。

japan_ver60....

～付録2～　圧縮データの解凍手順

① 下図のような圧縮フォルダを右クリックする。

japan_ver60....

② ［すべて展開（A）…］をクリックして『展開ウィザード』を開き、［次へ（N）＞］
をクリックする。

③ ［次へ（N）＞］をクリックする。

④　展開されたファイルを表示する(H)にチェックがついているのを確認し、[完了]
　をクリックする。

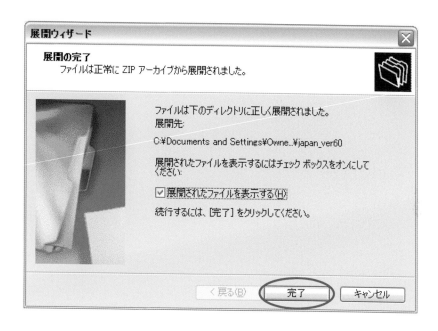

⑤　解凍されたフォルダが開き、これで解凍は完了である。

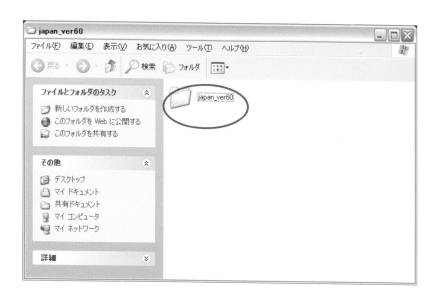

⑥　最後に解凍されたフォルダを Arc Explorer のカタログで容易に管理できるように
　C：ドライブに入れておくことを勧める。

クイックマニュアル

　ここでは本書の付属ＣＤ−ＲＯＭに組み込まれている下記の項目について説明を行いますが、詳細な使用マニュアルはＣＤ−ＲＯＭにある操作マニュアルを参照してください。

　なお、これらのソフトウエアの使用によって発生しうるあらゆるトラブルに関して著者および発行者は一切の責任を負いません。予めご了承ください。

クイックマニュアル

3D 測量シミュレータ
― 基本操作マニュアル（チュートリアル版） ―

大嶽達哉（東京電機大学）

目　次

1. 3D 測量シミュレータの概要

1.1. はじめに

　3D 測量シミュレータとはパソコン上に再現された仮想空間において実際の測量作業を疑似体験することにより測量技術や測定値の処理を自主的に学ぶことを目的に開発されたソフトウエアです。

　本シミュレータでは使用機器の選定、測点の選点を行い、この結果を3次元空間で踏査した後、実際の作業で必要となる整準・求心・視準などの作業をゲーム感覚で行い、角・距離の測定を行うことができます。また、使用機器の特性と整準・求心・視準の操作状況に応じて測定値に誤差が付加され、最後に測量成果が表示される仕組みとなっています。

1.2. 動作環境

　「3D 測量シミュレータ」の推奨動作環境は以下のとおりです。

　OS ： Microsoft 社　Windows 10 バージョン1709以上

　CPU ： 1GHz 以上

　メモリ ： 2GB 以上

　HDD ： 32GB 以上

　ディスク装置： CD-ROM ドライブ

　その他：マニュアルを表示するためには Adobe 社の Acrobat Reader などの PDF ファイルを閲覧できるソフトウエアが必要です。また、操作にはマウスが必要となります。

2. インストール方法

　本書付属の CD-ROM をお使いのパーソナルコンピュータの CD-ROM ドライブに入れ、「3D 測量シミュレータ」というフォルダをエクスプローラなどにより開いてください。以下のファイルが表示されていることを確認後、「setup.exe」をダブルクリックするとインストーラが起動します。

インストーラ起動後、3D 測量シミュレータ セットアップ ウィザードが表示されたら「次へ」をクリックしてください。その後、インストールする位置の決定あるいは「次へ」をクリックするとインストールが開始されます。インストールが完了したら、「閉じる」をクリックしてください。スタートメニューにアプリケーションが追加され、デスクトップにショートカットが作成されます。

3.　基本操作

3.1.　3D 測量シミュレータおよびマニュアルの起動

「3D 測量シミュレータ」の起動はスタートメニューのプログラムより「3D 測量シミュレータ」をクリックすると起動します（ショートカットよりも起動することはできます）。また、各種作業に応じたマニュアルがインストールされますので、必要に応じてそれらをクリックし、PDF ファイルを一読ください。

3.2. 3D 測量シミュレータの終了

「3D 測量シミュレータ」の終了はメニューバーの「ファイル(F)」より「アプリケーションの終了(X)」をクリックします。

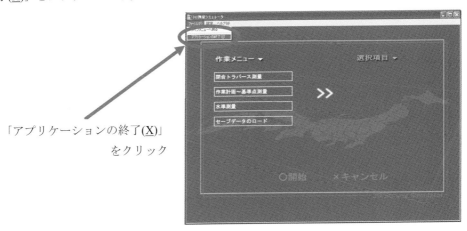

「アプリケーションの終了(X)」
をクリック

3.3. メニュー画面上での操作

次の画面は「3D 測量シミュレータ」を起動後、最初に表示される画面です。作業メニューにおいて、これから行う測量作業、測量する地域や使用機器を選択すると、選択項目には選択された項目が表示されます。すべての作業項目を選択した後に、測量作業を開始する場合は「開始」をクリックし、選択をはじめからやり直す場合は「キャンセル」をクリックしてください。

また、「セーブデータのロード」では保存データを読みこんだ後、作業内容の閲覧や測量作業の続きも行うことができます。

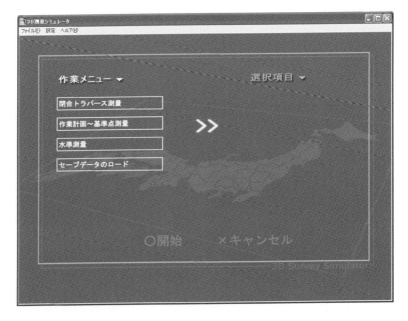

3.4. 地図画面上での操作

地図の拡大縮小	マウスの右ボタンでドラッグ
地図の移動	マウスの左ボタンでドラッグ
測点の配置および移動	「測点配置」のフラッグをドラッグアンドドロップ
測点の削除	「測点クリア」をクリック（なお、全点削除されます）
既知点の選択	地図上のフラッグをダブルクリック
3D MAP の表示	「3D MAP」クリック
実地作業の実行	「実地作業」をクリック

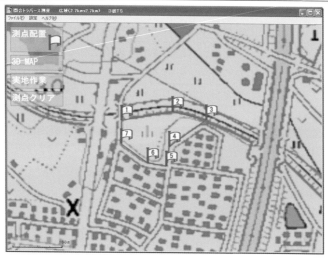

3.5. 3D MAP 上での操作

地図の拡大縮小	マウスの右ボタンでドラッグ
地図の回転	マウスの左ボタンでドラッグ
地図の移動	マウスの左右ボタンを同時に押した状態でドラッグ
測点への移動・回転	「測点」のフラッグをダブルクリック

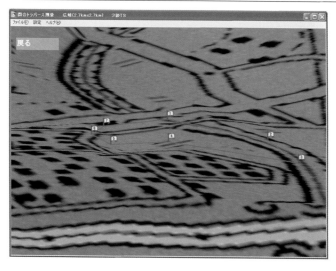

5

3.6. 作業画面上での操作

視点の前後移動	マウスの左ボタンで上下にドラッグ
	キーボードの方向キーの上下　　※「SHIFT キー」で加速
視点の左右回転	マウスの左ボタンで左右にドラッグ
	キーボードの方向キーの左右　　※「SHIFT キー」で加速
視点の高さ移動	マウスの右ボタンで上下にドラッグ
	「Control キー」を押しながら、キーボードの方向キーの上下
視点の高さのリセット	「Home キー」を押す
各測点への移動	画面上の測点上の三角形、もしくは右上の地図上のフラッグをダブルクリック
機器配置済みの測点へ移動	下図のように配置済み状態になっている画面左上の測量機器のアイコンをダブルクリック
地図画面に戻る	「地図」をクリック

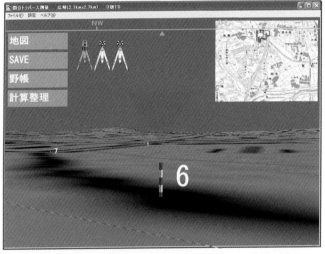

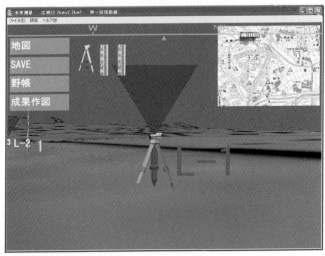

3.7. トータルステーションおよびレベル画面上での操作

機器の上下回転	マウスの右ボタンで上下にドラッグ
	キーボードの方向キーの上下　　　※「SHIFT キー」で加速
機器の左右回転	マウスの左ボタンで左右にドラッグ
	キーボードの方向キーの左右　　　※「SHIFT キー」で加速

※ピープサイトモードおよび望遠鏡モードともに同様の操作である

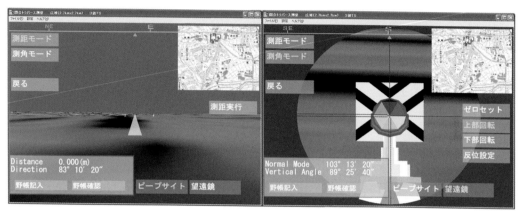

トータルステーションによる操作画面

左画像はピープサイトモード、右画像は望遠鏡モード

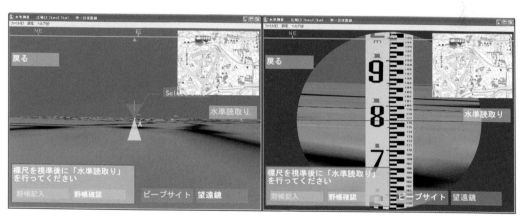

レベルによる操作画面

左画像はピープサイトモード、右画像は望遠鏡モード

4. 閉合トラバース測量における操作例

　閉合トラバース測量における観測手順については、次のフローチャートを参考に作業を行ってください。なお、フローチャートは 1 対回における単測法および倍角法(2 倍角の場合)の手順を示したものであり、操作を繰り返すことで 2 対回以上の観測を行うことができる。また、倍角数も同様に 3 倍角以上の観測が「倍角法」における「4～7」および「12～16」を繰り返すことにより行うことができる。ただし、一つの測点の中で単測法と倍角法、または倍角数の異なる観測は行うことはできません。

　以下のフローチャートは、測量点の選点、測量機器の設置などは含まれておりません。また、フローチャートは「測角モード」の作業のみを示したものである。

単測法

| 1. 前視 |
| 2. ゼロセット |
| 3. 野帳記入 |
| 4. 後視 |
| 5. 野帳記入 |
| 6. 反位設定 |
| 7. 後視 |
| 8. 野帳記入 |
| 9. 前視 |
| 10. 野帳記入 |

倍角法(2 倍角の場合)

1. 前視	10. 反位設定
2. ゼロセット	11. 後視
3. 野帳記入	12. 野帳記入
4. 後視	13. 前視
5. 下部回転	14. 下部回転
6. 前視	15. 後視
7. 上部回転	16. 上部回転
8. 後視	17. 前視
9. 野帳記入	18. 野帳記入

測点	対回数	望遠鏡	視準点	倍角数	観測角(読取値)	角度	平均角度
1	1	正位	2	1	0° 0′ 0″	65° 1′ 0″	65° 1′ 0″
			3		65° 1′ 0″		
		反位	3	1	245° 1′ 20″	65° 1′ 0″	
			2		180° 0′ 20″		
2	1	正位	3	2	0° 0′ 0″	55° 13′ 20″	55° 13′ 20″
			1		110° 26′ 40″		
		反位	1	2	290° 26′ 40″	55° 13′ 20″	
			3		180° 0′ 0″		

単測法による結果　→

倍角法による結果　→

8

4.1. 作業メニューの選択

　メインメニューの「作業メニュー」より「閉合トラバース測量」を選択します。つぎに、閉合トラバース測量を行う任意の場所を「作業場所」より選択します。最後に、使用する測量機器を「使用機器」より選択し、よろしければ「○開始」をクリックしてください。また、選択肢を変更する場合には、「×キャンセル」をクリックし、メインメニューより選択しなおしてください。なお、選択された項目はアプリケーションの上部に表示されます。

4.2. 測量点の配置および選点踏査

　測点の配置は、画面左上の「測点配置」のフラッグをドラッグし、地図上の任意の地点に配置しトラバース点を設置します。この作業を繰り返し、トラバース網を作成します。3D 測量シミュレータではトラバース点は最大11点まで設置することができます。また、トラバース網は右回りで作成してください。

　次に、「3D MAP」をクリックして 3D マップ画面において踏査を行い、各トラバース間の視通の確認を行いますが、地形や建物の影響により視通ができない場合にはトラバース点間の赤い視準線が一部見えなくなります。この場合は、「戻る」をクリックし、地図画面に戻りフラッグを移動させトラバース点の位置を調整してください。

　トラバース点の配置が完了したら、「実地作業」をクリックして観測作業を行います。

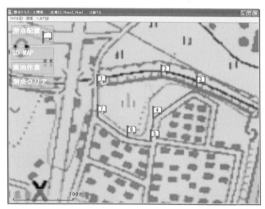

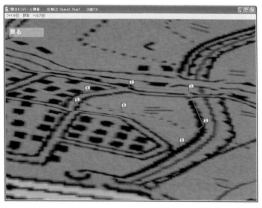

4.3. 野帳の確認

　「野帳」をクリックして、最初に観測する測点（トラバース点）を確認します。なお、野帳の
オレンジ色のセルが観測すべき測点および測線（トラバース線）です。観測を進めると、基本的
には次に観測すべき測点および測線がオレンジ色の表示となります。ただし、必ずしもオレンジ
色に表示された測点および測線を観測しなければならないということはありません。順序どおり
に測定しなくても問題はありません。

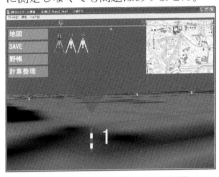
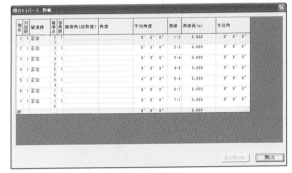

4.4. トータルステーションの設置

　画面左上のトータルステーションのアイコンをドラッグし、観測したい測点の赤い三角形のマー
クへドロップします。ドロップすると、自動的に求心操作画面が表示されます。

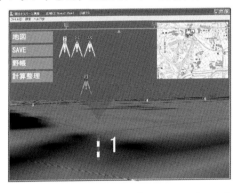

　左下図は測点を観測者が真上から見ている状態（「Top View」）です。半透明の白い円が測点で
ある灰色の杭の中心に来るようにマウスの左ボタンでドラッグし、移動させます。また、「求心望
遠鏡」をクリックし、求心望遠鏡の中心（画面上の黒丸）が測点の杭の中心となるよう調整しま
す。

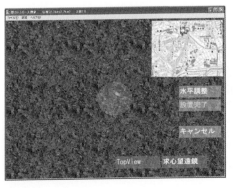
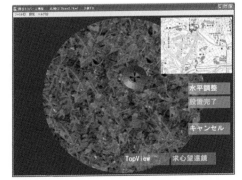

なお、求心望遠鏡を覗いた状態では、トータルステーションは±1cm しか移動できません。それ以上の調整が必要な場合は、「Top View」をクリックして再調整を行った後、もう一度「求心望遠鏡」をクリックして、正確な調整を行ってください。

　つぎに、「水平調整」をクリックし、水平調整画面を表示させます。気泡管の気泡が動いていますので、「ストップ」をクリックし、気泡を中心付近に止めてください。気泡の動きが止まると画面左上に現在の水平誤差が表示されます。また、再調整が必要な場合は、「再調整」をクリックすると気泡が再度動き始めますので、「ストップ」をクリックして再調整を行ってください。なお、水平調整はこの後の測角作業の結果に影響を与えます。

　水平調整を完了する場合は、「調整完了」をクリックし、求心操作画面に戻ります。また、水平調整が完了すると、「設置完了」がクリックできるようになります。

　トータルステーションの設置を完了する場合には、求心操作画面の「設置完了」をクリックします。

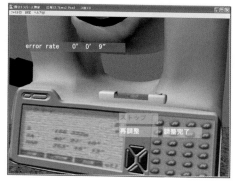

4.5.　反射鏡の設置

　トータルステーションの設置完了後、反射鏡の設置を行います。反射鏡の設置はトータルステーションの設置と同様に画面左上の反射鏡のアイコンをドラッグし、反射鏡を設置したい測点の赤い三角形のマークへドロップします。

　反射鏡を設置すべき測点はトータルステーションを設置した測点を挟んだ前後の測点です。また、野帳の視準点の項目でも確認することができます。

　なお、画面上の測点番号は、トータルステーションを設置すると白色から赤色に変わり、反射鏡を設置すると白色から黄色に変わります。

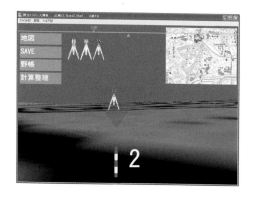

4.6. 仮北の設定

トータルステーションと反射鏡の設置が完了後、トータルステーション本体をダブルクリックし、トータルステーション操作画面を表示します。

トータルステーション操作画面では、まず仮北の設定を行います。画面上部の方位を参考にして、マウスの左ボタンをドラッグして、画面を左右に回転させ北の方向に合わせます。仮北が定まったならば、「仮北設定」をクリックします。「現在の方向を仮北に設定します。よろしいですか?」を問い合わせてきますので、よければ「OK」ボタンをクリックしてください。

なお、仮北の設定は最初の測点のみで行います。

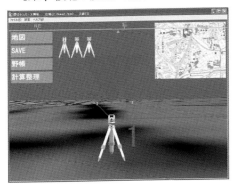 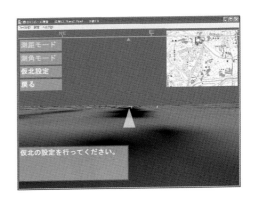

4.7. 観測作業：測距モード

「測距モード」をクリックし、測線の測距を行います。ピープサイト（画面中央の白い三角形）を用いて、測距すべき測点の反射鏡を視準します。この際、ピープサイトの頂点が測点を視準していることを確認します。測距すべき測点がわからない場合は、「野帳確認」をクリックすると野帳が表示されますので野帳の視準点から前視と後視を確認できます。図の例では、測点1の前視が測点2であり、後視が測点7となります。

測点	対回数	望遠鏡	視準点	倍角数	観測角（読取値）
1	1	正位	2	1	
			7		
2	1	正位	3	1	

なお、画面の回転は左右回転を左クリックによるドラッグ、上下回転を右クリックによるドラッグで行います。

ピープサイトで大体の位置を決め、右下の「望遠鏡」をクリック、望遠鏡を覗きます。望遠鏡画面でより正確に反射鏡の中心を視準します。操作はピープサイトと同様に左右回転を左クリックによるドラッグ、上下回転を右クリックによるドラッグで行います。反射鏡を視準し、「測距実行」をクリックすると、測距結果が表示されます。同時に表示されている角度は、方位角で仮北を基準に自動的に算出されます。

測距結果が正しければ、「野帳記入」をクリックし、野帳に書き込みます。また、書き込まれた野帳を確認し、間違いであれば「記入取り消し」ボタンをクリックし、キャンセルできます。

 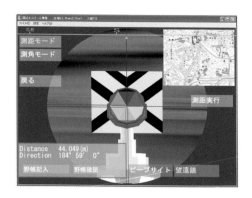

4.8. 観測作業：測角モード

「ピープサイト」をクリックし、トータルステーション操作画面を表示し、「測角モード」をクリックします。

まず、前視を行います。測距と同様に望遠鏡を使って正確に反射鏡の中心を視準します。この際、視準の微調整は微動ねじによりトータルステーションを右から左への回転で調整します。逆回転で調整すると、バックラッシュ（調整ねじの遊びによる誤差）が発生し測角結果に影響します。

前視を行った後に、「ゼロセット」をクリックし、トータルステーションの水平角を初期化します。この状態を初読値として「野帳記入」をクリックします（この際に、初読値が野帳に記入され、野帳が表示されます）。

次に、後視を行います。前視と同様にピープサイトと望遠鏡を使用し、後視となる測点の反射鏡を視準します。測角を単測法で行う場合、ここで野帳に記入します。倍角法の場合、ここでは野帳に記入せず、「下部回転」をクリックして前視を再び行います。その後、「上部回転」をクリックし、後視を行い野帳に記入します。なお、単測法および倍角法の操作の流れは、前出のフローチャートを参考に観測作業を行ってください。

以上の操作により、正位の観測が終了しました。1対回による観測作業を行う場合は、上記操作に加え反位の観測を行います。「反位設定」をクリックして、トータルステーションを反位に設定します。その後、正位を逆の順で観測を行います。

この測点に対する観測がすべて終了した後、「戻る」をクリックし、作業画面に戻ります。

13

4.9. トータルステーションおよび反射鏡の撤去

観測が終了後、配置したトータルステーションおよび反射鏡を撤去します。撤去方法はトータルステーションや反射鏡の本体を画面上部のグレーのアイコンへドラッグアンドドロップします。

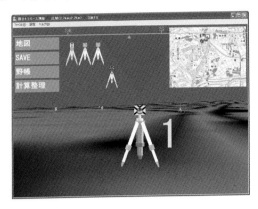

4.10. 各測点における観測作業

上記までの作業により最初の測点に対する観測作業が終了しました。2 点目以降の測点に対しても同様に（4.3）から（4.9）の作業を行います。

4.11. 計算整理および測量観測図の表示

すべての測点に対する観測作業が終了した後、「計算整理」をクリックし計算整理を行います。計算整理では、観測結果を元に点検計算および調整計算を自動的に行い、展開図（測量観測図）が作図されます。また、閉合誤差、閉合比およびトラバース網に対する面積も計算されます。

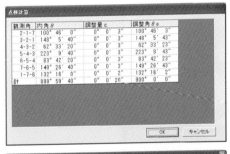

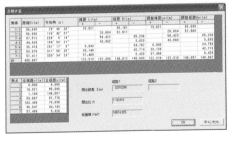

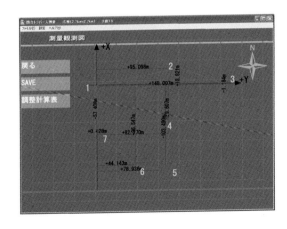

4.12. 作業データの保存

作業データの保存は、測量作業中および測量作業後に「SAVE」から作業データを保存することができます。また、保存された作業データはメインメニューから読み込むことができ、測量作業を行った測量地点や計測結果の閲覧や測量作業の続きを行うことができます。

5. 水準測量における操作例

5.1. 作業メニューの選択

　メインメニューの「作業メニュー」より「水準測量」を選択します。つぎに、水準測量を行う任意の場所を「作業場所」より選択します。最後に、水準測量を行う任意の路線を「水準路線」より選択し、よろしければ「○開始」をクリックしてください。また、選択肢を変更する場合には、「×キャンセル」をクリックし、メインメニューより選択しなおしてください。なお、選択された項目はアプリケーションの上部に表示されます。

　「単一往復路線」は水準点から盛り替え点をたどり往復します。「環状路線」では水準点から盛り替え点をたどり元の水準点に戻ります。ここでは、「単一往復路線」について作業手順を説明しますが、「環状路線」についても作業手順は同様です。

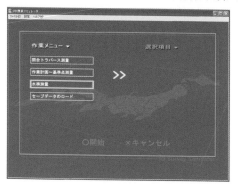

5.2. 水準点および盛り替え点の配置および選点踏査

　基準とする水準点は地図内の「A」から「K」の水準点をダブルクリックし、一つ選択します。標高を求めたい新点と盛り替え点の配置は、画面左上の「測点配置」のフラッグをドラッグし、地図上の任意の地点に配置します。レベルを配置する器械点は自動的に配置され、青矢印に「L1」などと表示されます。なお、器械点は地図上で任意の地点に移動することもできます。また、3D測量シミュレータでは盛り替え点は最大11点まで設置することができます。

　次に、「3D MAP」をクリックして表示させ、踏査を行い各盛り替え点間の視通を確認します。地形や建物の影響により視通ができない場合には盛り替え点間の赤い視準線が一部見えなくなります。この場合は、「戻る」をクリックし、地図画面に戻りフラッグを移動させ盛り替え点の位置や器械点の位置を調整してください。なお、赤い視準線はレベルを設置した際の水平な視準線を示します。すべての配置が完了したら、「実地作業」をクリックして観測作業を行います。

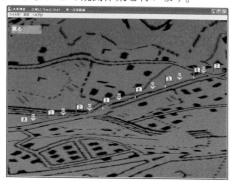

5.3. 野帳の確認

「野帳」をクリックして、最初に観測する測点を確認します。なお、野帳のオレンジ色のセルが観測すべき測点です。観測を進めると、次に観測すべき測点がオレンジ色の表示となります。ただし、必ずしもオレンジ色に表示された測点を観測しなければならないということはありません。順序どおりに測定しなくても問題はありません。

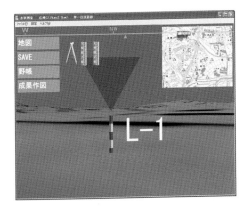
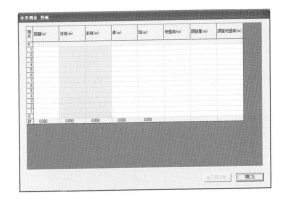

5.4. レベルの設置

画面左上のレベルのアイコンをドラッグし、観測したい測点（「L-1」などと表示）の青い三角形のマークへドロップします。ドロップすると、自動的に水平調整画面が表示されます。

レベルの水平調整は円形気泡管を用いて行います。円形気泡管の気泡は動いていますので、赤い円の中に収まるように「ストップ」をクリックしてください。気泡の動きが止まると画面左上に現在の水平誤差が表示されます。

なお、本シミュレータで使用している機器は、自動レベルですので「0°10′0″」以内の水平誤差は機器内で自動調整されますが、それ以上の誤差は補正できません。したがって、「再調整」をクリックして、再調整を行ってください。

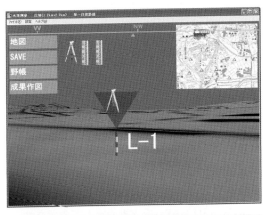
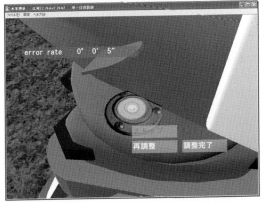

5.5. 標尺の設置

　レベルの設置完了後、標尺の設置を行います。標尺の設置はレベルの設置と同様に画面左上の標尺のアイコンをドラッグし、標尺を設置したい水準点や盛り替え点の青い三角形のマークへドロップします。標尺を設置すべき点はレベルを設置した測点を挟んだ前後の測点です。

　なお、画面上の測点番号は、レベルを設置すると白色から赤色に変わり、標尺を設置すると白色から黄色に変わります。

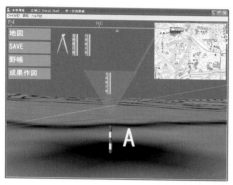 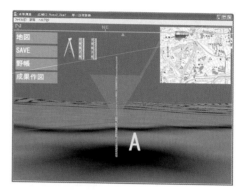

5.6. 観測作業

　レベルと標尺の設置が完了後、水準測量では「後視」、「前視」の順に視準し標尺の目盛りを読み取ります。

　まず、レベル本体をダブルクリックし、レベル操作画面を表示します。ピープサイト（画面中央の白い三角形）を用いて、視準すべき盛り替え点の標尺を視準します。この際、ピープサイトの頂点が測点となります。視準すべき盛り替え点がわからない場合は、「野帳確認」をクリックすると野帳が表示されますので野帳から前視と後視を確認できます。なお、画面の左右回転は左クリックによるドラッグ、またレベルでは上下回転は行えません。

 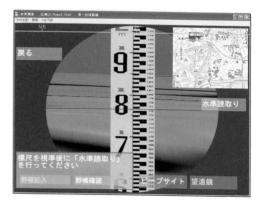

　「望遠鏡」をクリックし、望遠鏡を覗くと前後に動く標尺がありますので、望遠鏡の中心線を標尺にあわせ標尺の目盛りを読み取ります。

　標尺の読み取りには、「水準読取り」をクリックし、「読取値入力」ダイアログを表示させ、観測者が標尺の読み取り値をミリ単位で入力し、「野帳書込み」をクリックして野帳に記入してください。

野帳に記入を行った後、「ピープサイト」をクリックし、つぎに前視を行います。以下同様にして、前視の読み取り値を野帳に記入します。

以上の操作により、「後視」および「前視」に対する標尺の読み取りが終了しましたので、「戻る」をクリックして、作業画面に戻ります。

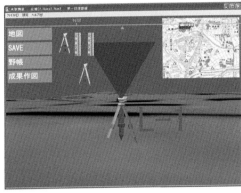

5.7. レベルおよび標尺の撤去

観測が終了後、配置したレベルおよび標尺を撤去します。撤去方法はレベルや標尺の本体を画面上部のグレーのアイコンヘドラッグアンドドロップします。

5.8. 各測点における観測作業

上記までの作業により最初の測点に対する観測作業が終了しました。2点目以降の測点に対しても同様に（5.3）から（5.7）の作業を路線に沿って往復する形で作業を進め野帳に記入します。

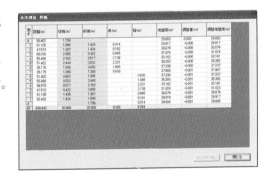

5.9. 成果作図および測量観測図の表示

すべての測点に対する観測作業が終了した後、「成果作図」をクリックし、測量観測図の作図および表示を行います。測量観測図では、それぞれのマークをクリックするとその測点に関する情報が表示されます。

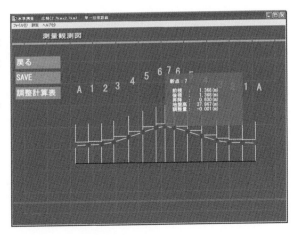

[2019.10 改訂版]

MultiSpec©を使った
リモートセンシングデータの処理・解析入門
－ 基本操作マニュアル（チュートリアル版） －

熊谷樹一郎（摂南大学）

目　次

はじめに

◇MultiSpec について

本書は、Purdue 大学で開発された MultiSpec の基本操作部分について整理したものです。MultiSpec はたいへん多くの機能を持ち合わせたフリーウェアですが、本書ではその一部に限定して操作方法を紹介しています。したがって、説明を省略している部分について、より詳しい内容を知りたい場合には、本書の第 1 章で紹介している MultiSpec のホームページを参照し、マニュアル等をご覧ください。

また、本書では MultiSpec のバージョン 2019.08.19（64bit version）を採用しています。MultiSpec に関する質問やコメントは、MultiSpec のホームページに掲載されているメールアドレスまでお願いいたします。

◇データについて

添付の CD には、MultiSpec を利用した演習ができるよう、サンプルデータが格納されています。データは北陸、関西地方、関東地方に含まれる 3 地域のデータです。いずれも Landsat のフルシーンデータから切り出したもので、詳細は以下のとおりです。

地域名	北陸地域	関西地域	関東地域
格納フォルダ	¥Data¥hokuriku	¥Data¥kansai	¥Data¥kanto
ファイル名	l8_hokuriku_7bs.img	l8_kansai_7bs.img	l8_kanto_7bs.img
衛星名	Landsat-8	Landsat-8	Landsat-8
センサ名	OLS	OLS	OLS
パス-ロウ	109-35	110-36	107-35
観測日	2016/6/3	2019/10/9	2018/10/8
バンド構成	1-7	1-7	1-7
空間分解能	30m	30m	30m
画素数	3286*2495	2730*3142	3281*2836

CD 内の Data フォルダの各地域のフォルダ（約 180Mb）をパソコンのハードディスクにコピーした状態で使用することを想定しています。

◇謝辞

本書の作成にあたり、飯坂譲二先生（ビクトリア大学）らが訳された「MultiSpec 概説」を参考とさせていただきました。MultiSpec の使用法や基礎資料の扱いなどについて有益なアドバイスをいただきました飯坂先生に深く感謝いたします。

The source data were downloaded from AIST's LandBrowser, (https://landbrowser.airc.aist.go.jp/landbrowser/). Landsat 7/8 data courtesy of the U.S. Geological Survey.

◇CD 内のマニュアルについて（お詫びと訂正）

付属 CD 内のフォルダ「02.リモートセンシング」の「MultiSpec 基本操作マニュアル.pdf」について，「はじめに」のページで「◇データについて」の表内に記載のある以下のデータは，都合上，CD には格納されておりません.

深くお詫びいたしますとともに，ここに訂正いたします.

・l8_hokuriku_b8s.img，l8_kansai_b8s.img，l8_kanto_b8s.img

1．MultiSpec のダウンロードと準備

1.1 Purdue University の MultiSpec のサイトを開く

MultiSpec のサイト（https://engineering.purdue.edu/~biehl/MultiSpec/（2019 年 10 月現在））をブラウザで開き、下図のようにホームページを参照します。上記のサイトが不明となった場合は、「MultiSpec」で検索し、Purdue University のサイトを探してみてください。

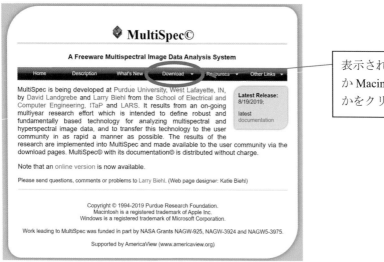

[Download]から自分の使用するパソコンのタイプをクリックします。なお、本書では[Windows]を利用する場合について Windows 10 Pro (バージョン 1903)での例を取り上げます。

1.2 MultiSpec のダウンロード

下記のページが参照できたら、["2019.08.19 MultiSpec 64-bit version"]をクリックし、ファイル[MultiSpecWin64z.exe]をデスクトップなどの適当な場所に保存します。なお、32bit 版は[Archive Versions]をクリックし、[2016.02.08 MultiSpec 32-bit version]をクリックすることで[MultiSpecWin32z.exe]がダウンロード可能です。

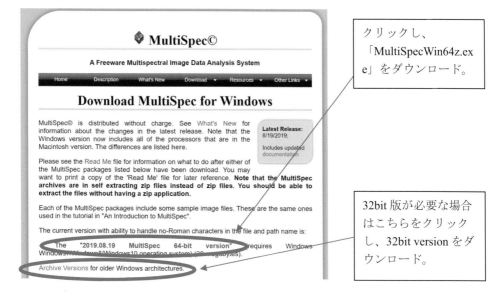

1.3 MultiSpec の準備

　保存した[MultiSpecWin64z.exe]をダブルクリックすると、下記のように MultiSpec を解凍するフォルダを確認してきますので、[Browse]をクリックして[ドキュメント]など適当なフォルダを指定します。下記は testuser の[ドキュメント]を指定した例です。

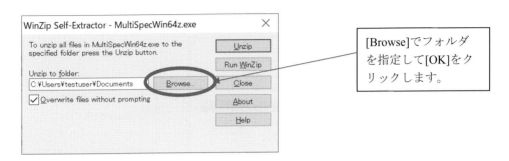

[Browse]でフォルダを指定して[OK]をクリックします。

　[OK]をクリックすると指定したフォルダ内に[MultiSpecWin64]というフォルダが作成され、その中に下図のようなファイル類が解凍されます。

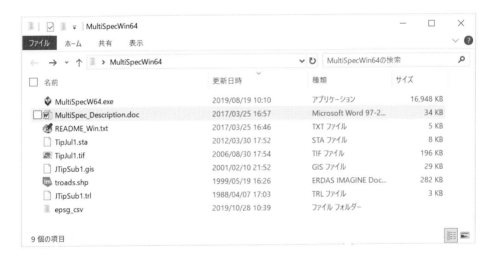

2. MultiSpec の起動と終了

2.1 MultiSpec の起動

　MultiSec は 、 イ ン ス ト ー ル 時 に 作 成 さ れ た [MultiSpecWin64] フ ォ ル ダ 内 の [MultiSpecW64.exe]をダブルクリックすることで起動します。起動画面は下記のようになります。

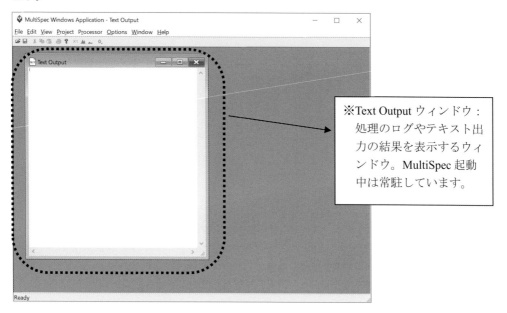

※Text Output ウィンドウ：
処理のログやテキスト出力の結果を表示するウィンドウ。MultiSpec 起動中は常駐しています。

2.2 MultiSpec の終了

　ツールバーの[File]のメニューから[Exit MultiSpec]を選択します。作業後であると「Save the output text window to a disk file before closing?」と Text Output ウィンドウの内容を保存するかどうかを聞いてきます。必要に応じて「はい」、「いいえ」をクリックし、終了します。

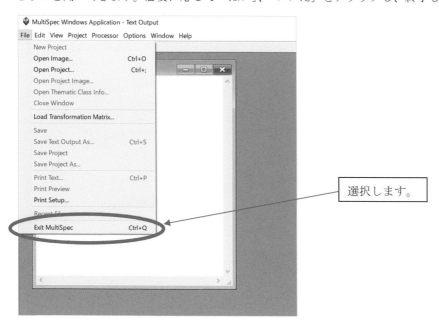

選択します。

3. MultiSpec による表示

3.1 カラー合成表示
（1）ファイルのオープン

起動したウィンドウのツールバーから[File]をクリックし、メニューから[Open Image]を選択します。

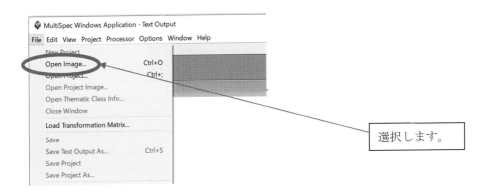

次に、表示された[ファイルを開く]ウィンドウからファイルを選択します。ここでは、マルチスペクトルのリモートセンシングデータとして*.img ファイルを選択します。下図の例では、CD 内に格納されていた l8_kansai_7bs.img を選択しています。

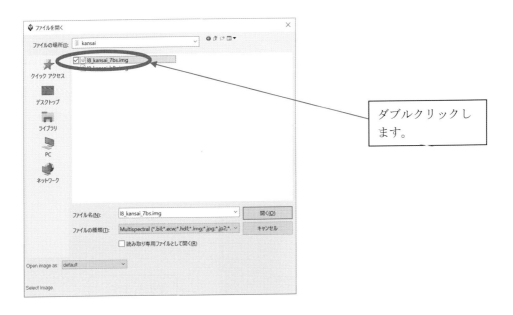

ファイルを選択すると、リモートセンシングデータの表示方法を確認する下記の Set Display Specifications for:ウィンドウが開きます。

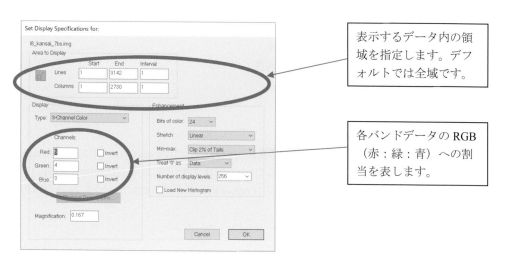

表示するデータ内の領域を指定します。デフォルトでは全域です。

各バンドデータの RGB（赤：緑：青）への割当を表します。

[OK]をクリックすると、下記のようにリモートセンシングデータがから画像表示されます。

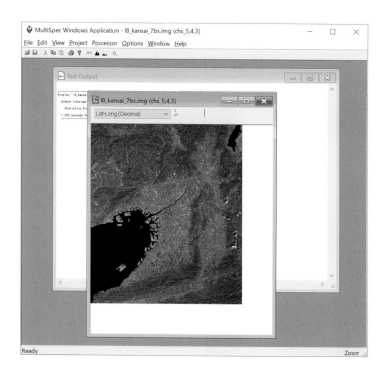

（2）表示方法の変更
　一度画像表示されたリモートセンシングデータの表示条件を変更するには、ツールバーの[Processor]から[Display Image]を選択します。すると、再び Set Display Specifications for:ウィンドウが開き、表示する条件を変更できます。

【参考】

　Landsat OLS データの場合、下記のような代表的なカラー合成表示の方法があります。トゥルーカラー画像はバンドが担当する波長域の色と合うように RGB を割り当てたもので、航空写真と似通った色合いの画像が表示されます。

　　・R:G:B = 4:3:2　→　トゥルーカラー画像
　　・R:G:B = 5:4:3　→　フォールスカラー画像
　　・R:G:B = 6:5:4　→　植生強調画像

3.2　単バンド表示
（1）グレースケールでの表示

　ファイルオープンの手順、もしくは、表示後にツールバーの[Processor]から[Display Image]を選択し、Set Display Specifications for:ウィンドウを開きます。ここで、[Display]の[Type]で[1-Channel Grayscale]を選択します。さらに、[Channels]から表示したいバンドの番号を入力し、[OK]をクリックします。

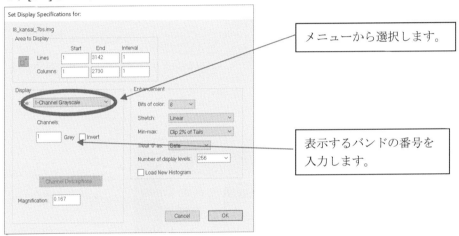

メニューから選択します。

表示するバンドの番号を
入力します。

　結果として、下記のような単バンドデータのグレースケール画像が表示されます。

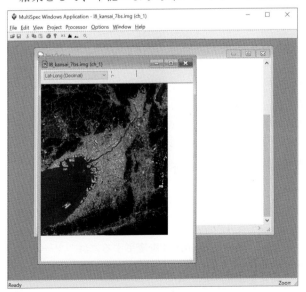

（2）シュードカラー表示

　シュード（Pseudo）とは"擬似的な"という意味です。グレースケール画像などに擬似的に色を割り振った表示をシュードカラー表示と呼びます。

　ここでは、Landsat OLS のバンド5データを例として取り上げます。まず、グレースケール表示した単バンドデータのフォーマットを変更して別名で保存します。ツールバーから[File]をクリックし、メニューから[Save Image To Geo TIFF As…]を選択します。

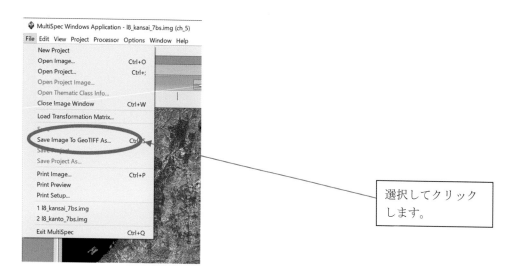

　適当なファイル名で*.tif ファイルとして保存します。次に、ツールバーから[File]をクリックし、メニューから[Open Image]を選択して、保存した*.tif ファイルを表示させます。途中 Set Thematic Display Specifications ウィンドウが表れますが、そのまま[OK]をクリックします。その結果、次のような画像が表示されます。

　ここで、画像表示ウィンドウ左下の[Palette]と表示されている項を[Blue-Green-Red]に選択し直します。

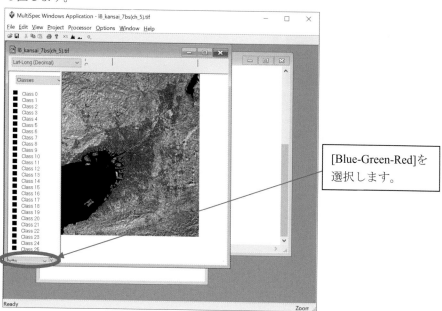

下記のように、単バンドデータの画素値の小さい値から順に青〜緑〜赤の色が割り当てられた画像が得られます。

　個々の色の変更は、左にある凡例のカラーチャートをダブルクリックすることで可能となります。

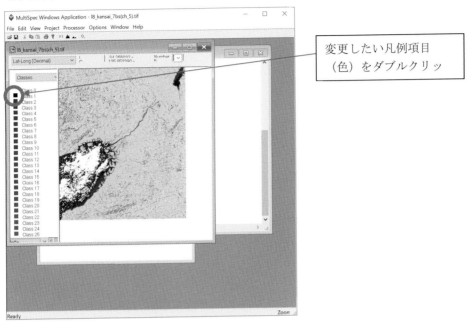

変更したい凡例項目
（色）をダブルクリッ

　下記のような Windows 標準の「色の設定」ウィンドウが表示され、凡例の色を変更可能です。

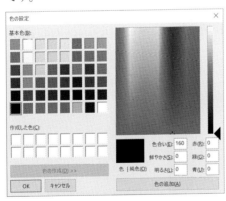

3.3　画像表示の基本操作

（1）拡大・縮小表示

　表示された画像の基本操作は、MultiSpec のウィンドウのツールバーにある次の3つのボタンと、マウスのドラッグによる画像上の位置指定で実施できます。

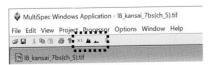

×1. ・・・拡大・縮小なしで表示します。クリックすると、ディスプレイの解像度に対して
リモートセンシングデータの画素の並びが一対一に対応した表示となります。

▲ ・・・クリックすると拡大表示していきます。

▲ ・・・クリックすると縮小表示していきます。

　特定の箇所を拡大表示したい場合には、下記のようにあらかじめ画像上の位置をマウス
のドラッグで指定してから拡大表示ボタンを押します。

マウスのドラッグであら
かじめ拡大したい箇所を
指定します。

拡大表示ボタンを
繰り返し押すと、
指定した領域を中
心に段階的に拡大
されます。

（2）単バンド画像の並列表示

　マルチスペクトルのデータを単バンドデータとして横並びにして表示する方法になりま
す。ファイルオープンの手順、もしくは、表示後にツールバーの[Processor]から[Display
Image]を選択し、Set Display Specifications for:ウィンドウを開きます。そこで、次の図のよう
に[Display]の[Type]で[Side by Side Channels]を選択します。
　次に、[Channels]で横並びに表示したいバンドデータを選択します。デフォルトでは全て
のバンドが表示されるようになっています。

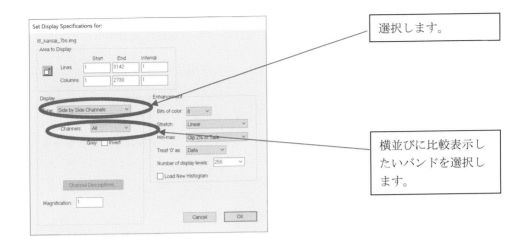

選択します。

横並びに比較表示し
たいバンドを選択し
ます。

　その結果、下記のような画像が表示されます。この表示機能では、データ全体を横並びに
表示しますので、画像が大きい場合には縮小ボタンやスクロールバーなどを利用すること
が必要となります。

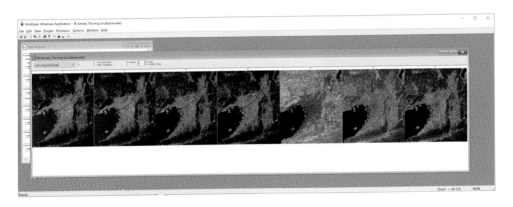

3.4　分光特性に関わる表示
（1）ヒストグラムの表示
　ヒストグラムの表示機能は、各バンドで得られた画素値の分布状態を調査する役割を担
います。具体的には、分析したいリモートセンシングデータを画像表示した上で、ツールバ
ーの[Processor]をクリックし、メニューから[Histgram image]を選択します。すると次のよう
な Set Histogram Specifications ウィンドウが表示されます。

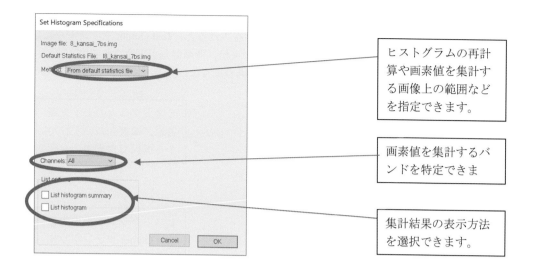

ヒストグラムの再計
算や画素値を集計す
る画像上の範囲など
を指定できます。

画素値を集計するバ
ンドを特定できま

集計結果の表示方法
を選択できます。

①特定の位置でのヒストグラムを得たい場合

　下図のように、マウスのドラッグであらかじめ画像上での位置を指定した上で、[Processor]をクリックし、メニューから[Histogram image]を選択します。Set Histogram Specifications ウィンドウの[Method]で[Compute new histogram]を選択すると[Area to Histogram]が表示され、画像上の位置と Interval（画素値のサンプリング間隔）が表示されます。

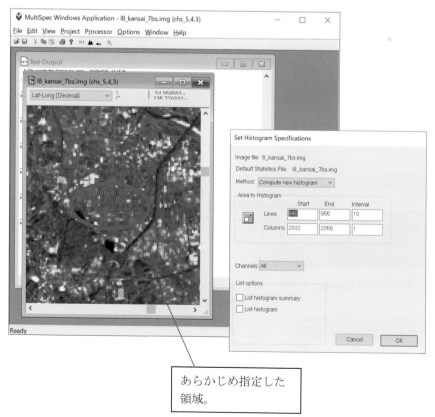

あらかじめ指定した
領域。

②集計結果の表示方法

　　[List options]の[List histogram summary]にチェックを入れると、Text Output ウィンドウに
バンドごとの画素値の最小値、最大値、平均値、中央値、標準偏差が表示されます。

　　また、[List histogram]にチェックを入れると、下図のような出力方法に関する選択肢が表
示されます。

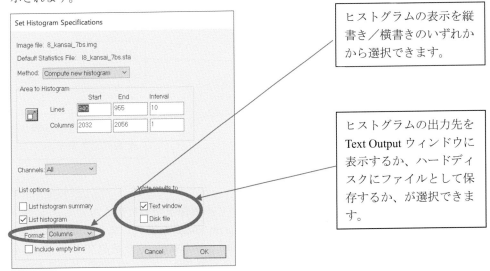

ヒストグラムの表示を縦
書き／横書きのいずれか
から選択できます。

ヒストグラムの出力先を
Text Output ウィンドウに
表示するか、ハードディ
スクにファイルとして保
存するか、が選択できま
す。

（2）分光特性の表示

　　分光特性を把握する機能として、各バンドで得られた画素値をグラフ表示する機能があ
ります。分析したいリモートセンシングデータを画像表示した上で、ツールバーの[Window]
をクリックし、メニューから[New Selection Graph]を選択します。

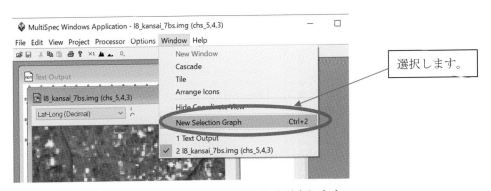

選択します。

　　その結果、次のような Selection Graph ウィンドウが表れます。

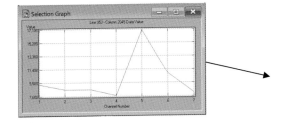

※既に画像上の位置が指定されている
と、グラフが表示されます。

①ポイントでのスペクトルグラフ

　表示された画像上の任意の点をダブルクリックすることで、その位置のバンドごとの画素値がグラフとなって表示されます。

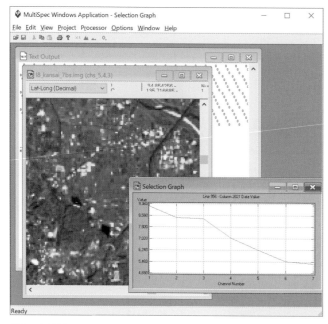

②領域単位でのスペクトルグラフ

　さらに、画像上の任意の領域をマウスのドラッグで下図のように指定すると、その領域でのバンドごとの画素値がグラフで表示されます。この場合は、画素値がバンドごとに複数個あることから、バンドごとの平均値とそれに±標準偏差したラフ、最大値、最小値のグラフがそれぞれ描かれます。

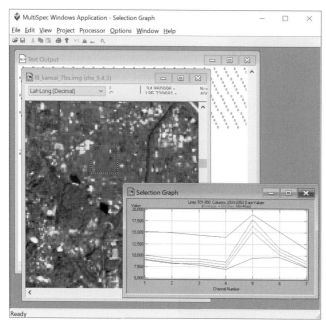

3.5 座標値などの表示

　使用するリモートセンシングデータと地図座標系との対応がとれていれば、座標値を表示することができます。下記のようにツールバーの[Window]から[Show Coordinate View]が表示される場合は選択します（[Hide Coordinate View]が表示される場合は、既に座標値の表すバーが表示されています）。

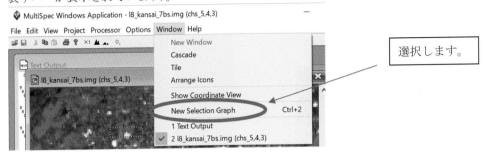

選択します。

　すると、下記のような座標値を表示するバーが表れます。さらに座標値の表記方法を指定できます（※2019年10月現在、以下のように座標値が完全に表示されない場合が確認されています）。

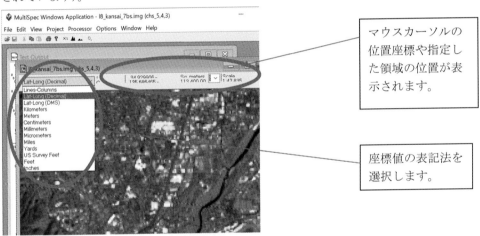

マウスカーソルの位置座標や指定した領域の位置が表示されます。

座標値の表記法を選択します。

　また、指定した領域の面積も表記方法を指定して表示することができます。

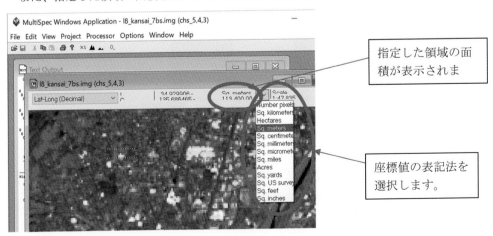

指定した領域の面積が表示されま

座標値の表記法を選択します。

3.6 テキスト表示

　画像上の画素値そのものをテキストデータとして出力することができます。マウスのドラッグであらかじめ画像上での位置を指定した上で、[Processor]をクリックし、メニューから[List Data]を選択します。下図のような Set List Data Specifications ウィンドウが表示されます。

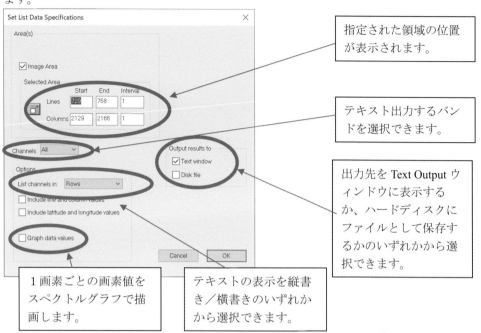

指定された領域の位置が表示されます。

テキスト出力するバンドを選択できます。

出力先を Text Output ウィンドウに表示するか、ハードディスクにファイルとして保存するかのいずれかから選択できます。

１画素ごとの画素値をスペクトルグラフで描画します。

テキストの表示を縦書き／横書きのいずれかから選択できます。

　下記は、指定領域の画素値を Text Output ウィンドウに出力した結果の例です。

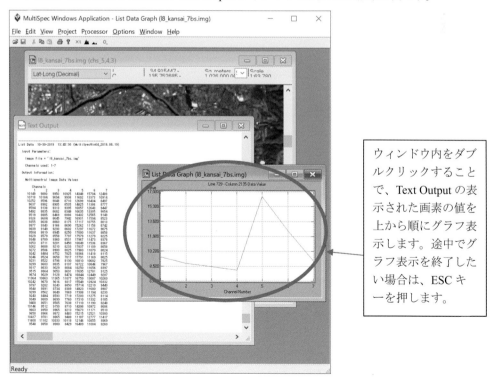

ウィンドウ内をダブルクリックすることで、Text Output の表示された画素の値を上から順にグラフ表示します。途中でグラフ表示を終了したい場合は、ESC キーを押します。

QGISによるGIS基礎演習

― 基本操作マニュアル（チュートリアル版）―

今井 優・今井 友桂子（朝日航洋株式会社）

第1章

QGIS のインストール

本テキストの動作環境
OS：Windows 10，QGIS：3.4.x

1.0.1　ホームパスの確認

Windows のホームパス（ユーザフォルダ）に全角文字が含まれていると，QGIS の一部の機能でエラーが発生する可能性があります。

エクスプローラーの URL 欄に「%homepath%」と入力 ▶ Enter

フォルダ名に全角文字が含まれている場合は，半角英数のみのユーザ名で作成された別のアカウントで QGIS を使用してください。

1.0.2 インストーラの取得

QGIS 公式サイトのダウンロードページ[*1] から OS に適したインストーラを取得します。

[*1] https://www.qgis.org/ja/site/foruser-s/download.html

1.0.3 インストール

ダウンロードした「QGIS-OSGeo4W-3.4.x-x-Setup…exe」をダブルクリックで実行し[*2]，特に設定は変えず［次へ］で進み，完了します。

[*2] 管理者権限を持ったユーザで実行すること

1.0.4 起動確認

デスクトップに作られた「QGIS 3.4」というフォルダの中の「QGIS Desktop 3.4.x」をダブルクリックして起動します。

1.0.5　QGIS の画面構成

第2章

QGIS チュートリアル
（ベクタデータの操作）

実習データの準備

C ドライブの直下等のファイルパスに日本語が含まれない場所に，空のフォルダ giskenshu を作成してください。

2.1 GIS の始め方

GIS を具体的にどのように始めていくのかを実習します。

2.1.1 フォルダ作成

まず，GIS のデータやプロジェクトファイル[*1] を保管するためのフォルダ（**プロジェクトフォルダ**）を作成します。このとき，エラー防止のためフォルダ名を半角英数にしてください[*2]。

[*1] GIS での作業状態を保存するファイル

[*2] フォルダの上の階層にも含まれないよう注意してください

ここでは，02_tutorial という名称で giskenshu のフォルダの下に作成します。次に，さらにその中に役割別のフォルダ，ベクタデータを保存するフォルダ vector と，印刷用に出力した画像を入れるフォルダ print を作成してください^{*3}。

*3 特にルールがあるわけではないので，作業していく中で使いやすいようにアレンジしてください

```
C:\giskenshu
  └── 02_tutorial
      ├── vector
      └── print
```

2.1.2　データの取得

Web から GIS に表示するデータを取得します。

2.1.2.1　避難場所データの取得

CD-ROM のデータを使う場合
data/hinanbasho/11202.csv を vector フォルダにコピー

*4 http://www.gsi.go.jp/bousaichiri/hinanbasho.html

1. Web ブラウザで **指定緊急避難場所** と検索し，**指定緊急避難場所データ｜国土地理院**^{*4} にアクセス

*5 本テキストの この ▶ ような ▶ 表記は，操作のプロセスを示しています。表記に従って，ボタンやリンクのクリック，メニューの選択をして進んでください

2. 市町村別公開日・更新日一覧 ▶ ^{*5}任意の市町村^{*6}を検索 ▶ ダウンロード

3. ファイルを vector のフォルダに入れる

*6 実習の都合上，避難場所が少ないと効果がわかりにくいため，ある程度 都市部を選んでください

2.1.2.2　国勢調査データの取得

CD-ROM のデータを使う場合
data/estat/h27ka11202.*（全 4 ファイル）を vector フォルダにコピー

*7 https://www.e-stat.go.jp/

1. Web ブラウザで **estat** と検索し，**e-Stat 政府統計の総合窓口**^{*7} にアクセス

2. 統計データの活用 ▶ 地図（統計 GIS）▶ 境界データダウンロード ▶ 小地域 ▶ 国勢調査 ▶ 2015 年 ▶ 小地域（町丁・字等別）▶ 世

界測地系**平面直角座標系**・Shapefile

3. 避難施設データ取得時に選んだ市町村の国勢調査データをダウンロード（小地域）取得

4. zip ファイルを展開し，h27kaxxxxx という名前の 4 つのファイルを先ほど作った vector フォルダに入れる

2.1.3　1つめのデータの追加

QGIS が起動していない場合は，デスクトップにある QGIS 3.4 のフォルダの中の QGIS Desktop 3.4.x をダブルクリックして起動します。

QGIS の画面に giskenshu/02_tutorial/vector/h27kaxxxxx.shp [8] をドラッグし，データを QGIS に追加します [9] [10] 。

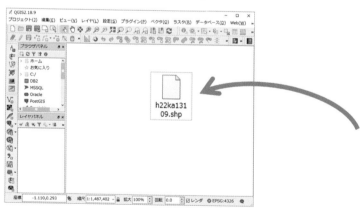

[8] GIS を操作していくうえでは，ファイルの拡張子が表示されているほうがデータの識別がしやすいです。Windows 10 の場合は，表示タブ＞ファイル名拡張子のチェックをいれてください

[9] もしくは，レイヤ ▶ レイヤの追加 ▶ ベクタレイヤの追加 ▶ [...] ボタンで対象のファイルを指定します

[10] 一つ目のデータを入れると，プロジェクトの座標系がデータと同じになります

2.1.4　プロジェクトファイルの保存

プロジェクトファイルは **GIS の作業状態を保存**するファイルです。

プロジェクト ▶ 名前を付けて保存

- ファイル名：例 tutorial.qgs
- ファイルの種類：QGIS ファイル（*.qgs）[11]

^[11] QGZ 形式は日本語によるエラーが起こる場合があるので QGS 形式がおすすめです

```
C:\giskenshu
    └── 02_tutorial
        ├── vector
        ├── print
        └── tutorial.qgs
```

プロジェクトを保存したあとであれば，QGIS の画面を閉じてしまっても，プロジェクトファイルのアイコンをダブルクリック，もしくは，QGIS でプロジェクト ▶ 開く で保存時の作業状態が再現されます。

データをフォルダに移してから QGIS に入れるわけ

プロジェクトファイルは **データをどこから読み込んだか** を保存します[a]。データそのものはプロジェクトファイルに保存されないため，プロジェクトファイルのみを渡しても受け取った側はデータを見ることができません。

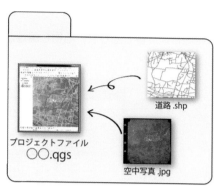

道路 .shp

プロジェクトファイル
○○.qgs

空中写真 .jpg

また，自分の環境でもデータを移動したり削除すると，プロジェクト
ファイルから読み込めなくなってしまいます。そのため，管理しやす
いようにデータの格納場所を決め，プロジェクトファイルと同じフォ
ルダに入れておくのがおすすめです[b]。

―――――――――――
[a]基本は相対パスで保存されます
[b]フォルダにひとまとめにしておけば，人に渡したり移動するときもフォルダ
ごと移動すればいいので便利です

ESRI Shapefile

ESRI Shapefile（通称：シェープファイル）はベクタデータの代表的な
ファイル形式です。複数の同じ名前のファイルで構成されているので，
ファイル移動するときは取り逃しが無いようすべて一緒に移動してく
ださい。

2.2　QGIS の基本操作

2.2.1　属性テーブルの表示

1. 国勢調査｜ h27xxxxx [*12] のレイヤ名を右クリック ▶ 属性テーブ
   ルを開く

[*12] 地域によって xxxxx の部分は異なります

文字化けの対処

属性テーブルが文字化けしているときは，
レイヤ名を右クリック ▶ プロパティ ▶ ソース > データソースエン
コーディング を Shift-JIS か UTF-8 のどちらか[a]にし，属性テーブルを開
きなおして正しく表示されるほうに設定してください。

―――――――――――
[a]日本国内のデータであれば，どちらかである可能性が高いです

2. 属性テーブルの一番左の連番の列から，任意の行をクリックする

すると，選択された地物が黄色で塗られ，**地物**と**属性**が対応しているこ
とがわかります。

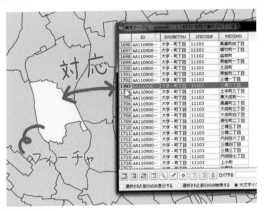

2.2.1.1 地物

ベクタデータにおけるデータの最小単位です。属性テーブルでの 1 行
が一つの地物です。

2.2.1.2 属性

- GIS データが持っている情報のこと
- GIS は属性を使って地図の見た目を変えられる
    - 例 1：「名前」の属性が鈴木は赤，佐藤は黄色
    - 例 2：「人口」の属性が多いほど濃い色
- 属性があると検索できる
    - 属性から場所を調べる
    - 場所から属性を調べる
- 属性 (名) ＝ フィールド (名) ＝ カラム

2.2.2　地物の選択

1. 編集 ▶ 選択 ▶ 地物の選択 もしくは属性ツールバーのアイコン
   をクリック

2. レイヤパネルの任意のレイヤ（h27kaxxxxx）をクリック

3. 任意の地物をクリック

2.2.3　地図の移動，拡大縮小

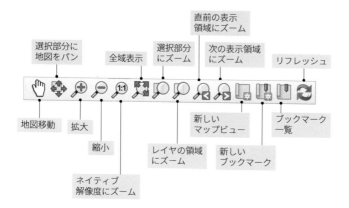

どこを表示しているかわからなくなったときは，見たいレイヤを右クリック ▶ レイヤの領域にズーム

2.2.4　地物情報表示

ビュー ▶ 地物情報表示 ▶ レイヤパネルから情報を見たいレイヤを選択 ▶ 任意の地物を選択

2.2.5　距離の計測

ビュー ▶ 計測 ▶ 線の長さを測る で距離を計測できます。計測を終了するときは右クリックします。計測モードを解除するには，地物の選択等に切り替えます。

2.2.6　背景地図の表示｜ラスタタイルの追加

Web 配信されているラスタタイルを背景地図として表示します。例として，国土地理院提供の地理院地図（淡色地図）を追加します。

2.2.6.1　淡色地図を QGIS に登録

1. ブラウザパネルの XYZ Tiles を右クリック ▶ 新しい接続
2. Web ブラウザで **地理院タイル一覧** と検索
3. 地理院タイル一覧ページ [13] にアクセス
4. 「淡色地図」の URL をコピー [14]

   https://cyberjapandata.gsi.go.jp/xyz/pale/{z}/{x}/{y}.png
5. QGIS の XYZ 接続ウィンドウの URL 欄に貼りつける。名前の欄には登録名（例：淡色地図）を入力 ▶ OK

[13] https://maps.gsi.go.jp/development/ichiran.html

[14] 「URL：」はコピーしないように注意！

2.2.6.2　登録したラスタタイルをプロジェクトに追加

ブラウザパネルに登録された「淡色地図」をダブルクリックしてプロジェクトに追加します。

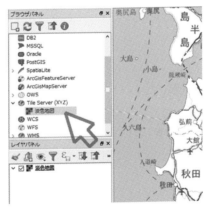

2.2.7　レイヤの表示順序の変更

下のレイヤは上のレイヤに隠れて見えません。表示順序を変更するには，レイヤパネルの中のレイヤ名をドラッグアンドドロップし，順序を入れ替えます。また，レイヤを非表示にするにはチェックをオフにします。

表示順序

ドラッグ＆
ドロップ

2.2.8　検索（属性検索）

属性の中からキーワード検索し，該当の地物を選択します。

1. 編集 ▶ 選択 ▶ 値による地物の選択。もしくは，ツールバーのアイコンより↓

2. 「S_NAME」横の欄に任意の町丁名（例：万吉）を入力 ▶ 地物の選択，地物にズーム

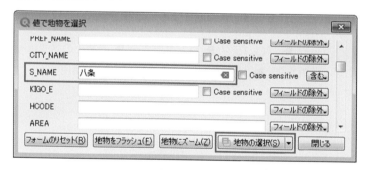

3. 終わったら選択を解除する

2.3　人口マップを作る – ベクタの見ため設定

2.3.1　シンボロジー

データの属性に応じて，色を設定します。

2.3.1.1 同じ町字は同じ色にする｜カテゴリで色分け

国勢調査データの属性テーブルを見てみると，町字コードを表す **kihon1** という属性があります。これを使って色分けします。

国勢調査データ｜ h27kaxxxxx を右クリック ▶ プロパティ ▶ シンボロジー ▶ 一番上のメニュー：分類された[*15] ▶ カラム：kihon1 ▶ 分類 ▶ OK / 適用

[*15] v3.10 以降では「カテゴリ値による定義」

2.3.1.2 人口が多いほど色を濃くする｜段階で色分け

右クリック ▶ プロパティ ▶ シンボロジー ▶ 一番上のメニュー：段階に分けられた[*16] ▶ カラム：JINKO ▶ 分類 ▶ OK / 適用

[*16] v3.10 以降では「連続値による定義」

2.3.2　ラベル

地物の属性を注記として地図上に表示します。

国勢調査データ ｜ h27kaxxxxx を右クリック ▶ プロパティ ▶ ラベル ▶ ラベルなし →単一のラベル ▶ ラベル：S_NAME ▶ OK

2.3.2.1　文字の縁取り

ラベル ▶ バッファ ▶ ✓ テキストバッファを描画する にチェックを入れる ▶ OK

2.3.2.2　ラベル表示のオフ

ラベルの表示をやめるには，プロパティの単一のラベルをラベルなしに戻します。

2.3.3　レイヤの透過

下のレイヤが見えるよう半透明にします。

h27kaxxxxx のレイヤ名を右クリック ▶ プロパティ ▶ シンボロジー ▶ 不透明度のバーを下げる（例：70）▶ OK

2.4　人口マップを作る − 画像出力

2.4.1　地図アイテムの表示

2.4.1.1　スケールバー

ビュー ▶ 地図整飾 ▶ スケールバー ▶ チェックを入れる ▶ 配置場所
を選択 ▶ OK

2.4.1.2　方位記号

ビュー ▶ 地図整飾 ▶ 方位記号 ▶ チェックを入れる ▶ 配置場所を選
択 ▶ OK

2.4.1.3　著作権ラベル

背景図の出典を表示します。

ビュー ▶ 地図整飾 ▶ 著作権ラベル

「地理院地図」もしくは「地理院タイル」と入力 ▶ OK

2.4.2　出力範囲の調整

任意のレイヤ（h27kaxxxxx）を全体表示します。

レイヤを右クリック ▶ レイヤの領域にズーム

2.4.3　画像出力

1. プロジェクト ▶ インポート/エクスポート ▶ 地図を画像にエク
スポート

2. 領域の設定は変えずに「保存」 ▶ 出力先とファイル名を指定して
（例：giskenshu/print/○○市の人口.png）「保存」

ArcExplorer による GIS の基礎演習

― 基本操作マニュアル（チュートリアル版）―

竹内明香（金沢工業大学）

目　次

詳細な使用マニュアルは CD-ROM にある操作マニュアルを参照してください

1. Windows 版 ArcExplorer 9.3.1 のインストールガイド

1.1 使用許諾契約

　ソフトウェアをインストールする前に、ArcExplorer 使用許諾契約書（CD に添付）を注意してよくお読みください。許諾契約に同意できない場合には使用することはできません。

1.2 準備と確認

(1) 付録CDにある「java」フォルダのjre-1_5_0_13-windows-i586-p.exeを実行してください。

(2) ArcExplorer9.3.1フォルダにあるAE931JavaSetupJP.exeを実行してください。

(3) 次ページからの画面手順によりインストールしてください。

(4) 付属CD-ROMよりdataフォルダを各自のPCへコピーしてください。

(5) 一部のベクトル型数値地図データは独自に創作したものであり、それらは現実の地物などとは関連性がありません。

1.3 インストール作業

ここでは ArcExplorer9.3.1 をインストールする手順について紹介します。

(1) ArcExplorer 9.3.1 のインストーラ「AE931JavaSetupJP.exe」をダブルクリックすると、インストールが開始されます。

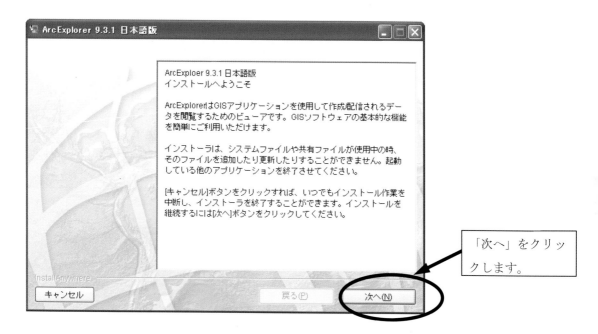

「次へ」をクリックします。

(2) ライセンス契約内容の確認

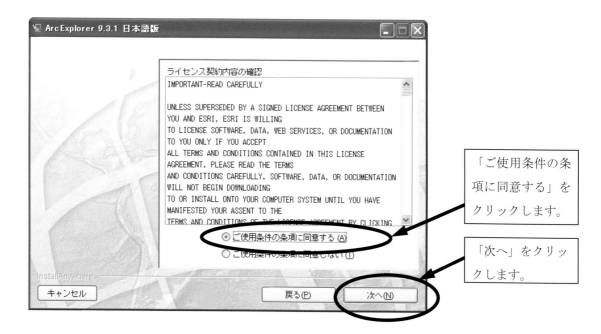

「ご使用条件の条項に同意する」をクリックします。

「次へ」をクリックします。

(3) インストール先のフォルダ選択

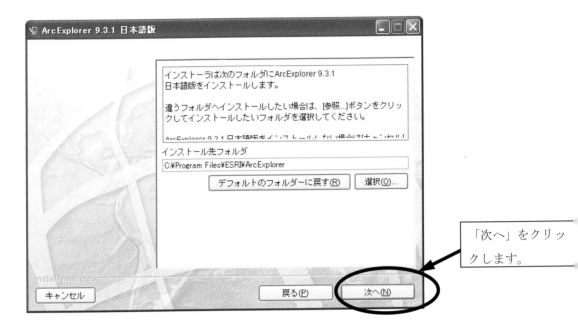

「次へ」をクリックします。

(4) インストールの確認

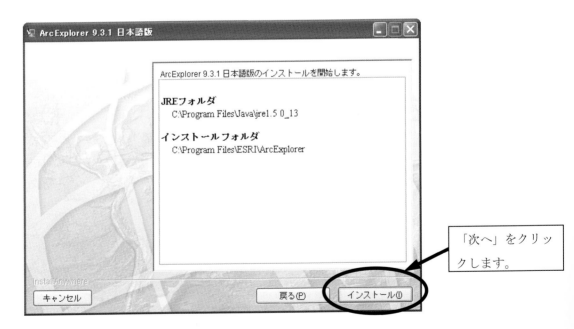

「次へ」をクリックします。

(5) 下記の画面が表示され、インストールが開始されます。

(6) インストール完了

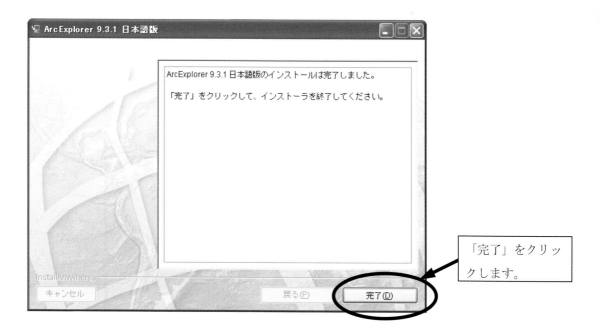

「完了」をクリックします。

2. ArcExplorer の基本操作

2.1 ArcExplorer の起動

起動方法は「スタート」メニューから「すべてのプログラム」の中にある「ArcGIS」の「ArcExplorer9.3.1」をクリックします。

(1) ArcExplorer9.3.1 の起動画面は以下のようになります。ArcExplorer では、カタログを使用してデータを表示させます。カタログは[レイヤー追加]  をクリックすると表示されます。

(2) カタログ起動画面はこのようになります。

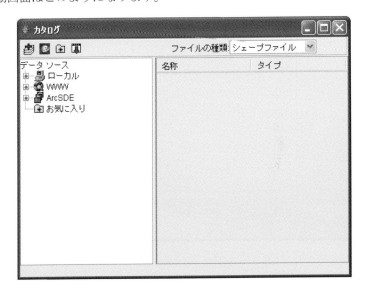

58

2.2 ベクトルデータ（シェープファイル）の表示

(1) カタログを使って ArcExplorer にレイヤを追加します。

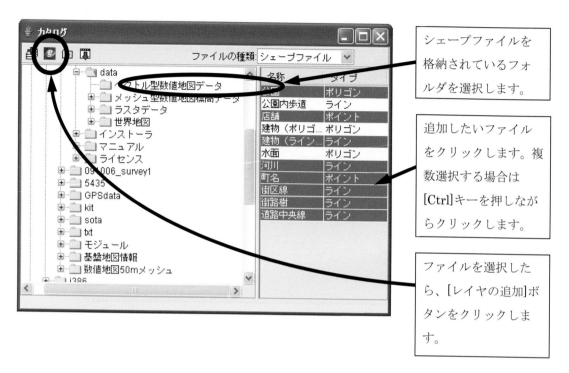

シェープファイルを格納されているフォルダを選択します。

追加したいファイルをクリックします。複数選択する場合は [Ctrl]キーを押しながらクリックします。

ファイルを選択したら、[レイヤの追加]ボタンをクリックします。

(2) 下記のようにレイヤが追加されました。

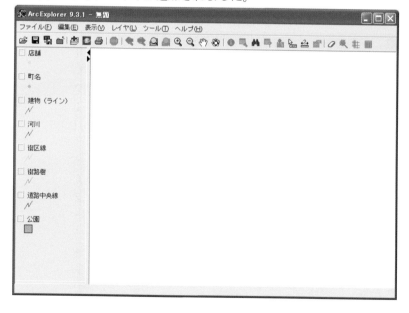

(3) レイヤのチェックボックスにチェックをつけます。またチェックを外すとレイヤがオフになります。

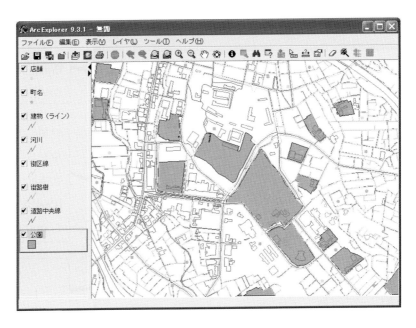

(4) 誤ってレイヤを追加してしまった場合は、消したいレイヤを右クリックして[レイヤの消去]をクリックします。

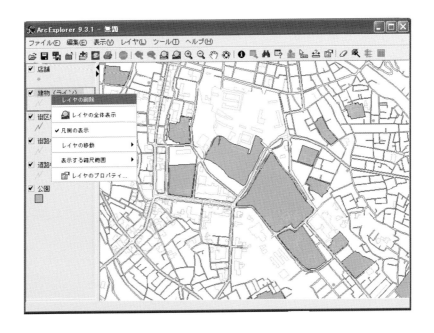

2.3 プロジェクトの保存

　ArcExplorer では、拡張子が「.axl」のファイルとして保存されます。プロジェクトの保存ではデータへのパス、レイヤの表示設定、マップ範囲、レイヤに適用されるあらゆる分類またはラベル、表示縮尺の設定などが保存されます。プロジェクトファイルを作成しても、これらの基となったデータが変更されることはありません。

(1)「プロジェクト保存」アイコンをクリックします。

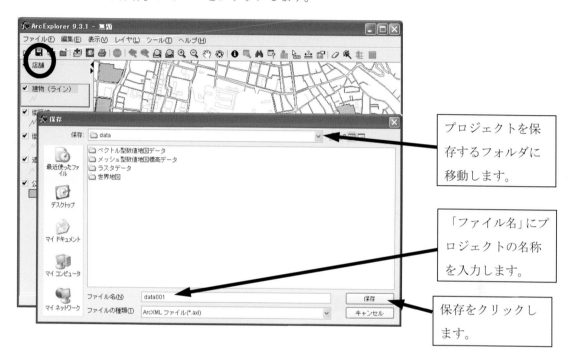

プロジェクトを保存するフォルダに移動します。

「ファイル名」にプロジェクトの名称を入力します。

保存をクリックします。

2.4 ラスタデータ（イメージファイル）の表示

ここではラスタデータの一つである衛星画像を表示させます。

(1) カタログよりラスタデータが格納されているファイルをクリックします。

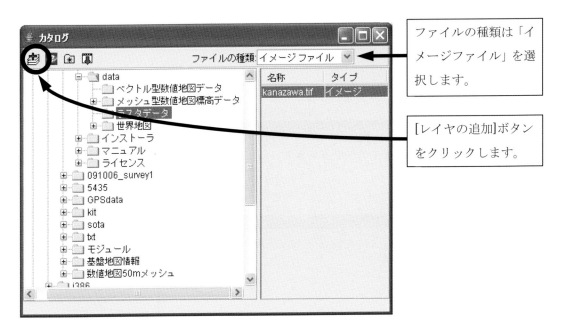

ファイルの種類は「イメージファイル」を選択します。

[レイヤの追加]ボタンをクリックします。

(2) レイヤにラスタデータが追加されたので、チェックボックスにチェックをつけます。

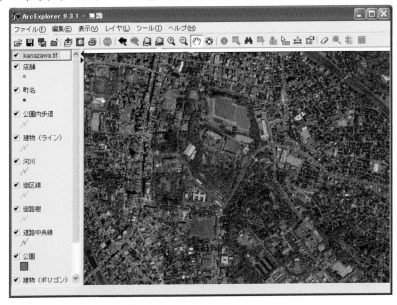

(3) 描画順序を変更します。

　　GIS では、下にあるレイヤからその上にあるレイヤの順に重ねて表示されます。この段階で
はイメージファイルが一番上にあります。イメージファイルを背景として使用するので、一番
下にドラックして移動します。

(4) 以下のような表示になります。

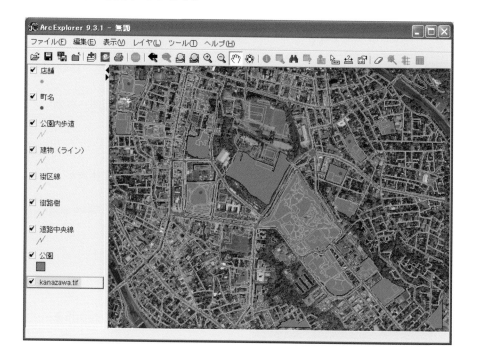

2.5 アクティブ

ArcExplorerでは、ほとんどの操作はアクティブなレイヤだけに有効です。レイヤがアクティブになると、凡例内での順番が上がります。

2.6 拡大・縮小・全体表示・画面移動

GIS ではツールを使って自由にレイヤを拡大したり縮小したりすることができます。レイヤの全体表示はアクティブにしたレイヤに有効です。

3. 基盤地図情報を利用した操作例

　基盤地図情報は国土地理院の基盤地図情報のページ(http://fgd.gsi.go.jp/download/)にアクセスするとダウンロードすることができます。しかし、ダウンロードしたデータは XML 形式なので、ArcExplorer で表示させるためには、シェープファイルに変換する必要があります。

3.1　シェープファイルへの変換方法

　基盤地図情報ビューアー・コンバーターを起動し、必要な基盤地図情報のデータをダウンロードします。変換方法は「基盤地図情報閲覧コンバートソフト（zip ファイル）」をダウンロードします。ダウンロードしたフォルダの中の「FGDV.exe」をクリックするとビューアー・コンバーターが起動します。「メニュー」の「コンバート」「シェープファイルへ出力」をクリックすると、変換することができます。

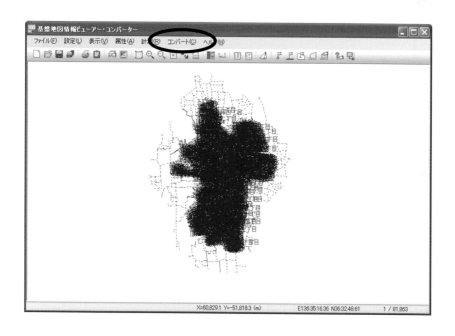

3.2 シェープファイルの表示

(1) 上記で変換したデータをカタログに表示させ、レイヤの追加」をクリックします。

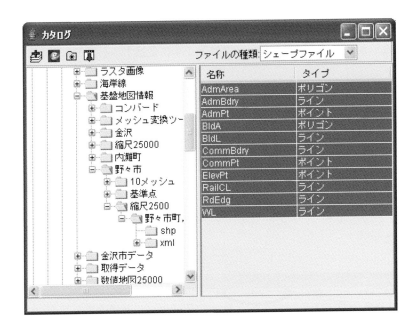

(2) 以下のように表示されます。

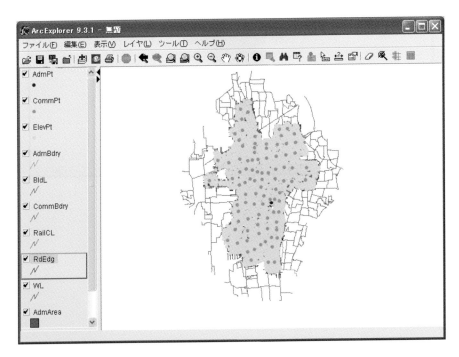

索　　引

著 者 略 歴

編 著

近津　博文〔第1章から第4章〕
（ちかつ　ひろふみ）
　1948 年　東京都に生まれる
　1975 年　中央大学大学院理工学研究科修士課程修了
　現　在　東京電機大学名誉教授
　　　　　工学博士

著　者（執筆章）

鹿田　正昭〔第1章・第8章〕
（しかだ　まさあき）
　1953 年　石川県に生まれる
　1983 年　金沢工業大学大学院修士課程修了
　現　在　金沢工業大学工学部教授
　　　　　工学博士、測量士、シニア教育士（工学・技術）

佐田　達典〔第5章〕
（さだ　たつのり）
　1962 年　島根県に生まれる
　1986 年　東京大学大学院工学系研究科修士課程修了
　現　在　日本大学理工学部教授
　　　　　博士（工学）、測量士

熊谷樹一郎〔第6章〕
（くまがい　きいちろう）
　1969 年　千葉県に生まれる
　1998 年　東京理科大学大学院博士課程修了
　現　在　摂南大学理工学部教授
　　　　　博士（工学）

國井　洋一〔第7章〕
（くにい　よういち）
　1977 年　岩手県に生まれる
　2004 年　東京電機大学大学院理工学研究科博士後期課程満期退学
　現　在　東京農業大学地域環境科学部教授
　　　　　博士（工学）、測量士

大伴　真吾〔第8章〕
（おおとも　しんご）
　1964 年　静岡県に生まれる
　1986 年　東京理科大学理工学部卒
　現　在　朝日航洋株式会社　G空間研究所 所長
　　　　　測量士、空間情報総括監理技術者

改訂版 空間情報工学概論 —実習ソフト・データ付き—

2005 年 8 月 27 日	初版発行Ⓒ
2010 年 3 月 25 日	第 4 刷（一部改定）
2018 年 3 月 26 日	第 9 刷
2020 年 3 月 26 日	改訂第 1 版　第 1 刷
2020 年 9 月 30 日	第 2 刷
2022 年 4 月 25 日	第 3 刷
2023 年 11 月 4 日	改訂第 2 版　第 1 刷

定　価　3,666 円（本体 3,333 円＋税 10%）

発行者　公益社団法人　日本測量協会
　　　　〒 112-0002
　　　　東京都文京区小石川 1 丁目 5 番 1 号
　　　　パークコート文京小石川 ザ タワー　5 階

印刷所　勝美印刷株式会社

ISBN 978-4-88941-149-2